原位电子显微学导论

岳永海　编著

北京航空航天大学出版社

内容简介

随着科技的进步，人们对具有优异性能的新材料提出了更高的要求，这就需要人们不仅要了解材料的微观结构，还要厘清材料在外场作用下的结构演化规律。作为解析材料微观结构的电子显微镜，一直以来都发挥着不可或缺的作用，然而只是静态的结构表征还不足以归纳总结材料的动态结构演化规律，因此能够融合各种外场作用的原位电子显微学应运而生。本书以电子显微镜为基础，系统介绍了当前国内外针对电子显微镜开展的原位电子显微学研究所获得的成果；重点介绍了多种原位电子显微学技术和方法，包括原位力学、原位电学、原位液相反应、原位气相反应、原位热学等众多世界前沿技术和成果。

本书可供在材料、化学、物理、生物等诸多领域进行新材料结构设计与开发的科技人员参考，也可供对原位电子显微学领域相关技术和方法感兴趣的研究生和高年级本科生阅读学习。

图书在版编目(CIP)数据

原位电子显微学导论 / 岳永海编著. -- 北京 ：北京航空航天大学出版社，2024.5

ISBN 978-7-5124-4409-6

Ⅰ. ①原… Ⅱ. ①岳… Ⅲ. ①电子显微术 Ⅳ. ①TN27

中国国家版本馆 CIP 数据核字(2024)第 097537 号

原位电子显微学导论

岳永海 编著

策划编辑 孙兴芳 责任编辑 孙兴芳

*

北京航空航天大学出版社出版发行

北京市海淀区学院路 37 号(邮编 100191) http://www.buaapress.com.cn

发行部电话：(010)82317024 传真：(010)82328026

读者信箱：wenanbook@163.com 邮购电话：(010)82316936

北京建宏印刷有限公司印装 各地书店经销

*

开本：710×1 000 1/16 印张：14 字数：298 千字

2024 年 6 月第 1 版 2024 年 6 月第 1 次印刷

ISBN 978-7-5124-4409-6 定价：89.00 元

前　言

随着科学技术的不断进步，人们对材料性能的要求日益严苛。材料的性能与其内部结构息息相关，单纯对其静态结构进行表征已经无法满足材料结构设计的需求，人们迫切需要知道材料在外场下的结构演化规律，如材料的动态失效机制、蠕变机制、电化学反应过程、相变、氧化还原过程等。传统的静态结构表征已不足以让人们总结归纳出其动态结构演化规律，逐步发展起来的原位电子显微学成为目前电子显微学领域最重要的分支之一。近年来，国内外众多科研工作者和相关产品开发商在原位电子显微学技术和方法的发展上已取得一系列突破性的成果，尤为可喜的是，国内研究人员和厂商经过不懈的努力，已打破国外对相关原位电子显微学技术的垄断，发展出具有自主知识产权的技术和方法，正在为原位电子显微学领域及新材料的设计与开发贡献自己的力量。

本书从电子显微镜的基本工作原理出发，系统地梳理了各种原位电子显微学技术和方法，阐述了各种技术和方法在新材料结构设计及各种外场下的动态结构演化规律，展示了原位电子显微学的创新性和先进性。同时结合作者团队在高强韧结构材料强韧化机理的动态揭示及新型高性能复合材料设计中的工作基础，介绍了原位电子显微学在原位力学、原位电学、原位液相反应、原位气相反应等相关领域的应用。

本书共7章，第1章介绍了电子显微镜的基本结构和工作原理，系统介绍了电子显微镜的各种静态结构表征方法；第2章归纳总结了国内外各研究小组以及厂商在原位电子显微学领域开发的技术和产品以及各产品的相关功能；第3章重点介绍了原位电子显微学在材料力学方面的应用，结合作者在此领域开展的前期研究工作，展望了原位力学在结构材料设计中的应用前景；第4章重点阐述了原位电子显微学在材料电学相关领域的研究进展；第5章介绍了原位电子显微学在液体电化学领域的应用案例，该领域也是原位电子显微学领域难度系数最高的领域，相关技术及分辨率的提升依旧困扰着科研工作者；第6章介绍了原位电子显微学在气相反应中的应用；第7章介绍了原位电子显微学在材料热学方面的应用，包括原位观察高温下显微结构的演变等众多经典研究内容并对原位电子显微学未来的发展进行了展望。

开发具有优异综合性能的新材料已成为世界各国新技术、新装备的新赛道。原位电子显微学可以为新材料的设计提供动态结构演化理论基础，能更好地为新材料的设计开发提供指导意见。为适应我国新材料设计与开发的迫切需求，了解并学习原位电子显微学相关原理与技术，掌握各种外场的施加技术和方法，动态揭示材料单一外场或多场耦合作用下的结构演化规律，对从事高性能新材料结构设计与开发的科研人员和工作者意义重大。本书可供在材料、化学、物理、生物等众多领域进行新材料结构设计与开发的科技人员参考，也可供对原位电子显微学领域相关技术和方法感兴趣的研究生和高年级本科生阅读学习。

本书主要由岳永海编写，仇克亮、李逢时、侯京朋、邓青井、孙晓毅、李响、肖宇、张宇贝、卢洪来、张蔷等辅助完成了材料收集、整理、图表绘制和公式编写等工作。在本书付梓之际，感谢朱静院士、张泽院士、田永君院士、郭林教授、韩晓东教授、徐波教授等众多前辈师长，本书的许多研究内容得益于他们在学术上所给予的宝贵建议。

限于作者水平，本书难免存在疏漏之处，恳请读者批评指正。

作　者

2024 年 4 月 30 日于北京

目　录

第1章 电子显微镜工作原理浅析

1.1 引 言

20 世纪 30 年代问世的电子显微镜被誉为“20 世纪最重大的发明之一”。电子显微镜(Electron Microscope,简称“电镜”)是采用电子束为光源,通过电磁透镜调控电子束的会聚和发散来照射固体样品,以电子束散射的电子为信号,主要用于对材料表面形貌或内部结构进行高分辨成像的大型光学仪器。电子显微镜主要包括透射电子显微镜(Transmission Electron Microscope,TEM,简称“透射电镜”)、扫描电子显微镜(Scanning Electron Microscope,SEM,简称“扫描电镜”)以及电子探针等[1]。经过 90 多年的发展,电镜技术在世界范围内获得了广泛的认可和应用,成为诸多领域(如材料科学、固体物理、化学、地质、矿物、石油化工、考古、生命科学、医学、失效分析等)不可或缺的研究和分析工具,由其衍生出来的相关技术仍在迅速发展中。比如,电镜可以耦合能谱仪、波谱仪、荧光光谱仪、拉曼谱仪等众多仪器,实现表界面分析、结构分析、能谱分析、光谱分析、波谱分析等多种分析测试功能。近年来,基于电镜技术又相继发展起来多种原位电子显微学技术,可以实现材料在多种外场作用下(力场、电场、温度场、液相环境、气相环境等)的电子显微学研究[2-4]。

单就电镜仪器本身的发展而言,最早出现的是透射电镜,发明于 20 世纪 30 年代。作为发明人之一的德国科学家鲁斯卡,由于对发明电镜的重大贡献,于 1986 年获得诺贝尔物理学奖[5](图 1-1 所示为鲁斯卡和他发明的早期的透射电镜)。当前,

图 1-1 鲁斯卡和他发明的早期的透射电镜

透射电镜的分辨率优于 0.1 nm，最先进的球差校正透射电镜(Spherical Aberration Corrected Transmission Electron Microscope，ACTEM)的分辨率甚至已经达到惊人的 39 pm。透射电镜主要用于观察分析薄试样的微观形貌、晶体缺陷、高分辨点阵像和原子像，利用电子衍射技术可以测定微米、亚微米级试样区的晶体结构和取向关系并进行晶体学分析等。诞生于 1965 年的扫描电镜是利用电子束从试样中激发的各种信号成像(主要的信号源有二次电子、背散射电子、X 射线荧光等)，通过对试样表面进行逐行扫描实现形貌观察、微区化学分析和晶体学分析。20 世纪80 年代发展起来的分析电子显微技术兼具上述二者的功能，可以分析试样纳米级微区的晶体结构和化学成分并获得高分辨的试样显微图像以及能量选择电子像，也可以用试样发射的多种信号成像，上述技术为材料的原位研究提供了强有力的支撑。本章将对透射电镜和扫描电镜的工作原理进行简要介绍。

1.2 透射电镜的结构及工作原理

诞生于 17 世纪的光学显微镜(见图 1-2(a))经过几百年的发展，其技术已臻于完美，放大倍数也从最初的几十倍发展到当前的 2 000 倍。但是，光的波动本质决定其分辨率和放大倍数不能通过增加透镜等方法来实现无限制的提升，从而限制了光学显微镜的分辨率极限。阿贝定则指出，光学显微镜的分辨率近似等于其波长的一半，由此可以得出使用可见光作为光源的光学显微镜的分辨率极限仅为 200 nm 左右(可见光波长范围为 400～800 nm)。与可见光狭窄的波长分布区间不同，人们可以通过改变电子的加速电压来调控其波长。在 200 kV 加速电压的作用下，电子的波长约为 2.51 pm，比可见光小 5 个数量级，采用电子束作为光源显然可以达到更高的分辨率。1931 年，鲁斯卡、诺尔等人采用波长更小的电子作为光源，采用轴对称的磁场作为电子透镜，基于阴极射线管发明了人类历史上第一台透射电镜，将分辨率提升至 50 nm。后来，鲁斯卡在德国西门子公司的资助下制造出世界上第一台商用透射电镜[6](见图 1-2(b))。

透射电镜是以波长很短的电子束作为光源，用电磁透镜对电子束聚焦成像的一种具有高分辨、高放大倍数的电子光学仪器，其放大倍数可达到 100 万倍以上。透射电镜由真空部分、电子光学部分和电源电器控制等部分组成。透射电镜工作期间，整个电子通道处于高真空状态，这里面有几个原因：一是电子枪需要高真空环境来延缓氧化，延长使用寿命；二是电子需要高真空的环境来减少散射，保证较远的平均自由程；三是高真空的环境可以有效减少污染物对样品的干扰。因此，透射电镜需要一个不低于 10^{-5} Pa 的高真空环境(场发射电镜和球差校正电镜对真空度的要求更高)。真空部分的主要部件有万级真空泵、真空阀和显示仪表，其为电子束稳定工作提供高真空甚至超高真空环境，保证电子具有较大的平均自由程，同时也极大地避免了灯丝的氧化以及试样的损伤。电子枪、镜筒和照相室之间各装有真空阀，各部分可单独控

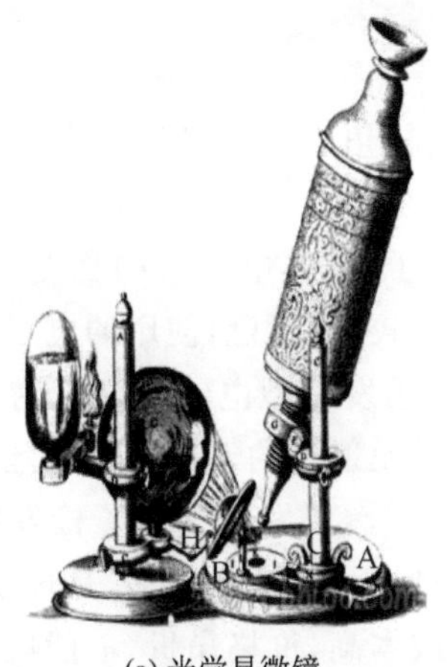

(a) 光学显微镜

(b) 第一台商用透射电镜

图 1－2　早期的光学显微镜和西门子公司制造出的第一台商用透射电镜

制自身的真空。在更换灯丝、样品，清洗光阑，以及维护电镜时，可不破坏其他部分的真空状态。电源电器控制部分为电镜的各个控制单元提供电源。真空部分和电源电器控制部分是辅助系统，电子光学部分是透射电镜的核心部分。电子光学部分主要包含照明系统、成像系统、观察-记录系统，它们分别实现光源、成像与衍射、观察-照相功能[7]。图 1－3 所示为透射电镜结构示意图及日本电子生产的 JEOL－2010F 场发射透射电镜。

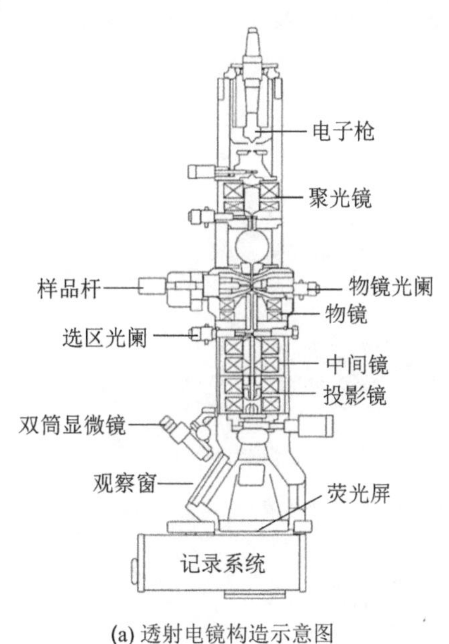

(a) 透射电镜构造示意图

照明

成像

观察和记录

(b) JEOL-2010F场发射透射电镜

图 1－3　透射电镜构造示意图及 JEOL－2010F 场发射透射电镜

1.2.1 照明系统

照明系统的功能是提供一个亮度大、照明孔径角小、平行度好、束流稳定的电子束，将其作为电镜的光源。其一般包括电子枪和2个以上的聚光镜。

电子枪是发射电子的照明源，不同类型的电子枪，其电子束的亮度、最小束斑尺寸、能量的发散程度、阴极的工作温度和寿命差别较大。目前使用的电子枪主要有两种：一种是热发射型，另一种是场发射型。其中，场发射型电子枪又分为冷阴极和热阴极两种。过去的透射电镜中最常用的是热电子发射型的发夹式钨灯丝枪和高亮度的六硼化镧(LaB_6)单晶枪[8]。相比于这两种电子枪，场发射型电子枪发射出的电子束的亮度至少要高1～2个数量级，寿命长几倍且光源尺寸小很多，是理想的照明源，但是该电子枪对真空度要求高达10^{-9} Pa，维护成本高，价格昂贵，一般应用在高端的透射电镜中。热场发射型(Schottky)电子枪，其发射出的电子束的亮度为5×10^{12} A/(m^2·sr)，相干性好，对真空度的要求为10^{-6} Pa，得到了广泛的应用[9-10]。电子枪的参数决定了照射到试样上电子束的特性，进而决定了透射电镜可以达到的分辨率水平。热发射型电子枪采用自偏压系统来确保电子束的稳定性。鉴于偏压电阻负反馈的作用，该电子枪的束流在阴极温度达到一定数值后，就不再随阴极温度的增高而变化，该值称为束流的饱和值。偏压电阻和阴极温度的合理匹配可以使灯丝温度达到饱和时电子束的亮度较高，且灯丝寿命较长。

聚光镜系统通常由两个及以上透镜组成(见图1-4)：第一聚光镜是一个短焦距的强透镜；第二聚光镜是一个长焦距的弱透镜。第一聚光镜把电子束最小交叉界面

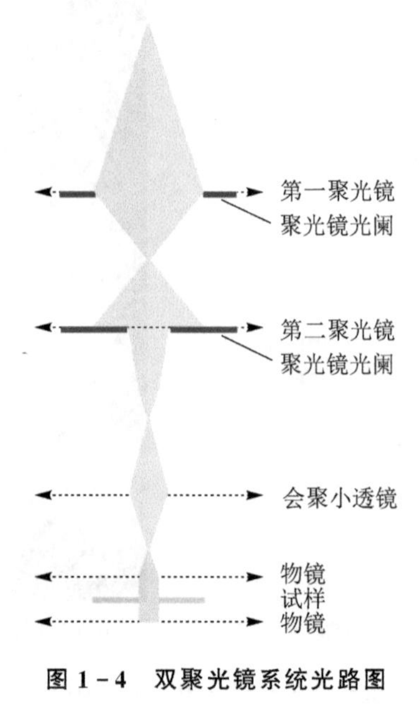

图1-4 双聚光镜系统光路图

缩小,并成像在第二聚光镜的共轭面上,第二聚光镜再把缩小后的光斑成像在样品上。第二聚光镜控制照明孔径角和照射面积,并为样品室提供足够的空间。光斑的大小是通过改变第一聚光镜的焦距来控制的,第二聚光镜只是在第一聚光镜限定的最小光斑条件下,进一步改变样品上的照明面积,如图1-4所示。会聚小透镜的励磁电流很强,使电子束会聚在物镜前方磁场的前焦点位置上,电子束平行照射到试样上很宽的区域,从而得到相干性好的电子显微图像。

1.2.2 成像系统

透射电镜的成像系统由物镜、中间镜、投影镜、物镜光阑和选区光阑组成,如图1-5所示。

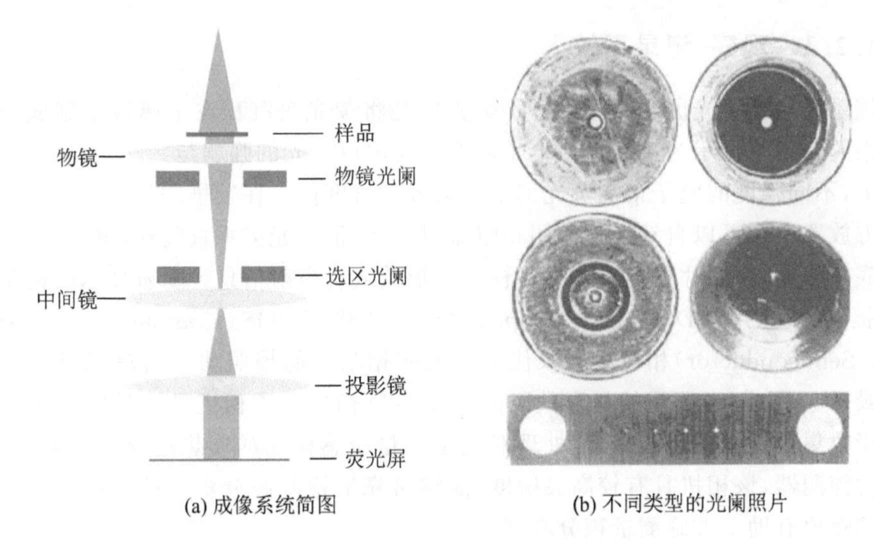

(a) 成像系统简图　　(b) 不同类型的光阑照片

图1-5 成像系统简图及不同类型的光阑照片

物镜的功能是形成样品的一次放大像和衍射谱。透射电镜的分辨率主要取决于物镜,因为只有物镜"观察到"的细节才能被成像系统中其他透镜进一步放大。要获得高的分辨率,就需要采用强激磁、短焦距的透镜,并尽可能降低像差。物镜的放大倍数较高,一般为100～300倍,高质量物镜的分辨率已达到0.1 nm以下。

中间镜是一个弱磁透镜,焦距较长,而且激磁电流可以改变,通过调节激磁电流改变放大倍数。一般情况下,中间镜的放大倍数在0～20倍之间。中间镜的倍数不高,但对透射电镜总的放大倍数起到至关重要的作用。通过改变中间镜的电流,可以在荧光屏上获得放大的物像和放大的电子衍射谱,二者分别对应透射电镜的图像模式和衍射模式。在实际工作中可以通过操作按钮在图像模式和衍射模式之间相互切换。

投影镜的作用是把经中间镜放大的图像或衍射花样进一步放大投影到荧光屏上。它是一个短焦距的强磁透镜,励磁电流是固定的,而且具有非常大的景深和焦长。因此，在改变中间镜的放大倍数或者透射电镜的总放大倍数有很大变化时不会影响图像的清晰度。在透射电镜中，物镜和投影镜的放大倍数是固定的，透射电镜的放大倍数主要是靠中间镜来调节，透射电镜最终的放大倍数即为物镜、中间镜、投影镜三者放大倍数的乘积。

透射电镜的物镜光阑和选区光阑是可移动的，位于物镜后焦平面上的物镜光阑可以遮挡散射电子而提高试样像的衬度，利用物镜光阑可以选择通过光阑成像的电子束，例如仅让中心透射束通过形成明场像，而令某一束衍射束通过形成暗场像。选区光阑位于物镜的一次像平面上，通过选区光阑在试样的一次放大像上选择产生衍射花样的试样区。这两个光阑提供了不同尺寸的光阑，观察者可以根据试样情况、成像模式和分辨率要求选择不同孔径的光阑来获得理想的成像效果。

1.2.3 观察-记录系统

该系统包括荧光屏和照相设备。荧光屏是将荧光粉沉积在金属板上制成的，在电子束的照射下显示为黄绿色。电子激发点发出可见光的强弱与到达该点的电子数量相关，不同强度的电子束在荧光屏上形成各种衬度像。在较早的透射电镜中，荧光屏下方放置一个可以自动换片的照相暗盒，拍照时把荧光屏垂直竖起，电子束即可使照相底片曝光，在底片上记录下各种样品的形貌或者衍射信息。随着技术的进步，更加便捷、高效的 CCD（Charge-Coupled Device）和 CMOS（Complementary Metal Oxide Semiconductor）相机逐渐取代了传统照相暗盒的拍照功能，被广泛地用于图像记录[11]。图 1-6 展示的是赛默飞的 Ceta-D 相机。该相机是一种闪烁体相机，适用于收集低剂量衍射数据，是处理对电子剂量敏感样品的理想选择。作为微晶电子衍射探测器，该相机具有较高灵敏度，能够可靠地检测高分辨率低强度的衍射峰，其高信噪比有助于准确测量积分峰强度。

图 1-6 Ceta-D 相机

1.2.4 消像散器

像散是由透镜磁场的非旋转对称引起的像差。透镜的极靴孔加工误差，上、下极靴的轴线错位，极靴材质不均，以及极靴孔周围的局部污染等因素都会引起透镜的磁场产生椭圆度（见图 1-7(a)）。消像散器一般由两组电磁体组成，电磁体用大小、方向可调的电流控制进而产生不同的附加磁场，附加磁场和椭圆畸变磁场按照场叠加原理复合，校正椭圆畸变磁场。消像散器一般安装在透镜的上、下极靴之间，其结构如图 1-7(b)所示，4 对电磁体分两组排列在透镜磁场的外围。每对电磁体均采取同极相对的方式放置，通过调整这两组电磁体电流 I_1 和 I_2 的大小及方向，可以改变电磁体的激磁强度和磁场方向，把原有的椭圆形磁场校正成旋转对称磁场，达到消除像散的目的。

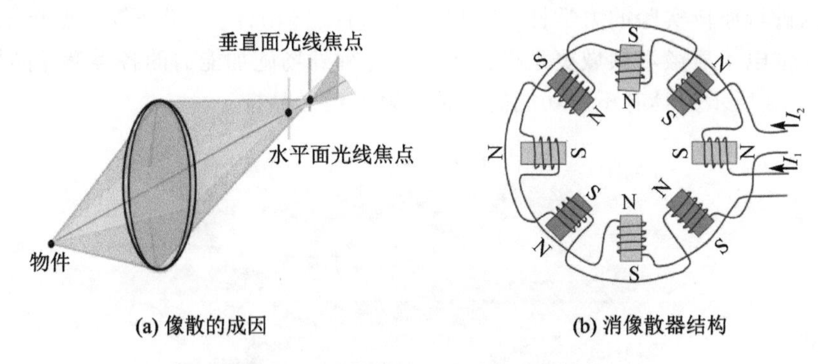

(a) 像散的成因　　(b) 消像散器结构

图 1-7　像散的成因及消像散器结构

1.2.5　球差校正电子显微镜的发明

随着电子显微学技术的不断进步，1992 年，德国的 3 名科学家 Harald Rose、Knut Urban 以及 Maximilian Haider 使用多极子校正装置调节和控制电磁透镜的聚焦中心，从而实现了对球差系数的校正，最终实现了亚埃级的分辨率。球差校正器的出现削减了球差系数，进一步提高了电镜的分辨率。相较于传统透射电镜纳米级和亚纳米级的分辨率，球差校正透射电镜（ACTEM)的分辨率能达到埃级，甚至亚埃级(目前 AC-TEM 的最高分辨率可达 0.04 nm)。分辨率的提高意味着能够对材料进行更精细更准确的结构表征。随着加装了球差校正器的新型超高分辨率电镜的投入使用，人们在做静态或动态结构表征时可以获得更高的分辨率，从而获取更多结构信息。我国第一台具有球差校正功能的透射电镜，是由朱静院士所在的北京电子显微镜中心于 2008 年从当时 FEI 公司购入的 Titan 80-300 型透射电镜。发展到今天，据不完全统计，中国拥有的各类型球差校正电镜已经超过 200 套，这些仪器在材料、化学、物理、生物等多个学科均发挥着重要作用。此外，随着国内科研工作者对相关技术瓶颈的攻克，国产扫描电镜和透射电镜也逐渐崭露头角。2024 年 1 月 20 日由生物岛实验室领衔研制，拥有自主知识产权的首台国产场发射透射电镜在广州发布，相信不久的将来其就能够为我国材料等相关学科提供强有力的保障。

1.2.6　样品杆

透射电镜之所以能够实现对样品的观察，样品杆是不可或缺的样品传输和承载工具。样品杆是装载样品放入电镜的基本部件，通过样品杆将样品送入电镜进行观察。由于样品需要进行多种观察，因此对样品杆提出了很高的要求，从而产生了具有不同功能的各种样品杆。例如，按照倾转自由度划分，使样品绕一个轴（x 轴或称为 α 轴）在给定角度范围内转动的为单轴倾转样品杆，简称“单倾杆”；使样品绕互相正交的两个轴（x 轴和 y 轴或称为 α 轴和 β 轴）在给定角度范围内转动的为双轴倾转样品杆，简称“双倾杆”。此外，按照功能划分，还有一次承载多个样品的多功能样品杆，以及可以进行原位实验的力学杆、加热杆、冷却杆、气相杆、液相杆等。近年来，快速发展的原位电子显微学领域更是得益于具备各种外场施加能力的各类型样品杆的发展。图 1－8 所示为具有不同功能的各种透射电镜样品杆。

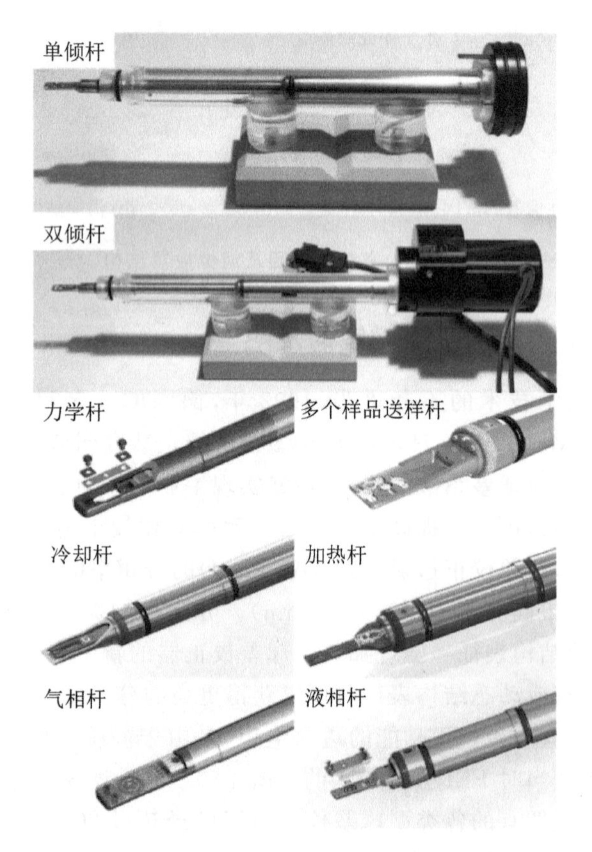

图 1－8　具有不同功能的各种透射电镜样品杆

双轴倾转样品杆是透射电镜中应用较多的样品杆，该样品杆的前端可以装载直径为 3 mm 的薄圆片样品，其水平轴 x 轴与镜筒的中心线 z 轴垂直。镜筒部位搭载的电机可以驱动样品杆围绕 x 轴进行双向转动，此外，样品杆上搭载的独立电机可使样品围绕 y 轴进行双向转动，保证电子束能从不同方向照射晶体，从不同位向观察晶体结构和各类缺陷。力学杆可以在室温条件下对材料施加轴向的拉力或剪切应力，结合透射电镜在原子尺度下原位观察材料结构的变化。冷却杆可以使样品处于液氮低温下，结合透射电镜原位观察材料在低温下的结构温升过程。加热杆有电阻丝加热和芯片式加热两种方式，通过控制加热电流的大小，使样品达到不同的温度，结合透射电镜原位观察材料的动态变化过程。气相杆通过集成的芯片，可以在透射电镜中制造气氛环境，从而在小尺度下实时进行催化反应、氧化还原反应、低维材料生长以及各类腐蚀反应的动态观察。液相杆可以在透射电镜中搭建液体环境，可以应用于电化学、纳米材料合成、储能材料等研究领域。

随着技术的不断进步，国内已涌现出多家具备自主知识产权的透射电镜样品杆公司，逐渐打破了最初由美国 Protochips 公司、Gatan 公司以及瑞士 CondenZero 公司等国外公司垄断的局面。比较有代表性的公司有百实创（北京）科技有限公司、安徽泽攸科技有限公司、杭州纳控科技有限公司等，上述公司生产的各类型原位样品杆将在后续章节中进行详细介绍。

1.2.7　透射电镜在原位电子显微学研究领域的优势

透射电镜在原位电子显微学研究方面具有独特的优势：首先，其分辨率极高，现有球差校正透射电镜的分辨率可达亚埃级别，可以实现对微小样品或微区结构“看得见”的首要目标；其次，随着透射电镜样品制备技术的进步，我们可以将大部分材料制备成透射电镜样品固定在透射电镜原位样品杆中，对样品实现“抓得住”；最后，可以对承载样品的样品杆进行全新的结构设计，将单一外场或者多个外场耦合进样品杆中，发挥单一外场或多外场耦合作用，实现“打得着”。随着技术的不断迭代，相信在不久的将来，不仅能实现“打得着”，还能实现“打得准”，可以实现外场作用下材料结构演化过程的精准表征，最终全面揭示材料结构与性能之间的“构-效”关系，指导高性能新材料的结构设计。

1.2.8　透射电镜像衬度

透射电镜最常见的功能是对材料形貌、结构的表征，借助于实空间的明场像、暗场像、高分辨像、扫描透射电子像以及倒空间的选区电子衍射谱等技术，可准确地确定样品的形貌和结构，再结合能量色散谱（Energy Dispersive Spectroscopy，EDS）、电子能量损失谱（Electron Energy Loss Spectroscopy，EELS）等技术手段，可以获取材料内部的成分、化学价等信息。透射电镜所成像的衬度由样品种类、成像方式决定，主要有质厚衬度、衍射衬度、相位衬度和原子序数衬度 4 种。

质厚衬度是由样品的厚度差异所造成的透射束强度的差异。质厚衬度的形成主要取决于散射电子的数量。由于样品各部分对电子的散射能力不同，使得通过物镜光阑的透射电子数量也不同，从而引起电子束的强度差异，形成衬度。图 1－9 所示为质厚衬度形成的示意图及样品的质厚衬度像。

衍射衬度主要来自晶体样品。当晶体样品与电子束严格符合布拉格条件时衍射强度高，偏离布拉格条件时衍射强度低，由此所形成的衬度便是衍射衬度。在多晶样

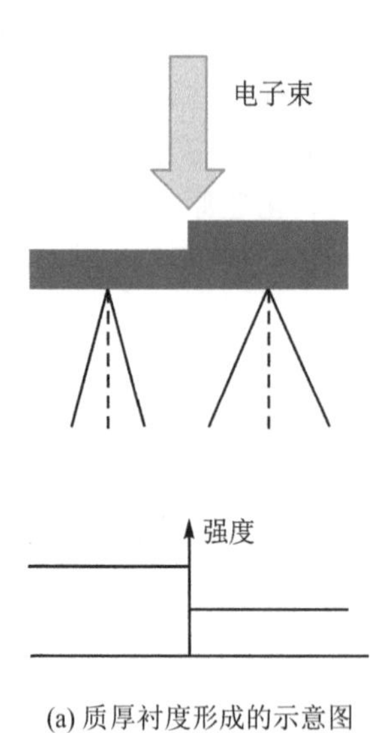

(a) 质厚衬度形成的示意图

500 nm

(b) 样品的质厚衬度像

图 1-9　质厚衬度形成的示意图及样品的质厚衬度像

品的明场像中，由于晶体学取向导致的衍射衬度会非常明显，因此常用来判断多晶样品中处于或者接近低指数晶带轴的晶粒的位置。图 1-10 所示为“之”字形碳化硅纳米线的明场像，以及采用暗场像模式，分别用孪晶衍射斑点和基体衍射斑点成像得到的孪晶区域和基体区域的分布情况。

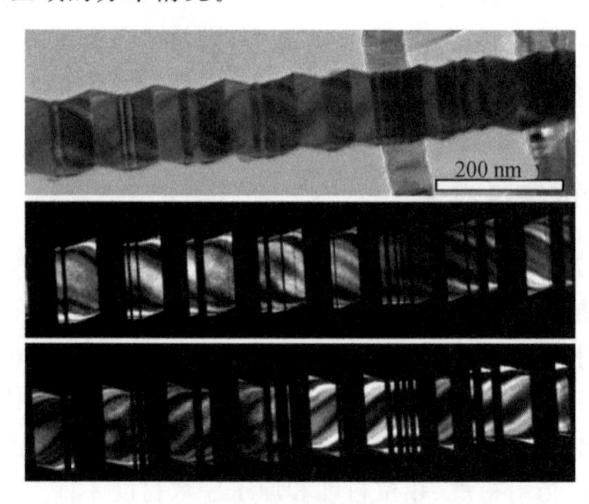

图 1-10　“之”字形碳化硅纳米线的透射电镜图像

相位衬度成像是一种通过将电子束穿过非常薄的试样后，利用试样中原子核和核外电子产生的库仑场对电子波相位的影响来形成图像对比度的技术。其成像原理为，当某一透射过样品后又途经相位板的光波与直射光波的相位差为零时，两束光的光强就相互叠加；而同时另一透射光束因穿过样品的部位不同，与直射光束的相位差经相位板调整后为光波相位的一半，这一透射光束就与直射光束的光波强度相互抵消。叠加的强光在成像面上造成亮点，抵消的强光则造成暗点，这就是相位衬度成像。图1-11所示为相位衬度的成像示意图。当样品的厚度非常小(一般在80 nm以下)时，可将样品近似看成一个弱相位体，而弱相位体显微像给出的是一个干涉图案，是多束相干电子束干涉成的像，对应的是晶格原子结构在电子束方向的二维投影，即高分辨电子显微像。这里需要指出的是，高分辨电子显微像并不是原子像，只是多电子波干涉像，与接下来要介绍的原子序数衬度像(或者称为Z衬度像)有本质的区别。

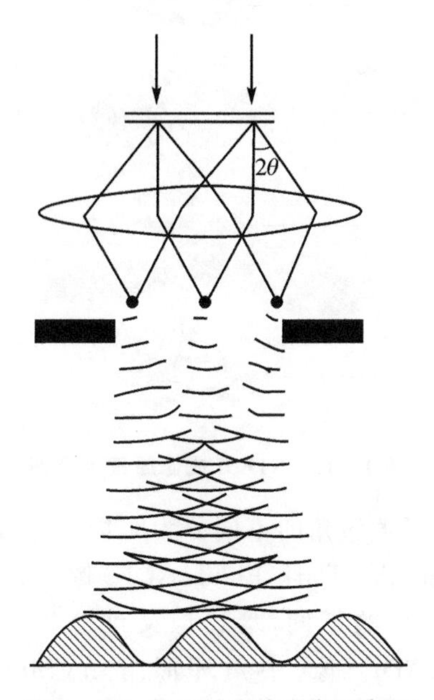

图1-11 相位衬度的成像示意图

原子序数衬度是由于试样中物质原子序数(或化学成分)导致产生大角度散射电子数量上的差异而形成的衬度，又称为Z衬度。原子序数衬度像通常是指采用精细聚焦电子束(<2 Å，1 Å$=10^{-10}$ m)逐一照射每列原子柱，在高角环形检测器上收集扫描透射电镜(Scanning Transmission Electron Microscopy，STEM)模式下的高角度散射电子所成的像。汉弗莱斯(Humphreys)等人最早是在1973年将一个高角环形暗场(High Angle Annular Dark Field，HAADF)探测器加装到电镜中，并指出在高角探测模式下，图像的衬度不再与原子序数Z成正比，而是与Z的平方成正比，并将通过此方法获得的图像称为元素衬度像(Z contrast image)。后来，美国橡树岭国家实验室潘尼库克(Pennycook)等人首次观测到$YBa_2Cu_3O_{7-x}$和$ErBa_2Cu_3O_{7-x}$的高分辨HAADF像，至此，STEM真正具有了原子分辨率成像能力。球差校正技术发明之后，巴斯托内(Baston)于2003年在STEM中引入了球差校正装置，一举将STEM的成像电子束尺寸提升至0.078 nm，使STEM的成像质量得到了进一步提升。图1-12所示为STEM成像原理示意图。

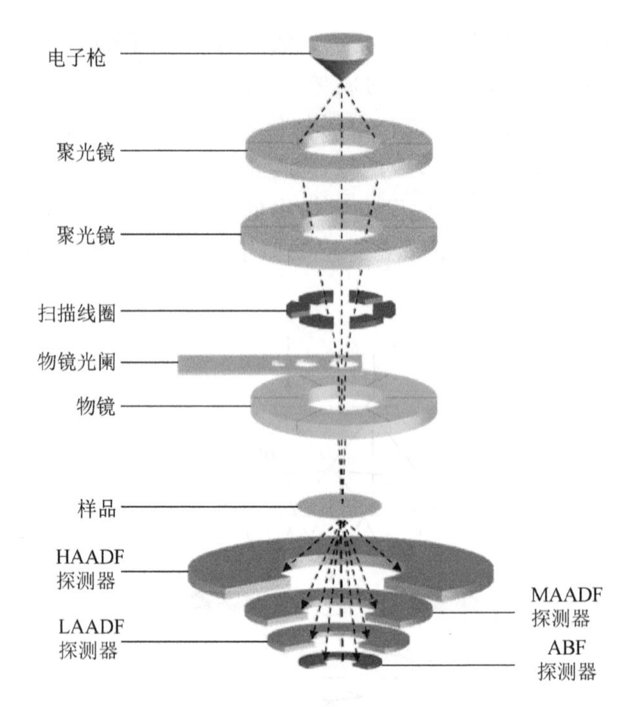

图 1-12 STEM 成像原理示意图

STEM 根据收集的电子偏转角的不同分为明场(Annular Bright Field,ABF)像(θ<10 mrad)和暗场(Annular Dark Field,ADF)像(θ>10 mrad)(注:1 mrad=0.057 3°)。根据收集角大小的不同,暗场像又细分为低角环形暗场(Low Angle Annular Dark Field, LAADF)像、中角环形暗场(Middle Angle Annular Dark Field,MAADF)像以及备受关注的 HAADF 像,其中 HAADF 成像收集角>50 mrad,接收到的主要是高角度非相干散射电子。高分辨像是一种相干的相位衬度像,如图 1-13(a)所示;而 Z 衬度像是非相干衬度像,如图 1-13(b)所示,其非相干性与样

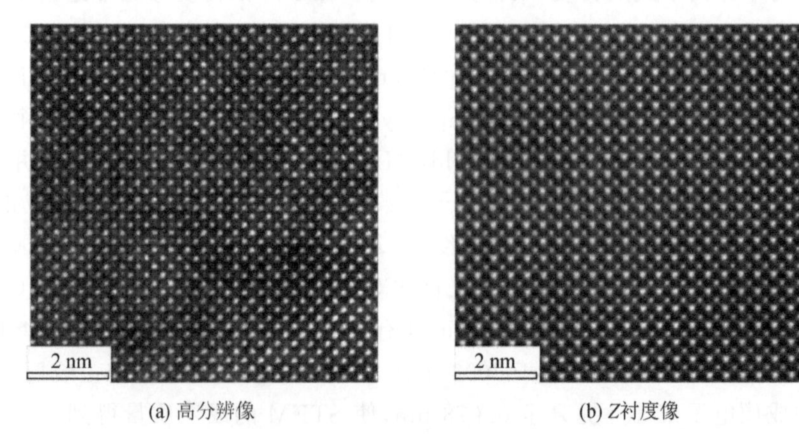

(a) 高分辨像　　(b) Z衬度像

图 1-13 钛酸锶的结构表征

品厚度无关，只显示探测器收集的总信号强度，反映样品中不同位置化学成分的变化，不会随着样品厚度和电镜的焦距变化发生明显的变化。此外，由于各种成像模式收集的散射信号接收角度不同，因此在实验过程中可一次获取同一位置的不同图像来反映材料的不同信息。

1.2.9　积分差分相位衬度像与四维扫描透射电镜技术

我们已经知道，STEM 常见的探测器构型有明场探测器、环形明场探测器以及环形暗场探测器，但是这些探测器都不具备对散射电子的角度分辨能力且丢失了散射电子强度分布信息，只是将一定范围内的散射电子积分为一个值，作为图像强度。而固定收集角的探测器又丢失了部分散射电子信息，所以电子计量效率低。比如，检测轻元素通常需要用 ABF 进行成像，但是检测重元素时，HAADF 效果更佳。为此，研发出四分区探测器甚至十六分区探测器，以获得角度分辨的散射电子信息，即积分差分相位衬度像（integral Difference Phase Contrast，iDPC），来实现轻、重原子的同时成像[12]。随着计算机运算和存储能力的提升以及电子探测器的发展，可以使用一块具有足够像素数目、高动态范围以及高信噪比的电子探测器来收集所有的散射电子，以便将完整的会聚束电子衍射花样及时地存储到计算机中[13]。这样，每个样品上的扫描点都可以在探测器平面上收集到一个完整的二维会聚束电子衍射花样（Convergent Beam Electron Diffraction Pattern，CBEDP），同时样品上的扫描平面也是二维的，此时就产生了一个四维的数据集，这种技术被称为四维扫描透射电镜（Four-Dimensional Scanning Transmission Electron Microscopy，4D - STEM）技术[14]。4D - STEM 成像原理示意图如图 1 - 14 所示。

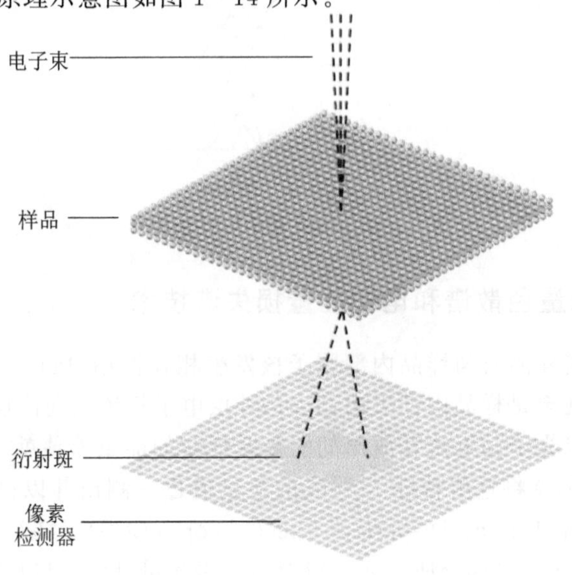

图 1 - 14　4D - STEM 成像原理示意图

1.2.10 选区电子衍射技术

在高分辨电镜技术发明之前，人们是通过倒空间的电子衍射谱来研究材料内部晶体结构的。选区电子衍射谱中的衍射斑点分别对应实空间中晶体结构内部的一套晶面，衍射斑点和晶面之间一一对应，衍射斑点到透射斑点之间的距离与此套晶面的面间距也是一一对应的。通过安装在物镜像平面的选区光阑，可以对产生衍射的样品区域进行选择，并对选区范围的大小进行限制，实现形貌观察和选区电子衍射的微观对应，原理图如图 1-15 所示。选区光阑用于挡住光阑孔以外的电子束，只允许光阑孔以内视场所对应的样品微区的电子束通过进行成像，人们可以通过从荧光屏上观察到的选区电子衍射花样来判断所选区域的晶体结构特征。当然，如果所研究的材料是多晶或者非晶材料，材料内部结构的变化(如受到应力作用、晶粒长大或旋转)也可以通过选区电子衍射谱的变化表现出来。

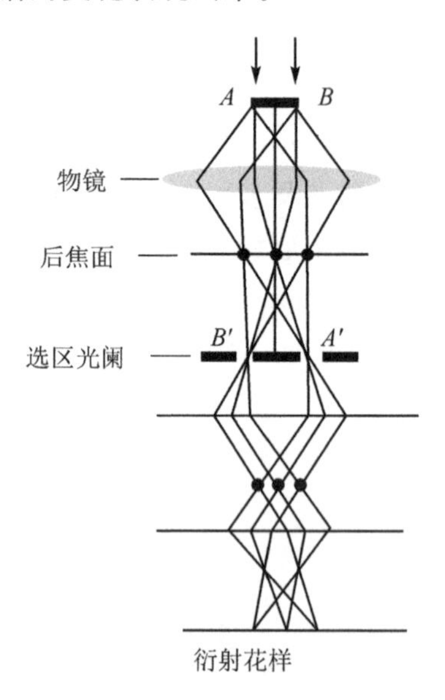

图 1-15 选区电子衍射原理图

1.2.11 能量色散谱和电子能量损失谱技术

高速电子轰击样品时与样品内部原子核发生相互作用，所产生的能量足以将最内层电子从原子甚至是样品内部轰出，此时，外层电子将依次向内层跃迁直至回到基态。跃迁过程中以光子的形式释放出的能级跃迁时的能量差值就是特征 X 射线，采用 Si-Li 漂移探测器将这些特征 X 射线的能量值逐一测出并以谱图的形式展示出来就是能量色散谱(Energy Dispersive Spectroscopy，EDS)。特征 X 射线可以区分材料内部的成分，即可以区分所含元素以及各元素含量，因此可以作为定性或者定量的评价手段。EDS 是通过特征 X 射线在 Si-Li 漂移探测器中产生的电子-空穴对的数量来计算能量值的，能量分辨率在 130 eV 左右。如果需要进行更为精细的元素和价态的分析，则需要用到电子能量损失谱（Electron Energy Loss Spectroscopy，EELS）技术。EELS 技术具有 X 射线光电子能谱（X-ray Photo Spectroscopy，XPS）很难具备的微区分析能力；与俄歇电子能谱（Auger Electron Spectroscopy，AES）技术相比，具有更高的灵敏度。同时，分析的样品区域是更接近表面的区域；对轻元素十分敏感，在轻元素探测上具有无可比拟的优势；能辨别表面吸附的原子、分子的结构和化学特性，已逐渐成为表面物理和化学研究的重要手段之一。EELS 的元素成分分布图有 TEM-EELS 和 STEM-EELS 两种。TEM-EELS 采用的是面光源，而 STEM-EELS 采用的是点光源，可以进行点、线、面扫描，从而获取更细致的成分分布信息。EELS 可以用某种元素的损失谱直接成像，也可以先获取 EELS 谱图，然后再从谱中提取不同元素的信息成像。自 1929 年 Rudberg 发现通过分析电子能量损失可以得知材料的元素、成分等信息以来，经过近一个世纪的发展和完善，EELS 技术在现代显微分析中扮演着越来越重要的角色。

1.3　扫描电镜的结构及工作原理

除了上面介绍的透射电镜外，发明较晚的扫描电镜（图 1-16 展示的是第一台商用扫描电镜）同样是用于材料微观结构表征和研究的强有力的工具之一，在生命科学、材料科学、物理、化学等众多领域都得到了广泛的应用。同时，扫描电镜具有比透射电镜更大的样品室空间，在原位表征领域表现出极大的优势，可以更加方便地把各种原位检测设备纳入到电镜内部，使原位表征工作变得更加简单、便捷。

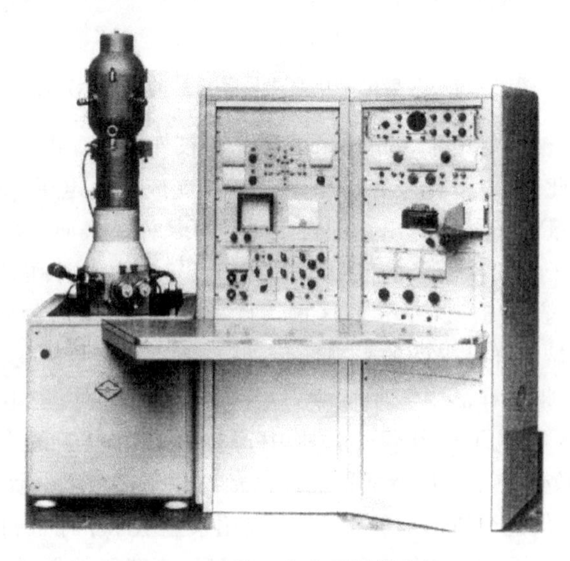

图 1-16　第一台商用扫描电镜

扫描电镜用高能电子束激发出固体试样的多种信号，然后通过探测收集各类信号，同时调制显示器形成表征试样不同特征的放大图像。与光学显微镜相比，扫描电镜具有很大的景深，可以直接观察样品的断口，进行显微形貌分析。此外，扫描电镜的样品室空间较大，可同时容纳多种探测器。目前，扫描电镜不仅可以用于形貌观察，还可以与许多仪器设备耦合，在进行形貌、微区成分和晶体结构等微观组织结构分析的同时，进行加热、冷却、通气、通液、加力等各种原位实验[15-17]。

1.3.1 高能电子束与样品的相互作用

高能电子束在真空中与固体样品相互作用，会产生多种特征信号，这些有应用价值的信号可以用于对固体试样的分析。如图 1-17 所示，主要信号有：二次电子、背散射电子、特征 X 射线、俄歇电子、吸收电子等。下面将详细介绍扫描电镜经常用到的几种信号源。

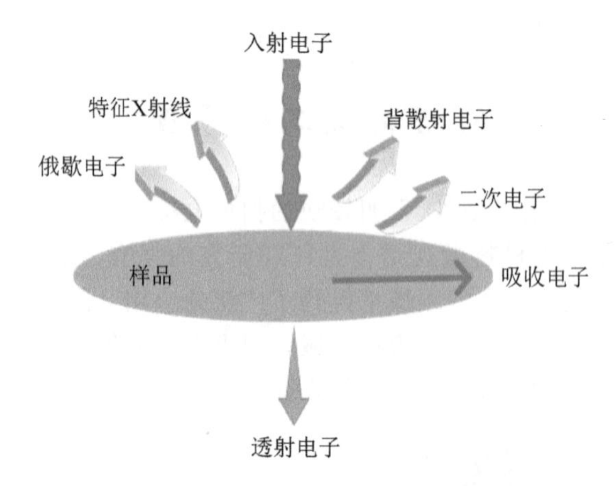

图 1-17 入射电子束轰击样品产生的信息示意图

二次电子是指被入射电子轰击出来的样品的核外电子。由于原子核和价电子间的结合能很小，因此，价电子比较容易与原子脱离变成自由电子，如果这种散射发生在样品表层，则能量大于材料逸出功的自由电子可从样品表面逸出，变成真空中的自由电子，即二次电子。二次电子的能量一般在 50 eV 左右，这种能量特征使得二次电子只能来自距样品表面 5～20 nm 的区域。此外，二次电子产额对样品表面形态非常敏感，能有效地显示样品表面的微观形貌，但是随原子序数的变化不明显。

背散射电子是指被样品中原子核散射反弹回来的部分入射电子，散射角＞90°，其能量近似等于入射电子的能量。试样中产生背散射电子的深度范围为 0.1～1 μm。当原子序数低于 40 时，背散射电子产额与原子序数呈线性关系，用背散射电子作为成像信号不仅能分析形貌特征，也可以用来显示原子序数衬度。

特征 X 射线是原子的内层电子受到激发以后，高能级的电子向低能级跃迁时以光子的形式直接释放出的具有特征能量和波长的电磁波。特征 X 射线的波长和原子序数之间服从莫塞莱定律，即原子序数与特征能量、波长之间存在对应关系，利用这一对应关系可以检测所分析的物质中含有何种元素。

如果原子内层电子在能级跃迁过程中释放出的能量不以特征 X 射线的形式释放，而是将核内层的另一电子激发出试样，则这类电子被称为俄歇电子。每一种原子都具有特定的壳层能量，所以俄歇电子能量特征值与元素一一对应。俄歇电子的能量一般在 50～1 500 eV 之间，这种能量特征使得只有样品表面产生的俄歇电子可以逃逸，因此可用于样品表面的元素分析。

除上述三种信号外，还有诸如阴极荧光、吸收电子等多种信号，在材料显微表征方面也发挥着积极的作用。

1.3.2　扫描电镜的工作原理和结构

电子枪发射的电子束经过电磁透镜会聚形成直径很小的电子束斑，轰击样品表面时激发出二次电子、背散射电子、特征 X 射线等信号，信号被相应的接收器接收，经放大后传输到显像管的栅极上。扫描线圈使电子束在样品表面上的扫描和显示器电子束的扫描同步进行，使试样上电子束激发点的信号与荧光屏上的像点逐点对应。采用这种逐点成像的方法，把样品表面不同的特征成比例地转换为视频信号，最终在荧光屏上观察到样品表面的各种特征图像，即为扫描电子显微像。图 1－18 所示为扫描电镜的结构原理图。

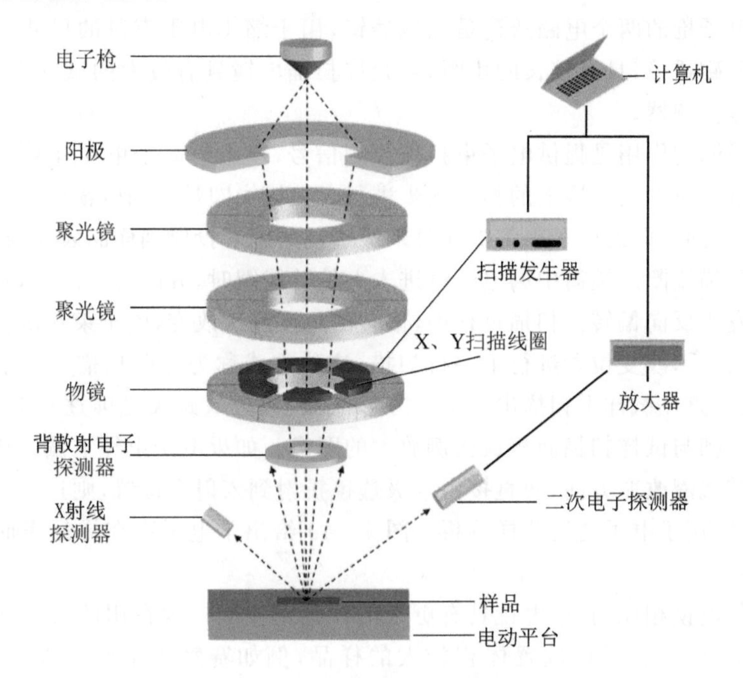

图 1－18　扫描电镜的结构原理图

扫描电镜分为真空、电源和成像三个部分。真空部分的作用是提供高的真空度，以保证电子具有较大的平均自由程以及防止样品污染、电子枪氧化。一般情况下，扫描电镜的真空保持在 $10^{-2}\sim10^{-3}$ Pa 之间。电源部分为扫描电镜提供高压，起到稳压、稳流、安全保护等作用。成像部分是扫描电镜的主体，由电子光学系统、信号检测系统和显示系统组成。

电子光学系统由电子枪、电磁透镜、扫描线圈和样品室等组件构成，用来获得扫描电子束，激发样品的各种信号。为获得较高的信号强度和图像分辨率，扫描电子束必须具有较高的亮度和尽可能小的束斑直径。

扫描电镜的电子枪与透射电镜的电子枪作用相似，都是为了发射电子，提供一个高亮的照明源，但两者采用的电压不同。透射电镜的分辨率与电子波长有关，而扫描电镜的分辨率与电子波长关系不大，与电子在试样上的最小扫描范围有关。电子束斑越小，电子在试样上的最小扫描范围就越小，对应的分辨率就越高。在保证电子束斑足够小的同时，电子束也应具有足够的强度，一般情况下，扫描电镜的工作电压为 1～30 kV。目前国内外使用的电子枪主要有三种：热发射钨丝枪、六硼化镧枪和场发射枪。其中场发射枪具有足够小的束斑，又有很高的亮度，是扫描电镜理想的电子源，在高分辨扫描电镜中应用广泛。

电磁透镜的作用是把电子枪的束斑逐渐聚焦缩小，使原来直径约为 50 μm 的束斑缩小成只有几个纳米的细小斑点。该过程一般采用三个电磁透镜来会聚缩小电子束。靠近电子枪的两个电磁透镜是强磁透镜，用于缩小电子束斑的尺寸。第三个电磁透镜是弱磁透镜，具有较长的焦距，可允许扫描电镜具有较大的试样空间，以便装入各种信号探测器。

扫描线圈的作用是提供电子束扫描控制信号，使入射电子束在样品表面的扫描和显示器电子束在荧光屏上的扫描同步进行。扫描线圈是扫描电镜中至关重要的部件，为保证不同方向的电子束都能通过末级透镜的中心投射到样品表面，扫描电镜采用双偏转扫描线圈。镜筒中的电子束进入上偏转线圈时，方向发生偏转，随后下偏转线圈使它发生反向偏转。扫描过程中，偏转的角度逐次改变，电子束在试样上逐点扫描，扫过一行后，改变位置进行下一行扫描，这种方式称为光栅扫描。由于扫描的同步进行，电子束在试样上扫描出一个长方形区域，该区域跟荧光屏逐点对应，在荧光屏上形成一帧与试样扫描面积成比例放大的图像。如果电子束经上偏转线圈转折后未经下偏转线圈改变方向，而直接由末级透镜折射到入射点位置，则这种方式被称为角光栅扫描，用于电子通道花样分析。图 1－19 给出了电子束在样品表面进行扫描的两种方式。

与透射电镜相比，扫描电镜具有更大的样品室空间。现在用的扫描电镜普遍都追求大样品室空间，可以放置体积较大的样品，例如赛默飞生产的 Verios 5 XHR SEM 超高分辨扫描电镜，其样品室具有 379 mm 内径并配有 21 个端口，可以在其中加装多种配件。在进行观察时，样品台可以根据需求沿 x、y 与 z 三个方向平移，在

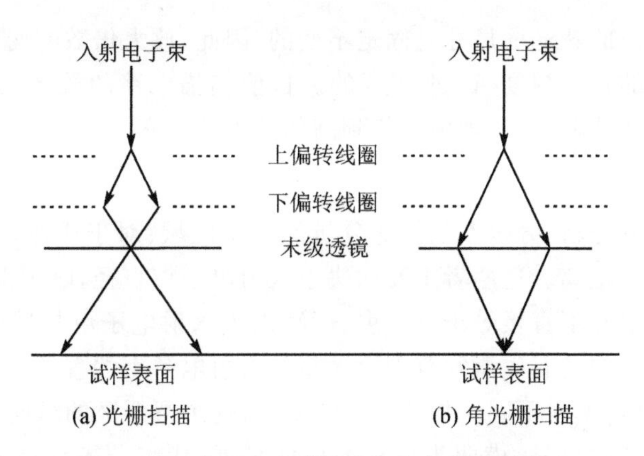

图 1-19　电子束在样品表面扫描的两种方式

水平面内旋转或沿水平轴倾斜，称为五轴联动。样品室内除了放置样品以外，还配备了各种信号探测器，如二次电子检测器、背散射电子检测器、能谱检测器等。环境扫描电镜的样品室内还可以装配多种附件，实现对试样的加热、冷却、拉伸、压缩等实验操作，用于研究材料在外场作用下的形貌、组织变化的动态过程。

1.3.3　信号检测和显示系统

信号检测和显示系统包括信号检测器、前置放大器和显示装置，其作用是检测样品在入射电子作用下产生的信号，经视频放大后，作为显示系统的调制信号，最后在荧光屏上得到反映样品表面、元素特征的扫描图像。

二次电子一般用闪烁计数器进行检测，随检测信号的不同，闪烁计数器的安装位置也不同。闪烁计数器由闪烁体、光导管和光电倍增器组成。当信号电子进入闪烁体时，产生光子，光导管通过全反射将光子传送到光电倍增器，然后转换成电子同时进行多级放大，输出电流信号，放大后调制显示器。闪烁体处罩有金属网，可以施加几百伏的正向电压来捕获更多的二次电子，特别是背对闪烁体一侧的二次电子。

由于镜筒中的电子束和显示器中的电子束同步扫描，所以荧光屏上的亮度是根据样品上被激发出来的信号强度调制的。而由于检测器接收的信号强度随样品表面状态、元素的不同而发生变化，因此在荧光屏上形成一幅反映样品表面、元素特征的图像。

1.3.4　扫描电镜的主要性能指标

1. 放大倍数

当入射电子束做光栅扫描时，电子束在样品表面扫描的幅度为 A_S，荧光屏上同步扫描的幅度为 A_C，则扫描电镜的放大倍数为

$$M=\frac{A_C}{A_S}$$

由于扫描电镜的荧光屏尺寸是固定不变的，因此，放大倍数的变化是通过改变电子束在试样表面的扫描幅度 A_S 来实现的。目前扫描电镜的放大倍数可以在 20 倍至几十万倍区间连续调节，实现由低倍到高倍的连续观察。

2. 分辨率

对于微区成分分析，分辨率是指能分析的最小区域；对于成像，分辨率是指能分辨两点之间的最小距离。这两者主要取决于入射电子束直径，电子束直径越小，分辨率越高。但分辨率并不直接等于电子束直径，因为入射电子束与试样相互作用会使入射电子束在试样内的有效激发范围大大超过入射电子束的直径。不同的信号有不同的直径，导致分辨率也不同。如图 1－20 所示，这个梨形区的纵向代表的是来自于样品深度范围的各种信号，横向为信号的横向扩展，代表着各种信号所对应的分辨率。从图 1－20 中可以看出，二次电子横向扩展区域的尺寸相当于电子束斑的直径，因此，扫描电镜的分辨率通常指二次电子像分辨率。一般钨灯丝枪扫描电镜的分辨率可以达到 3 nm，场发射枪扫描电镜的分辨率可以达到 1 nm。背散射电子的能量较高，可以从样品较深部位逸出表面，其横向扩展比二次电子的大很多，所以背散射电子像分辨率低于二次电子像分辨率，为 50～200 nm。X 射线也可以调制成像，但其深度和广度都更大，因此其分辨率低于二次电子像和背散射电子像的分辨率。

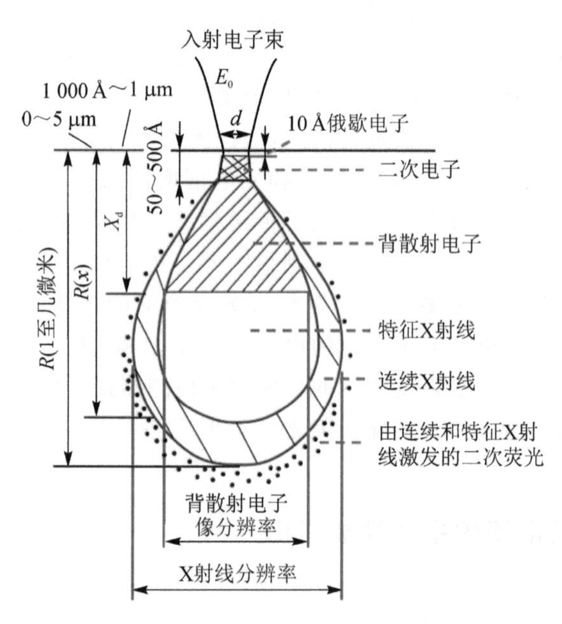

图 1－20　各种信号的发生深度

扫描电镜的分辨率除了受电子束直径和调制信号的类型影响外，还受样品原子序数、信噪比、杂散磁场、机械振动等因素影响。样品原子序数越大，电子束进入样品的横向扩展越大，分辨率就越低；噪声干扰会造成图像模糊；磁场的存在会改变二次电子运动轨迹，降低图像质量；机械振动会引起电子束斑漂移。以上这些因素的影响都会使图像分辨率降低，因此，扫描电镜的安放位置一般会选择离振动源、电源、磁场等较远的地方，安装前还要通过严格的场地测试，如果场地的某些指标不合格，则需要经过专业的场地改造，在各项指标达标后才能进行安装调试，以此来确保扫描电镜的分辨率，透射电镜对安放场地的要求则更加严苛。

3. 景　深

景深是指透镜对试样表面高低不平的各部位都能同时清晰成像的距离范围，可以理解为试样上最近清晰像点到最远清晰像点之间的距离。扫描电镜的景深示意图如图 1-21 所示，设 D_s 为景深，ΔR_0 为电镜的分辨率，则有

$$D_s \approx \frac{2\Delta R_0}{\beta}$$

电子束的孔径半角 β 是控制扫描电镜景深的主要因素，取决于末级透镜的光阑直径和工作距离。一般情况下，扫描电镜末级透镜焦距较长，具有很大的景深，比一般光学显微镜的景深大 100～500 倍，比透射电镜的景深大 10 倍，这使得扫描电镜图像具有较强的立体感。

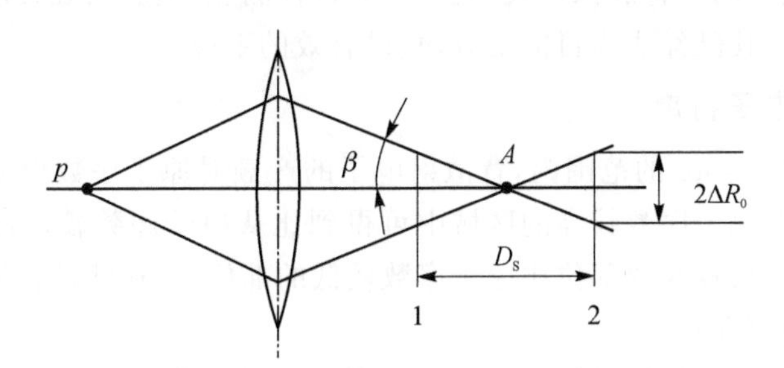

图 1-21　扫描电镜的景深示意图

1.3.5　扫描电镜的衬度形成原理

扫描电镜的衬度来源主要有三方面：一是试样本身的性质，如表面凹凸不平、成分差异、位向差异、表面电位分布等；二是信号本身的性质，如二次电子、背散射电子、吸收电子等；三是对信号的人工处理。

1. 二次电子衬度

二次电子的能量约为 50 eV，主要来自样品表层，其强度与原子序数没有对应关系，但对微区表面的几何形状十分敏感。入射电子束与试样表面法线的夹角越大，二次电子的产额就越大。由于试样表面凹凸不平，使各点的夹角均有所不同，在对应的图像上形成的亮度也不同，这就是二次电子衬度。在试样的尖角和棱边处，二次电子产额高，在图像上形成亮区；在试样的凹槽处，被激发的二次电子不能逃逸出试样，检

测器接收不到，在图像上形成暗区，二次电子衬度是典型的形貌衬度。图 1－22 所示为试样表面凹凸不平与二次电子发射体积对应关系的示意图。

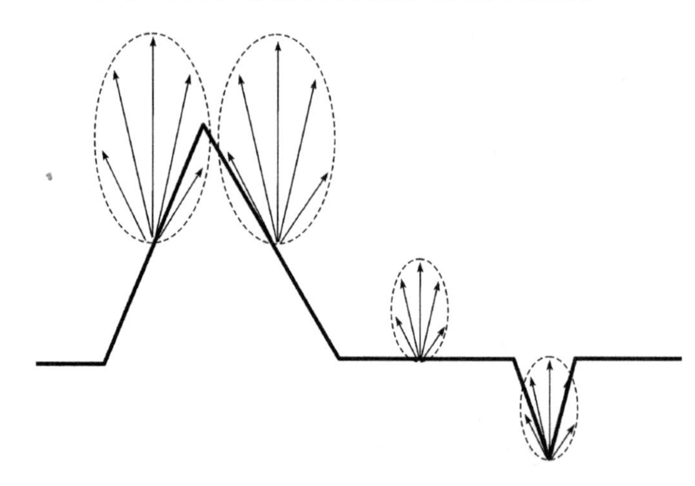

图 1－22 试样表面凹凸不平与二次电子发射体积对应关系的示意图

基于二次电子像分辨率比较高且不易形成阴影等诸多优点，二次电子成像成为扫描电镜应用最广的一种成像模式，尤其在断口检测、磨损表面观察以及各种材料形貌的特征观察上，其已经成为目前最方便、最有效的手段。

2. 背散射电子衬度

在原子序数 $Z<40$ 的范围内，背散射电子的产额对原子序数十分敏感。在进行分析时，从试样上原子序数较高的区域中可得到比从原子序数较低区域更多的背散射电子，即原子序数较高的部位比原子序数较低的部位亮，这就是背散射电子的原子序数衬度形成的原理。

二次电子像主要对形貌敏感，背散射电子像主要对成分敏感，但二次电子像中也会有背散射电子的影响，而背散射电子像中也经常伴随有二次电子的影响，因此，二次电子像的衬度既与试样表面形貌有关又与试样成分有关。只有利用单纯的背散射电子，才能把两种衬度分开。背散射电子能量高，离开样品表面后沿直线轨迹运动。通常把检测器的吸引电压改为排斥电压，由＋200 V 改为－50 V，把二次电子排除在检测器之外，而背散射电子沿原来确定轨迹进入检测器，便可得到背散射电子像。图 1－23 所示为采用冰模板法制备的纯氧化铝骨架结构的二次电子像(见图 1－23(a))及其填充氰酸酯后结构的背散射电子像(见图 1－23(b))[18]，图 1－23(b)中的白色为氧化铝骨架结构。

此外，在扫描电镜基础上发展起来的可变气压/环境扫描电镜以及聚焦离子束/电子束双束电镜也都成为当前应用非常广泛的电子显微分析仪器[19-20]。比如可变气压/环境扫描电镜，通过对扫描电镜的真空系统进行特殊设计，引入压差光阑并在镜筒处加装一套额外的真空系统，可以在较低的真空条件下实现对特殊样品(如含水

(a) 纯氧化铝骨架结构的二次电子像

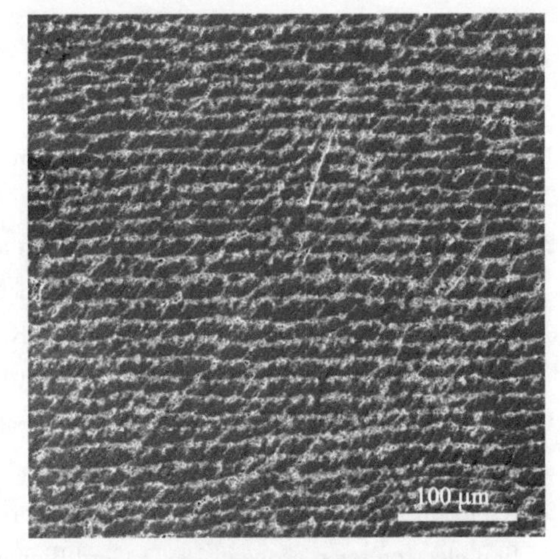

(b) 填充氰酸酯后结构的背散射电子像

图 1-23　纯氧化铝骨架结构的二次电子像及其填充氰酸酯后结构的背散射电子像

样品、生物样品等)的实验观察;双束电镜可以较方便地制备用于透射电镜的截面样品,也可以加装一些原位测试装置,在样品制备好以后即可进行原位实验,最大限度地减少环境、二次安装等对样品的损伤。

1.4　SEM/FIB 高分辨双束扫描电镜

20 世纪 60 年代,奥特利和他的学生发明了扫描电镜,奥特利也因此被称为“扫描电镜之父”,他的学生斯图尔特在扫描电镜中加装了聚焦离子束(Focus Ion Beam,FIB)系统,成为双束扫描电镜发展的开端。聚焦离子束技术的发展为用于透射电镜和扫描透射电镜成像或原子探针断层扫描等样品的制备提供了非常好的技术手段,人们可以舍弃成功率较低的传统制样方法,实现各类样品的可控切割、焊接等多种操作,尤其对于失效分析效率和成功率的提升至关重要。同时,由于双束扫描电镜同样具有较高的分辨率、超大的样品室空间以及众多的外接接口,因此可以更加轻松地耦合多种外场施加设备,在实现样品制备的同时进行原位结构演化分析,避免了样品的二次污染、氧化等众多问题。值得欣喜的是,近年来国产双束扫描电镜发展迅速,例如国仪量子已经成功推出双束扫描电镜,为国内外科研工作者提供了更多的产品选择。

本章简单介绍了透射电镜和扫描电镜的发展历程和工作原理,在本书的后续章节将分别介绍以这两种电子显微仪器为平台,耦合众多原位测试装置和方法进行的功能拓展及所取得的研究进展。

参考文献

[1] Egerton R F. Physical principles of electron microscopy: An introduction to TEM, SEM, and AEM[M]. Berlin: Springer, 2005.

[2] Zhang C, Firestein K L, Fernando J F S, et al. Recent progress of in situ transmission electron microscopy for energy materials[J]. Advanced Materials, 2020, 32: 1904094.

[3] Campbell G H, McKeown J T, Santala M K. Time resolved electron microscopy for in situ experiments[J]. Applied Physics Reviews, 2014, 1:041101.

[4] Chao H Y, Venkatraman K, Moniri S, et al. In situ and emerging transmission electron microscopy for catalysis research[J]. Chemical Reviews, 2023, 123: 8347-8394.

[5] Robinson A L. Electron microscope inventors share Nobel Physics Prize: Ernst Ruska built the first electron microscope in 1931; Gerd Binnig and Heinrich Rohrer developed the scanning tunneling microscope 50 years later[J]. Science, 1986, 234: 821-822.

[6] Williams D B, Carter C B. The transmission electron microscope[M]. Berlin: Springer, 1996.

[7] Kannan M. A textbook on fundamentals and applications of nanotechnology[M]. Berlin: Springer, 2018.

[8] Bunjes H, Kuntsche J. Analytical techniques in the pharmaceutical sciences[M]. Berlin: Springer, 2016.

[9] Zhang H, Jimbo Y, Niwata A, et al. High-endurance micro-engineered LaB_6 nanowire electron source for high-resolution electron microscopy[J]. Nature Nanotechnology, 2022, 17: 21-26.

[10] Zhang H, Tang J, Yuan J S, et al. An ultrabright and monochromatic electron point source made of a LaB_6 nanowire[J]. Nature Nanotechnology, 2016, 11: 273-279.

[11] Imran A, Zhu Q H, Sulaman M, et al. Electric-dipole gated two terminal phototransistor for charge-coupled device[J]. Advanced Optical Materials, 2023, 11: 2300910.

[12] Lazić I, Bosch E G T, Lazar S, et al. Phase contrast STEM for thin samples: Integrated differential phase contrast[J]. Ultramicroscopy, 2016, 160: 265-280.

[13] Nord M, Webster R W H, Patonet K A, et al. Fast pixelated detectors in scanning transmission electron microscopy. Part I: Data acquisition, live processing, and storage[J]. Microscopy and Microanalysis, 2020, 26: 653-666.

[14] Ophus C. Four-dimensional scanning transmission electron microscopy (4D-STEM): from scanning nanodiffraction to ptychography and beyond[J]. Microscopy and Microanalysis, 2019, 25: 563-582.

[15] Barroo C, Wang Z J, Schlögl R, et al. Imaging the dynamics of catalysed surface reactions by in situ scanning electron microscopy[J]. Nature Catalysis, 2020, 3: 30-39.

[16] Heard R, Huber J E, Siviour C, et al. An investigation into experimental in situ scanning electron microscope (SEM) imaging at high temperature[J]. Review of Scientific Instruments, 2020, 91: 063702.

[17] Torres E A, Ramirez A J. In situ scanning electron microscopy[J]. Science and Technology of Welding and Joining, 2011, 16: 68-78.

[18] Zhao H W, Yue Y H, Guo L, et al. Cloning, nacre's 3D interlocking skeleton in engineering composites to achieve exceptional mechanical properties[J]. Advanced Materials, 2016, 28: 5009-5105.

[19] Robinson V. The development of variable pressure scanning electron microscopy[J]. Microscopy and Analysis, 2016, 30: 17-21.

[20] Goldstein J I, Newbury D E, Michael J R, et al. Scanning electron microscopy and X-ray microanalysis[M]. Berlin: Springer, 2017.

第2章　原位电子显微学相关技术

2.1　引　言

随着电子显微学的不断发展,人们对微观世界的探索不再仅限于静态组织结构的解析,转而追求对不同外场下材料组织结构动态演化过程的解析。随着技术的发展,已经可以实现在SEM/TEM中加载多种外场,例如:力、热、电、光、气相、液相等单一外场甚至是多场耦合加载。原位电子显微学技术就是以具有高空间分辨率的电镜为平台,对样品施加单一或多种外场耦合作用实现材料组织结构动态演化过程实时观测的技术。相比于样品静态的分析,原位电子显微学实验能够将样品的微观形貌、成分、晶体取向等信息与样品的宏观性能(如力学、热学、电学、光学等性能)对应联系起来,可以更好地揭示材料结构与性能之间的“构-效”关系,进一步指导新材料的设计与研发。

在解决空间限制问题与保持电镜的高分辨率问题后,许多公司纷纷推出了与扫描电镜和透射电镜相配套的、具备原位动态实验功能的样品台和样品杆等商业产品。这些产品在外场施加的测试种类、测试功能、适用电镜型号等方面各有不同。近年来,国内很多厂商和课题组成功突破了多年来的技术壁垒,相继开发出若干用于原位电子显微学研究的商业化或实验室用产品,打破了国外技术的垄断,有的甚至实现了对外出口,在技术革新和产品研发方面获得了很大的成功。本章主要对国内外生产的原位扫描电镜与原位透射电镜用商业产品进行详细的归纳与介绍,对国内外新发展起来的创新技术产品进行重点介绍,以便读者能够快速了解原位电子显微学领域的最前沿技术,为从事该领域相关研究的科研工作者提供借鉴。

2.2　原位扫描电镜用商业产品及实验室应用技术

2.2.1　Kammrath - Weiss公司产品简介

Kammrath - Weiss公司由Walter Kammrath和Konrad Weiss于1995年创立,是一家致力于研究与开发SEM(扫描电镜)、FIB - SEM(聚焦离子束显微镜)和AFM(原子力显微镜)等创新领域产品的德国公司。Kammrath - Weiss公司是较早开始研究原位电子显微学产品的公司之一,大约20年前曾占据国内原位电子显微学产品的主要市场。但是,随着各种新技术的出现,Kammrath - Weiss公司早期在核心技术上的优势被其他后起公司逐渐赶上甚至超越,再加上其旗下某些产品对不同型号电镜的适应性稍差，如今该公司的产品在国内的市场份额出现了较大的萎缩。

Kammrath－Weiss 公司主营的扫描电镜中的原位力学性能测试产品具备多种力学性能测试模块，包括拉压模块、纤维拉伸模块、微拉模块、弯折模块等组件，使用者还可以选配高温加热、低温冷却等温度控制组件。

拉压模块（见图 2－1(a)）适用于长度为 30～60 mm、宽度达 10 mm、高度达 4 mm 的样品，测试对象涵盖纤维、箔、聚合物、橡胶、木材、金属、玻璃、陶瓷等众多材料体系。该模块具有 40 mm 大行程、机械刚性高等优点。

纤维拉伸模块（见图 2－1(b)）是针对单纤维、纤维束或箔等样品的加载模块，可以极低的力和很高的力分辨率（高达 1×10^{-5} N）对样品进行拉伸测试，拉伸速度范围为 0.1～20 μm/s。

微拉模块（见图 2－1(c)）用于扫描电镜的样品台附件，设计用于通过压电控制的夹具和疲劳平台对小型及微型固体样品进行准静态加载或交替加载。

弯折模块（见图 2－1(d)和(e)）可进行 3 点或 4 点弯曲实验，包含凸面及凹面弯曲，力学传感器的量程有 200 N 与 5 kN 两种，无级可调的速度范围分别为 0.1～20 μm/s 和 2～150 μm/s。

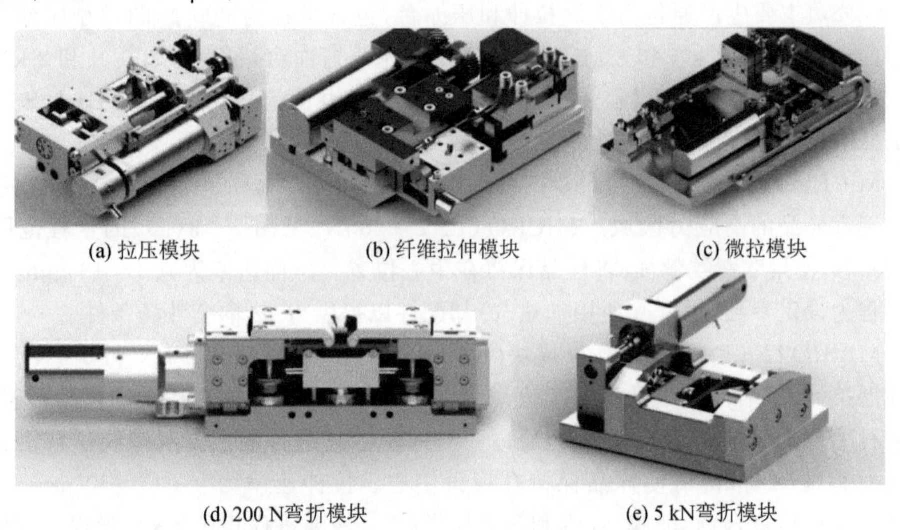

(a) 拉压模块　(b) 纤维拉伸模块　(c) 微拉模块

(d) 200 N弯折模块　(e) 5 kN弯折模块

图 2－1　Kammrath－Weiss 公司原位力学样品台组件

此外，Kammrath－Weiss 公司还开发了高温加热、低温冷却模块。图 2－2(a)展示的是 300 ℃/500 ℃加热模块，适用于最大尺寸约为 30 mm 的样品，可在空气中或真空中加热至最高温度。图 2－2(b)展示的是 1 050 ℃加热模块，可用于室温至 1 050 ℃范围内高温观察样品，适用于可变压力的环境，允许在具有腐蚀性或潮湿残留气氛下加热测试。图 2－2(c)展示的是冷却模块，温度控制范围有－25～＋50 ℃或－50～＋100 ℃两种类型，加热/冷却速率为 30 ℃/min。模块通过 PID 控制温度的快速变化，温度精度为 0.1 ℃。

(a) 300 ℃/500 ℃加热模块

(b) 1 050 ℃加热模块

(c) 冷却模块

图 2-2 Kammrath-Weiss 公司加热、冷却模块

2.2.2 Deben 公司产品简介

英国 Deben 公司成立于 1986 年，前身为 Deben Research Limited 公司，主要研究电机控制系统、原位微拉伸平台、帕尔贴加热和冷却平台，以及 SEM 探测器和静电束阻断器。

作为较早生产电镜配套产品的公司之一，在扫描电镜的原位实验台研发上，Deben 公司主要生产原位力学微拉伸和压缩台，包含量程为 200 N 的微型压缩和水平弯曲台，量程为 2 kN 和 5 kN 的拉伸压缩或水平弯曲台，量程为 300 N 和 2 kN 的 3 点或 4 点垂直弯曲台，以及用于扫描电镜背散射电子衍射(Electron Back Scatter Diffraction，EBSD)的 2 kN 拉伸台。

MICROTEST 系列载物台专门设计用于 SEM、光学显微镜、AFM 或 XRD 系统实时观察样品的高应力区域。MICROTEST-200N(见图 2-3(a))的量程范围为 2～200 N，使用双螺纹丝杠，将样品保持在中心位置。拉伸速率为 0.1～15 mm/min，以行程为设定参数，可配套使用加热/冷却配件以提供力-热耦合外场条件。

MICROTEST-2kN&5kN 模块(见图 2-3(b))的量程有 2 kN 和 5 kN 两种，可开展拉伸、压缩以及水平弯曲实验，并对拉伸、压缩以及弯曲过程中的样品形貌、结构进行原位观察。样品水平安装，通过一对固定卡具进行固定。双螺纹丝杠沿相反方向对称地驱动钳口，使样品保持在视野中心。拉伸速率为 0.005～50 mm/min。测试对象包括聚合物、薄膜、纤维和薄金属样品。5 kN 量程相比 2 kN 量程具有更大的腔室与更大的应力，适用于高强度金属和陶瓷样品。通过专门定制可扩大使用范围，可选配延长行程、−20～+160 ℃的 Peltier 加热和冷却等功能。

MICROTEST 3 点/4 点垂直弯曲和拉伸/压缩模块(见图 2-3(c))专门设计用于在 SEM 或光学显微镜下观察样品的高应力作用区域。其量程范围为 75 N～2 kN，适用于大多数样品的检测，拉伸速率为 0.05～5 mm/min。在 3 点弯曲实验中，样品由两个外部点支撑，并通过向下驱动第三个中心点来变形，样品位于中心固定点上，两个外部点向下驱动实现样品的弯曲变形。

此外，Deben 公司还开发了扫描电镜用原位 EBSD 拉伸设备(见图 2-3(d))，量程为 2 kN，适用于装配有 EBSD 仪的扫描电镜；同时，该装置配有 600 ℃的高温加热钳口，可在高温拉伸过程中对样品进行原位观察，载物台行程为 10～20 mm，拉伸速率的范围为 0.025～0.2 mm/min。

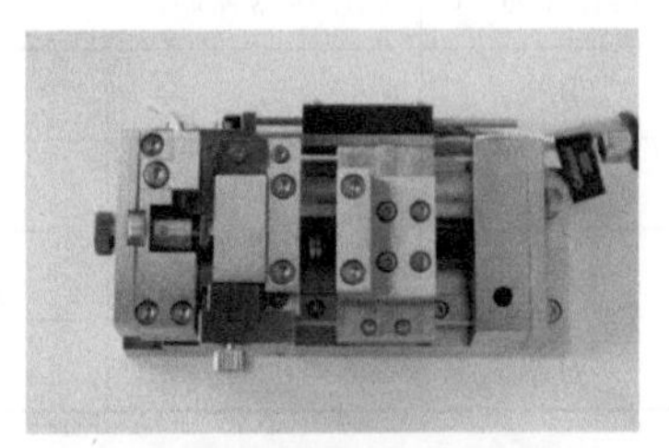

(a) MICROTEST-200N

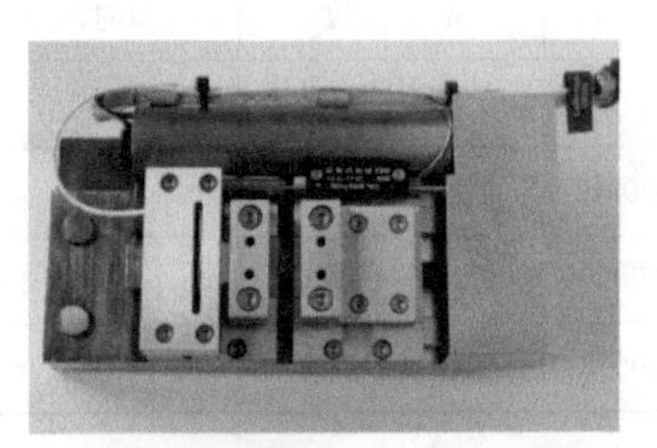

(b) MICROTEST-2kN&5kN模块

(c) MICROTEST 3点/4点垂直弯曲和拉伸/压缩模块

(d) 扫描电镜用EBSD拉伸设备

图 2-3　MICROTEST 原位力学样品台

2.2.3　Gatan 公司产品简介

美国 Gatan 公司是全球知名的电镜附属仪器制造商，成立于 1964 年，早期以精密机械代工为主，1979 年开始进入电镜相关领域后研发了一系列受到研究者们青睐的电镜附属产品，2000 年收购英国牛津仪器公司电镜分部。经过多年的成长，Gatan 公司已成为电镜附属设备行业知名公司，产品涵盖电镜相机、阴极发光光谱仪、SEM 拉伸及加热台、TEM 样品杆及冷冻传输装置等众多电镜相关附件设备。

在扫描电镜原位实验样品台方面，Gatan 公司拥有冷冻样品台和 Murano 原位实验样品台两款产品。Gatan 冷冻样品台（见图 2-4）采用液氦和液氮样品台来开展低温或与温度相关的研究，主要用于原位观察电气和电子材料样品。产品的优点为：可以在较大的束流下稳定地观察电子束敏感样品；可以研究低温相变；提高了成像和光谱数据质量，在阴极发光方面尤为明显。Gatan 冷冻样品台具有 C1005、C1005B、C1006、C1007 四种不同型号，如表 2-1 所列。其中，前三种型号的安装/拆卸过程简单，其载物台利用液氮可冷却至－185 ℃以下，高效的导热设计可确保快速冷却且温度稳定，并可通过集成的加热器和温度传感器实现精确控制。这三种型号的外部液氮热交换器可消除因 LN_2 沸腾产生的振动，并使其具有更高的温度上限。最后一种型号可以在液氦消耗量最小的情况下实现低漂移、低振动，系统中包含灵活的转接管存储容器、带气囊和阀门的上管嘴、气体流量控制器、气体流量泵以及数字温度控制器，并且可以根据用途选配辐射屏蔽装置。

表 2-1　Gatan 冷冻样品台型号

型　号	基准温度	冷却时间/min	最高操作温度/℃	加热器控制	单独的冷却回路
C1005	低于-185 ℃	10	50		
C1005B	低于-185 ℃	10	50		√
C1006	低于-185 ℃	10	50		√
C1007	低于-185 ℃	10	50	√	

Murano 实验原位样品台(见图 2-5)是扫描电镜原位高温加热样品台，可用于 EBSD 探针模式，并可在高温加热的过程中实现动态显微结构的原位观察。Murano 实验原位样品台用于 EBSD 应用时可加热至 950 ℃，且可观察高温下的实时结晶和相变情况，用于二次电子探测器(SED)成像时可加热至 1 250 ℃。该样品台可实现离线安装和存储样品，其独特的样品安装方式可完美地配合 EBSD/FIB/二次电子模式，并且 Murano 实验原位样品台的水冷却和热防护屏蔽可确保在高温条件下实现高水平的保护。此外，该样品台还采用额外的偏压控制，为高温条件下的成像提供帮助。

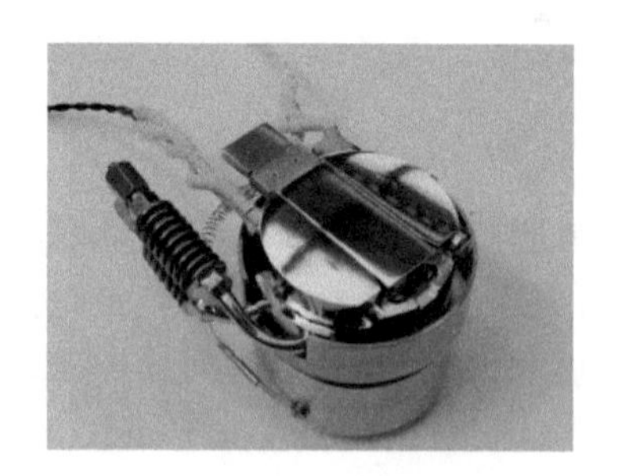

图 2-4　Gatan 冷冻样品台

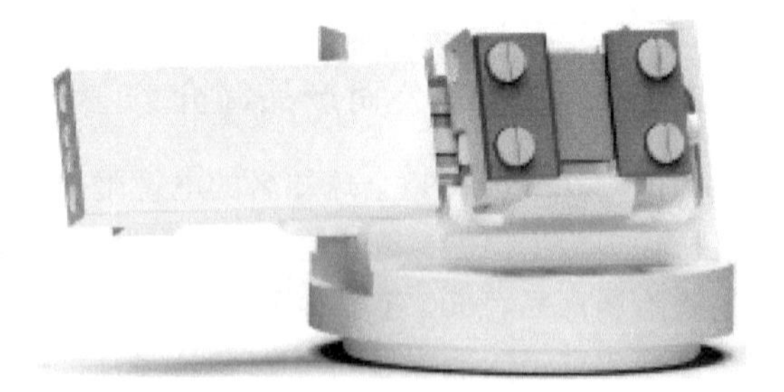

图 2-5　Murano 实验原位样品台

2.2.4　纳米力学测试系统简介

2017 年布鲁克将美国 Hysitron(海思创)公司收购，将 Hysitron 纳米机械测试仪器纳入其 BNS 部门。Hysitron 公司曾是全球领先的纳米力学仪器制造商，自 1992 年以来为纳米力学领域带来尖端的检测技术。例如，PI-85/87 系列纳米压痕仪(见图 2-6)可以很方便地集成在 SEM 中，实现对微小样品的拉伸、压缩、划痕等实验。得益于内部电容力学传感系统，其力分辨率可以达到 nN 级别。另外，利用该系统能够同时进行定量化纳米力学性能检测和 SEM 形貌观察。

另一个全球知名的原位 SEM 纳米压痕仪生产商是瑞士 FemtoTools 公司，其研发团队依托瑞士联邦理工学院机器人与智能系统研究所(ETH-IRIS)的 Bradley

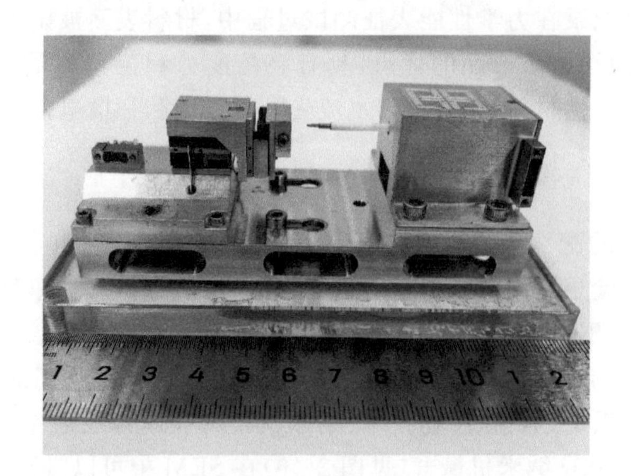

图 2-6　Hysitron PI-85 纳米压痕仪

Nelson 课题组，为微纳米尺度的机械测试和机器人处理研发超高精度仪器，充分满足半导体技术、微系统开发、材料科学、微型医学和生物技术等领域的挑战性要求。

其生产的 FT-NMT04 纳米压痕仪（见图 2-7）是一种多功能原位 SEM/FIB 纳米压痕仪，能够精确量化微米和纳米级材料的力学行为。作为世界上第一个基于微机电系统（Micro-Electro-Mechanical System，MEMS）的纳米压痕仪，其具有无与伦比的分辨率、可重复性和动态响应。FT-NMT04 纳米压痕仪针对金属、陶瓷、薄膜以及超材料和 MEMS 等微结构的机械测试进行了优化。此外，通过使用各种附件，FT-NMT04 纳米压痕仪的功能可以满足各个研究领域的多样化要求。其典型应用包括通过微柱的压缩测试或狗骨样本、薄膜或纳米线的拉伸测试来量化塑性变形机制。此外，弯曲期间的连续刚度测量使得薄膜或纳米线能够在微梁的断裂测试期间量化裂缝生长和断裂韧性。

除此之外，国内的纳特斯（苏州）科技有限公司（简称纳特斯公司）生产的纳米压痕仪——NMT 纳米力学测试仪（见图 2-8），能够在光学显微镜和电镜下，实时表征和观察微/纳米尺度材料机械力学性能。通过高分辨率的力传感器、位移传感器以及

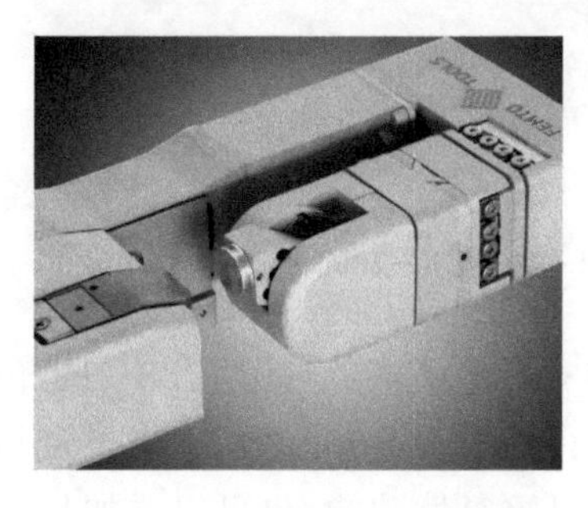

图 2-7　FT-NMT04 纳米压痕仪

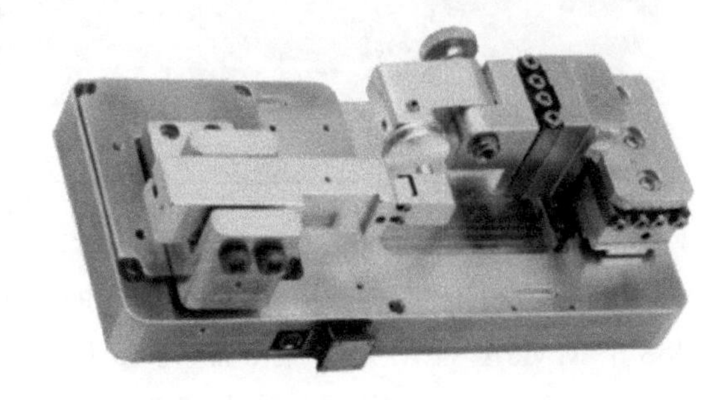

图 2-8　NMT 纳米力学测试仪

自动控制方法,可记录在力学性能表征测试过程中,材料表面被压入的深度和载荷数据,形成力-位移曲线。该产品的优点:具有高精度力和位移测量;拥有多种力传感器,对应多种机械特性材料;兼容各类主流光学显微镜和扫描电镜。

2.2.5 纳米微操纵系统简介

在早期SEM的配件功能拓展应用中,除原位力学、热学、电学、光学等性能测试外,最初的原位实验是利用微型机械臂进行切割、清洁、测量、制作器件以及拾取和放置等操作的。德国Klocke Nanotechnik公司是全球知名的微纳技术公司。1994年,Klocke博士与他的团队研制出了第一个微型夹具。目前,该公司的产品已广泛应用于半导体技术、微系统、通信、生物技术、纳米机器人技术以及航空航天技术等领域。其生产的Manipulator纳米机械臂(见图2-9)在SEM中可以对微小样品进行移动、加工及材料物性测量。该纳米机械臂可以实现三个方向的独立运动,行程的分辨率是0.5 nm,行程可达5～20 nm,绝对位置的定位精度可达20～50 nm。

加拿大TNI公司的LF-2000纳米机械臂(见图2-10)也是目前市面上自动化程度较高的纳米操作系统,可以在SEM中提供可重复定位、低漂移、闭环运动控制定位等服务,拥有较好的运动定位性能,具有大行程及亚纳米分辨率;可以通过粘滑驱动原理控制1～4个机械手来实现纳米操纵;其宏动最大速度＞3 mm/s,最小步长＜100 nm,微动定位漂移率＜0.35 nm/min。TNI LF-2000纳米机械臂能实现的功能包括电学特性测量、力学测量、拾取和放置操作、微纳米器件的制作、纳米电子器件电学测量等。

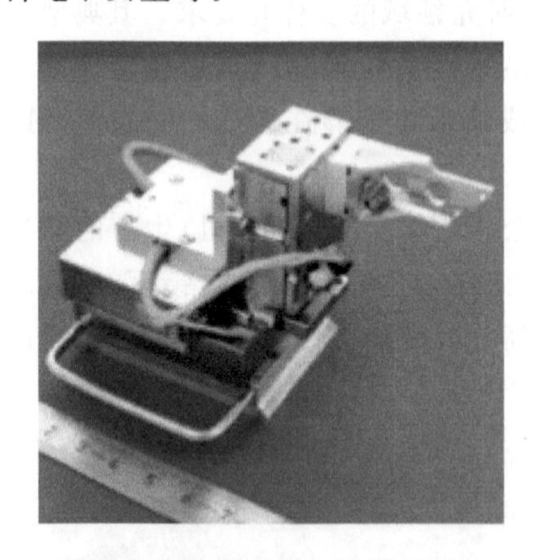

图2-9 Manipulator纳米机械臂

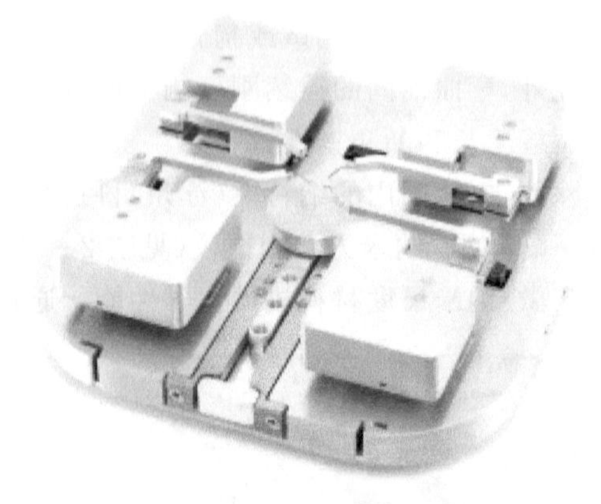

图2-10 LF-2000纳米机械臂

德国Kleindiek Nanotechnik公司生产的MM3A-EM探针台(见图2-11)包含多达8个MM3A-EM显微操作器,与X和Y轴行程为30 mm的长距离子台相结合。该子台既可以配备位置编码器实现50 nm的可重复性功能,也可以添加长度为3 mm的Z轴。整个平台可以在短短几分钟内安装在SEM的载物台上,并且可以很方便地移除。MM3A - EM 探针台具有低电流、低容量测量功能,并完全兼容高级探测工具硬件和软件套件,包括带电接触测试仪和电子束感应电流成像模块等。该平台还可以配备一个加热台,温度最高可达 450 ℃;也可以根据实验需求提供其他配件的选配。

另外,纳特斯公司也提供了具有纳米机械臂自主知识产权的产品,即 Nators -纳米操作机(见图 2 - 12),其可以在众多显微镜(光学显微镜、SEM、FIB)下进行各种物理量测量(如电学、力学、光学等)。该操作机全部由公司自主开发的模块化部件组成,采用闭环运动控制,具有数十毫米运动行程和纳米级的运动分辨率,适用于微纳操作与微装配、半导体纳米芯片电学探测、材料纳米力学测量(纳米压痕、弯曲、拉伸测试)、光电材料等原位光诱导或原位性能测量,以及 MEMS 器件测试等。

图 2 - 11　MM3A - EM 探针台

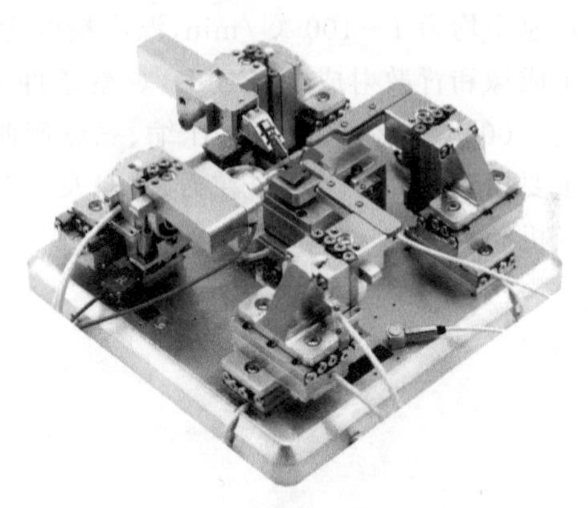

图 2 - 12　Nators -纳米操作机

2.2.6　浙江祺跃科技有限公司产品简介

浙江祺跃科技有限公司(简称祺跃科技)成立于 2019 年 3 月,是浙江省创新材料研究院孵化的高科技企业,主要从事基于扫描电镜的原位分析测试精密仪器的设计研发、生产销售以及材料检测与分析测试服务等。该公司已经开发出能够在扫描电镜中实现原位拉伸、加热、蠕变、疲劳、高温力学性能测试的一系列高端科学仪器。

在扫描电镜原位力学测试系统方面,祺跃科技研发的具有自主知识产权的 MINI - MTS 系列原位实验台具有最大载荷从 500～5 000 N 共 5 种量程(500 N、1 000 N、2 000 N、4 000 N、5 000 N)(见图 2 - 13),具有结构紧凑、体积小、重量轻、兼容性好、超刚性设计、智能化控制、高精度测控等特点。

在扫描电镜原位加热系统研发方面,祺跃科技自主研发的原位扫描电镜加热台 MINI - HT - SE/EBSD 按最高加热温度分共有 9 种型号,如图 2 - 14 所示,最高加热温度分别为 500 ℃、750 ℃、900 ℃、1 000 ℃、1 200 ℃。除具有结构紧凑、体积小、重量轻的优点外,其还具有多层热屏蔽、消磁性设计、独立悬浮电位、无冷水循环、紧

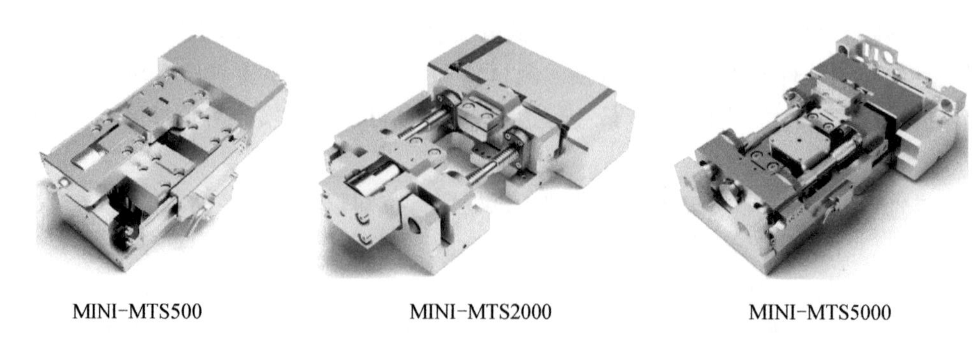

图 2-13　MINI-MTS 系列原位实验台

凑式加热等特点，可与原位拉伸模块匹配，实现力、热耦合场的加载。每种型号的加热速率均为 1～100 ℃/min，温度精度为±2 ℃，主要功能包括在纳米分辨的二次电子成像和背散射成像(EBSD)观察条件下，实现室温至 1 200 ℃(EBSD 模式为室温至 1 000 ℃)高温的拉伸、压缩、三点弯曲等原位力学试验。MINI-HT-SE/EBSD 主要用于研究各类材料在力、热以及耦合条件下的力学性能测试与微观组织结构演变机制。

图 2-14　原位扫描电镜加热台 MINI-HT-SE/EBSD

除原位拉伸和加热系统外，祺跃科技还推出了持久原位高温蠕变与疲劳测试系统(见图 2-15)。该系统与扫描电镜对接，可以实现不同力值/不同温度下的长时间蠕变/疲劳原位测试，具有在热、力、环境气氛、时间等多场交叉耦合作用下跨宏观、微观、纳米尺度研究材料损伤机制与显微组织结构实时演化的能力，填补了国内外高温疲劳性能与纤维结构演变原位测试仪器的空白。该系统配置冷却系统、红外测温系统、原位监控系统以及等离子清洗等系统，保证其运行更安全、数据更准确、环境更清洁。测试温度为室温至 1 100 ℃，最大载荷≤2 000 N，疲劳稳定工作时间≥100 h。持久原位高温蠕变与疲劳测试系统用于材料的高温蠕变/疲劳的原位分析，揭示材料服役过程中力学行为与微观组织演化的关系，其中疲劳测试模块包含低频测试模块与高频测试模块。

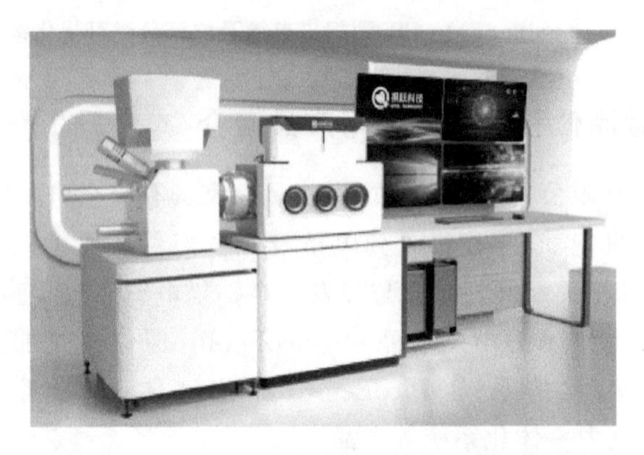

图 2-15 持久原位高温蠕变与疲劳测试系统

祺跃科技最新推出了原位扫描电镜，图 2-16(a)为其新研发的 In-situ SEM 660F 型扫描电镜。该扫描电镜可以提供跨尺度研究材料液-固、固-固相转变演化过程的功能；可以施加拉伸、疲劳、蠕变等多种力-热耦合作用，表征样品力学性能与微观组织演变实时相关的过程信息，填补了国内外原位高温微观结构与力-热耦合一体化测试仪器的空白；可以实现 1 400 ℃纳米级高分辨成像，并可以与多种原位高温力学测试装置联用。

近期，祺跃科技又成功开发了一款纳米分辨可视化锻造系统，该系统可深入揭示难变形金属、有色金属、黑色金属等材料在冷/热加工、热处理中工艺参数与显微组织结构、制备性能等之间的内禀关系，解决金属材料冷/热锻造制备中关键显微图谱与工艺参数信息对称性差、工艺优化效率低、工艺迭代成本高等问题。该系统如图 2-16(b)所示，主要面向工业/科研领域的金属材料热锻造工艺，实现纳米分辨显微结构演变-制备性能一体化研究，提高锻造工艺优化与制度效率；同时，实现金属材料热锻造过程中锻造温度、变形量、变形速率的可调可控，锻造试样锻造过程中温度分布、应变分布的高精度可测；拥有集锻造工艺-制备性能-显微组织图谱内禀关联的显微性能数据库，并基于人工智能学习形成解决工程工艺问题的解决方案平台。

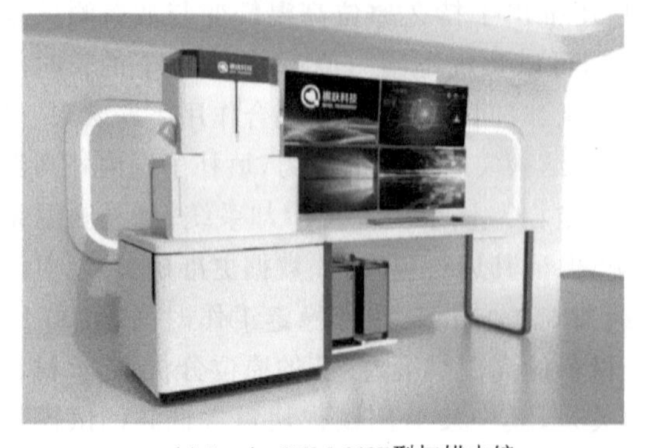

(a) In-situ SEM 660F型扫描电镜

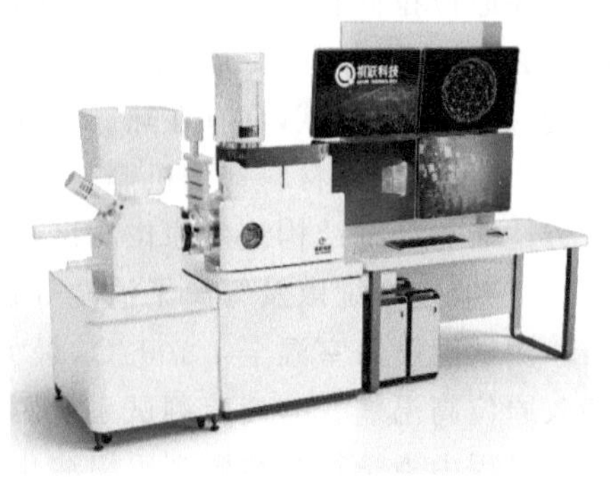

(b) 纳米分辨可视化锻造系统

图 2-16　In-situ SEM 660F 型扫描电镜及纳米分辨可视化锻造系统

2.2.7　安徽泽攸科技有限公司产品简介

安徽泽攸科技有限公司(简称泽攸科技)是一家具有完全自主知识产权的先进装备制造公司,于 20 世纪 90 年代投入到电镜及相关附件研发中,致力于原位扫描电镜、原位透射电镜及相关配件的研究与开发。在扫描电镜原位实验产品方面,泽攸科技开发了 PicoFemto 纳米力学测量系统、PicoFemto 原位气氛加热环境测量系统、PicoFemto 原位高温拉伸系统、PicoFemto 原位液体-电化学测量系统,以及 PicoFemto 原位光电力一体化系统等产品。

PicoFemto 纳米力学测量系统(见图 2-17(a))将纳米压痕仪集成进扫描电镜中,可以在扫描电镜中进行原位纳米压痕研究。该系统由一个三维压电驱动的样品台和一个纳米力测量探针组成。样品安装方式灵活多样,可在三维纳米位移台的驱动下,达到 5 mm 的准确定位,定位分辨率优于 100 nm。力探针同样由压电驱动,在轴向达到 100 μm 的伸缩长度,位移分辨率优于 0.25 mm。力的载荷由传感器准确测量后施加,可测量拉力和压力,传感器根据最大量程的不同可提供多种型号的选择,并通过搭配电学、光学、加热等模块,实现对包括原位力/热耦合、力/光耦合、力/电耦合、力/热/晶体取向耦合等多场耦合的研究。

PicoFemto 原位气氛加热环境测量系统(见图 2-17(b))将 MEMS 气氛环境微腔和加热模块集成到扫描电镜样品台上,在扫描电镜中制造可控的气氛环境,并且可以对实验样品原位加热。该系统可在气氛环境中原位、动态、高分辨地对样品的形貌结构和化学组分进行综合表征,大大拓展了扫描电镜的功能与应用领域。该产品可实现 1 bar (1 bar=0.1 MPa)、800 ℃的观测条件,可以在扫描电镜中实时观测催化反应、氧化还原反应、低维材料生长/合成以及各类腐蚀反应。

PicoFemto 原位高温拉伸系统(见图 2-17(c))集成了力学拉伸模块及高温环境模块,可以在扫描电镜中实现对样品原位加热的同时进行拉伸实验。该样品台可兼容具有 EBSD 探头的扫描电镜，在保证电镜原有真空度的情况下最大载荷可达 5 kN，最高加热温度可达 1 200 ℃，载荷分辨率优于满量程的千分之一，拉伸速率最高可达 1.5 mm/min。

PicoFemto 原位液体-电化学测量系统（见图 2－17(d)）采用全新的 O 圈辅助密封设计，攻克了以往原位液体解决方案装样困难的问题。实验中，样品被密封在超薄氮化硅薄膜覆盖的液体池内，池内可以承载一个大气压。芯片电极联通外接电路，在扫描电镜中搭建一个液体-电化学测试环境。液体池间隔层厚度最小 100 nm，液体池内可载入气体或液体，池外满足电镜真空要求。电压输出最大为±200 V，最小分辨率为±100 nV；电流测量最大为±1.5 A，最小分辨率为±100 fA。

PicoFemto 原位光电力一体化系统（见图 2－17(e)）集成了扫描探针控制单元，可在三维空间内对电学探针与光纤探针进行亚纳米级别精度的操纵与定位。通过电学探针施加电场，通过光纤施加光场，对单个纳米结构进行操控并进行电学性质、光电性质测量，在进行物性测量的同时，对样品的晶体结构、化学组分、元素价态进行动态、高分辨率的综合表征。

(a) PicoFemto纳米力学测量系统

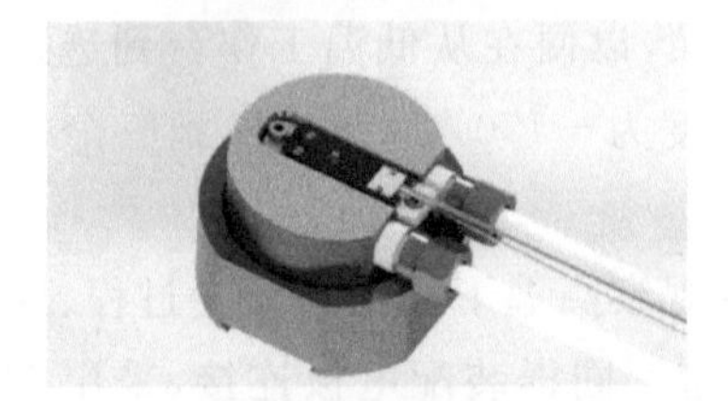

(b) PicoFemto原位气氛加热环境测量系统

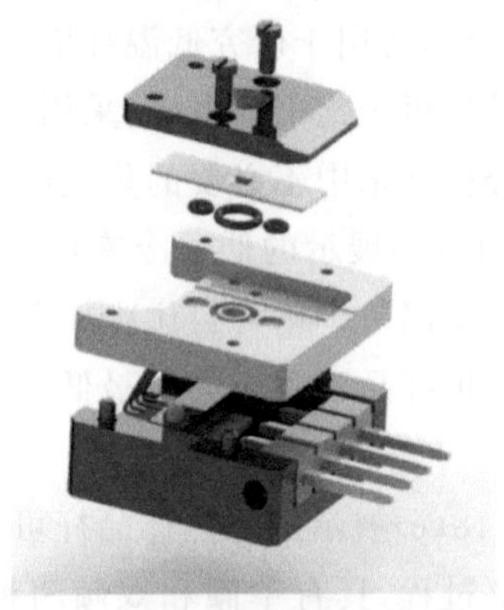

(c) PicoFemto原位高温拉伸系统

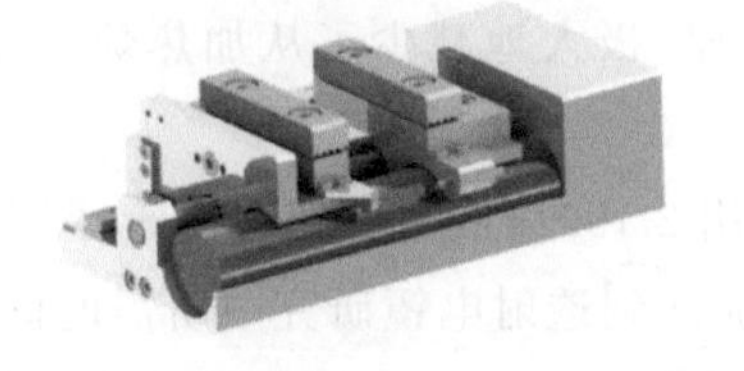

(d) PicoFemto原位液体-电化学测量系统

(e) PicoFemto原位光电力一体化系统

图 2－17　PicoFemto 系列产品

2.3 原位透射电镜用商业产品及实验室应用技术

受透射电镜狭小样品室空间及镜筒内高真空度环境的限制，在透射电镜中对样品实现力学、热学、电学、气氛环境、液体环境等多场耦合作用下的原位研究较为困难。为了克服上述条件的限制，各大仪器制造商和科研团队经过多年的技术研发和迭代，发展了多种透射电镜下材料性能的原位研究方法和技术，可以对样品施加不同的外场激励来研究在偏压、机械应变/变形、加热、冷却、气体或液体环境下材料结构的动态演化过程，取得了非常显著的进展。下面将重点介绍几类具有代表性的原位技术。

2.3.1 Gatan 公司的原位 TEM 样品杆

在原位透射电镜的商业产品方面，Gatan 公司拥有可与透射电镜配套使用的、具有原位测试功能的透射电镜样品杆，例如冷冻样品杆、低温冷冻传输样品杆、加热样品杆、拉伸样品杆等。

图 2-18(a)展示的冷冻样品杆根据冷冻液的不同可分为液氮冷冻样品杆和液氦冷冻样品杆，适用于研究低温环境下（液氮或液氦温度）材料组织结构的动态演化过程。样品杆可选配引入电极，采用 Hexring 机制，减少样品的污染和电子束损伤，减少各种分析技术中不必要的热效应。

图 2-18(b)展示的低温冷冻传输样品杆适用于需要低温转移或者观察含水样品的实验。低温防护罩可封住冷冻含水样品，以便在从低温工作台到透射电镜的传输过程中保护样品不受污染。最低工作温度为－170 ℃，支持两到三个样品的安放位置。

图 2-18(c)展示的加热样品杆可直接观察高温下样品的相变过程、成核现象及生长和溶解过程，具有单倾和双倾两种类型。同样装配电极连接，采用 Hexring 机制，最高温度可达1 300 ℃，加热器与样品台之间的机械连杆采用膨胀系数几乎为零的材料制成，热漂移小，使用专用陶瓷炉支座，极大地减少了从加热炉到样品杆尖头的热量损失。

图 2-18(d)展示的是拉伸样品杆，使用 2 190∶1低回程间隙齿轮，配合 40∶1减速精密蜗杆和传动装置来实现齿轮减速，从而达到透射电镜研究中所需的低位移速率，同时利用 Hexlok 样品固定机制固定样品。其中，Gatan 671 型号拉伸样品杆可实现低于－170 ℃的原位拉伸实验。

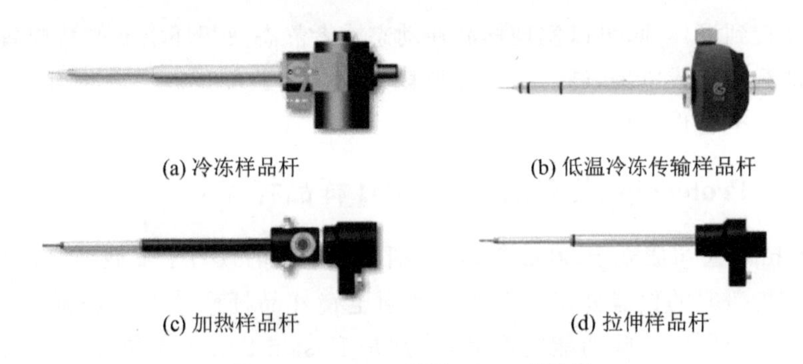

(a) 冷冻样品杆　(b) 低温冷冻传输样品杆

(c) 加热样品杆　(d) 拉伸样品杆

图 2-18　Gatan 原位 TEM 样品杆

2.3.2　Denssolutions 公司的原位 TEM 样品杆

荷兰 Denssolutions 公司提供技术先进的透射电镜样品管理解决方案，提供快捷、可靠的纳米尺度原位显微工具。其应用领域包括：纳米材料原位加热、碳基纳米材料无损成像、金属结构、催化剂、陶瓷原位加热等研究。产品包括原位透射电镜样品的电学、气体及液体系统等。

图 2-19(a)展示的是 Denssolutions Wildfire 原位高温加热 TEM 样品杆，在改变温度的同时研究材料的组织结构变化。加热温度从室温到 1 300 ℃，并在各个方向实现温度控制和样品稳定性控制。Wildfire 系统的稳定性确保了 TEM 极限分辨率和优异的分析性能。该产品具有包括±70°的 α 倾斜范围和±25°的 β 倾斜范围。

图 2-19(b)展示的 Denssolutions Lighting 原位电学 TEM 样品杆，将外加电场与高温加热相结合，能在 900 ℃时实现高于 300 kV/cm 的电场加载，在加热环境中测量 μA 级电压，施加最大 150 V 的高压。Lighting 纳米芯片采用 4 点探针方法，可准确控制加电和加热并进行数据采集。

图 2-19(c)展示的 Denssolutions Climate 原位气体 TEM 样品杆，可使用户观察样品在气体环境中的结构动态变化过程，可以在几秒钟内自由切换受控气体；可以在高达 2 bar 的压力和最高 1 000 ℃的高温环境下，实现对样品的原位动态观测。

图 2-19(d)展示的 Denssolutions Stream 原位液体 TEM 样品杆，将基于压力

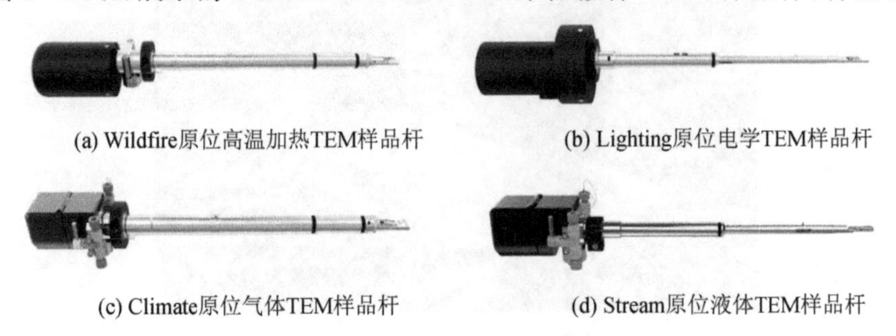

(a) Wildfire原位高温加热TEM样品杆　(b) Lighting原位电学TEM样品杆

(c) Climate原位气体TEM样品杆　(d) Stream原位液体TEM样品杆

图 2-19　Denssolutions 原位 TEM 样品杆

的液体泵连接到液体池，可以实现样品在动态或者静态液相环境下的结构演化分析；同时可以加载高温或电场，进行多种外场耦合原位实验测试。模块化设计允许清洁或更换每个真空组件，以确保无交叉污染。

2.3.3 Protochips公司的原位TEM样品杆

Protochips公司成立于2002年，是早期为数不多的致力于发展纳米尺度材料多场耦合下结构研究的仪器公司。在原位透射电镜样品杆产品上，Protochips公司共有三种实现不同原位实验功能的产品，分别是Fusion Select原位加热和电气TEM样品杆、Poseidon Select原位液体TEM样品杆和Atmosphere原位气体TEM样品杆。截至目前，Protochips公司已向几十个国家的用户提供数百套原位电镜样品杆，研究成果也已发表在相关科学杂志上。

Fusion Select原位加热和电气TEM样品杆（见图2-20(a)）利用基于MEMS的E芯片的灵活性将透射电镜转变为原位透射电镜，可以提供精确的实验条件。Fusion Select电热分析功能能够获取和测量pA级电信号以及高达1 200 ℃的快速温度变化，并能够得到快速变温下的样品信息。Fusion Select原位加热和电气TEM样品杆重新定义了原位加热和电气特性，并可以通过添加附件来增添新特性和功能，包括双轴倾斜、电气和电热功能。其独特的β倾斜设计可确保在倾斜样品时温度和电流保持稳定。E芯片和触点一起倾斜，最高可达±20°，因此在高温下也可以快速准确地找到样品的区域。

(a) Fusion Select原位加热和电气TEM样品杆

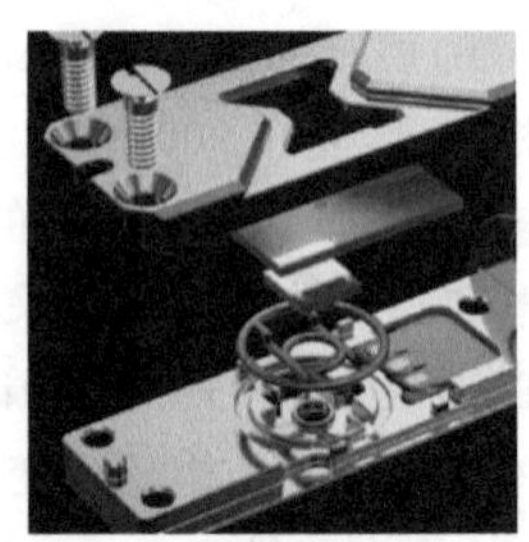

(b) Poseidon Select原位液体TEM样品杆

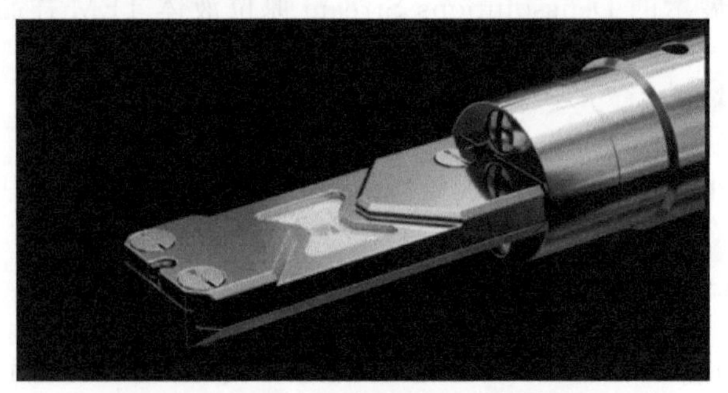

(c) Atmosphere原位气体TEM样品杆

图2-20 Protochips原位TEM样品杆

Poseidon Select 原位液体 TEM 样品杆(见图 2-20(b))在透射电镜内创建了一个微型液体池,能够在其原生环境中观测众多材料的反应过程,例如腐蚀、颗粒分析、生物材料和电池材料的结构变化,Poseidon Select 原位液体 TEM 样品杆具有自对准部件和众多 E 芯片配置,从而以简单性试验扩展了显微镜的功能;只需 5 个步骤即可组装完成,从而使其更易于使用和教学。Poseidon Select 原位液体 TEM 样品杆可在原位实验期间以最高的 EDS X 射线计数来识别元素,快速获取元素映射;而且样品杆电化学系统还能解决小电流问题,同时保持成像和分析数据收集。

Atmosphere 原位气体 TEM 样品杆(见图 2-20(c))在 TEM 中可以创建相关的环境条件,并在原子分辨率下原位观察催化剂的活化、失活和再生,可以在现实条件下对动态纳米级过程进行原子分辨率成像。Atmosphere 通过软件可灵活地进行引入气体、处理残余气体等操作。借助针对 EDS 优化的 E 芯片的完全集成来实现最佳性能的残余气体分析,最终实现对 EDS、EELS 和质谱数据的更精确分析。

2.3.4　杭州纳控科技有限公司的原位 TEM 样品杆

杭州纳控科技有限公司(简称纳控科技)于 2019 年成立,以科学仪器的创新和发展为己任,聚焦高端科学仪器研发、设计和制造,以持之以恒、精益求精的态度打造中国品牌的高端仪器。在原位 TEM 样品杆产品方面,纳控科技自主研发了 XNano 原位 TEM 四自由度样品杆(见图 2-21),以及 JEOL 双倾电学样品杆,二者均是具有自主知识产权的国产 TEM 样品杆,在国内外均处于领先水平,并已在较多研究领域得到认可与应用。

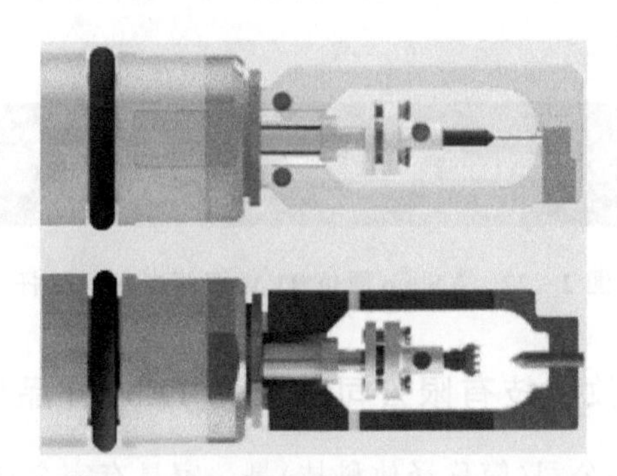

图 2-21　XNano 原位 TEM 四自由度样品杆

XNano 原位 TEM 四自由度样品杆通过原创性设计,将原位加载观测动态微结构演化与三维重构有机结合,实现了透射电镜从二维、三维到四维应用的突破。该产品采用自主研发的特殊精密微型压电马达驱动,实现了 X、Y、Z 轴三维运动与绕样品台旋转四个自由度的完全解耦,大幅提升了纳米操纵性能及可控性;并且,该产品配备力学、电学等多种扩展平台后,再配合增强的纳米操纵性能,结合动态原位实验可在线进行三维重构,实现透射电镜样品的四维表征(4D-TEM)。

该产品的核心优势在于，打破了常规 TEM 样品杆 *XYZ* 三轴自由度的限制（传统样品杆各自由度运动之间耦合严重，操纵过程烦琐费时。市面上同类样品杆的样品基座与压电陶瓷球均是点接触，可控性差，输出压力为 1～10 mN），从源头解决了 *XYZ* 轴运动耦合的问题，不仅增加了 360°旋转功能，还简化了纳米操纵难度，提高了操纵精度；样品基座与压电陶瓷球采用面接触设计，使得输出压力提高了两个数量级（～500 mN）；同时，四自由度样品杆增加了绕 *X* 轴旋转的自由度，可以表征三维结构的动态演化，为普通透射电镜增加了三维功能。

XNano 原位 TEM 双倾电学样品杆（见图 2－22）通过原创性设计，采用自主研发的精密微型压电马达驱动，实现了 *XYZ* 轴三维运动与绕样品杆 α 方向 360°旋转，以及 β 方向±10°倾转五个自由度的完全解耦，大幅提升了纳米操纵性能及可控性。该样品杆具有粗调和精调两种模式。内置于样品杆腔体内部的操纵模块实现 *X* 轴的平移与旋转运动，部分外露于样品杆头部的操纵模块实现 *Y* 方向和 *Z* 方向的平移运动，双倾驱动模块实现样品的 β 倾转运动。

相比于其他样品杆，XNano 原位 TEM 双倾电学样品杆具有优越的稳定性和操纵便捷性，即使在 500 K×高分辨成像模式下，仍可以进行 *X* 方向粗调，粗调步长最小为 10 nm。另外，独有的 *X* 方向粗调和 *YZ* 方向粗调完全是解耦设计，使得在 *X* 方向粗调运动时焦点不会发生改变。*YZ* 方向的粗调步长最大可达 100 nm，使得在 100 K×高倍下依然可以进行大范围位置调整，而无需切换到低倍，更加节省时间。*XYZ* 三轴运动的解耦设计，加上范围可达 10～100 nm 的粗调步长设计，再加上 360° 绕 α 轴旋转的功能，可以为三维重构提供自由发挥的空间，结合 β 轴倾转，对晶体材料的研究尤其便捷。

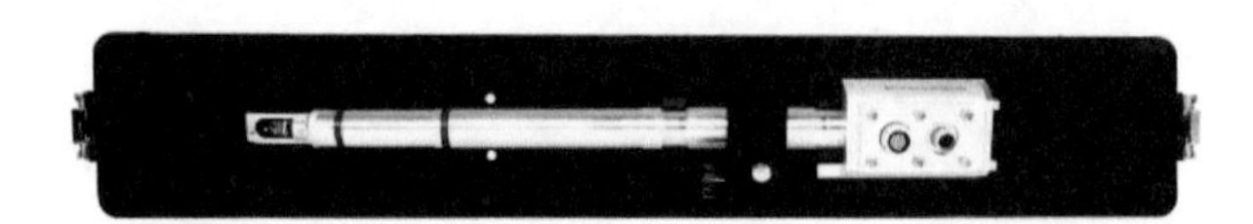

图 2－22　XNano 原位 TEM 双倾电学样品杆

2.3.5　安徽泽攸科技有限公司的原位 TEM 样品杆

安徽泽攸科技有限公司（简称泽攸科技）是一家具有完全自主知识产权的先进装备制造公司，于 20 世纪 90 年代投入到电镜及相关附件的研发中，致力于原位扫描电镜、原位透射电镜的研究与开发。在原位 TEM 样品杆研发上，泽攸科技推出了 PicoFemto 系列原位 TEM 测量系统，在保证电镜原有分辨率的前提下，可以实现亚纳米级别的机械操纵和高精度的物性测量。

PicoFemto 多场耦合 TEM 样品杆（见图 2－23(a)）在透射电镜中构建了可控的力、热、光、电耦合的多场环境，从而对材料或者器件等样品实现多重激励下的原位表征。可通过简单更换 MEMS 芯片种类以及不同 STM 探针为样品施加至多四种激励，实现多种复杂的测试功能，包含高温拉伸和压缩、热电子发射、场发射、三端器件测量、电致发光现象研究和光电现象研究等。

PicoFemto 原位低温电学 TEM 样品杆（见图 2－23(b)）集成低温环境控制单元，通过探针对单个纳米结构进行操纵和低温环境下的电学测量，并可在电学测量的同时，动态、高分辨地对样品的晶体结构、化学组分、元素价态进行综合表征，具有温度连续可控、稳定性高的优点。

PicoFemto 原位光电一体 TEM 样品杆（见图 2－23(c)）是在标配的透射电镜样品杆上集成光学模块和电学模块，从而实现在透射电镜中进行原位光电测量或者光谱学表征研究。其优点如下：① 采用双向光纤，可用于 CL 光谱、光电探测及电致发光光谱等研究；② 良好的拓展性，可提供光电一体化解决方案；③ 良好的稳定性，可有效保证电镜原有分辨率。

(a) 多场耦合TEM样品杆　(b) 原位低温电学TEM样品杆　(c) 原位光电一体TEM样品杆

图 2－23　PicoFemto 系列原位 TEM 样品杆

2.3.6　百实创(北京)科技有限公司的原位 TEM 样品杆

百实创（北京）科技有限公司（简称百实创科技）围绕国家科技创新发展战略，依托高校及科研院所先进仪器研究项目，开展以原位电子显微学为主，具有战略性、前瞻性、创新性的科技成果转化工作，实现尖端技术产业化。

材料的力学、热学、光学、电学、催化等性能由其微纳至原子层次的显微结构决定，在透射电镜中对材料施加力学、热学、电学等单一或耦合外场，模拟材料的使役环境，在原子层次原位研究其结构-性能相关性，为高性能新材料开发提供重要实验和理论支撑。百实创科技推出的 INSTEMS 系列原位 TEM 样品杆（见图 2－24）提供了多种先进的原位 TEM 实验平台，用于探索苛刻使役条件下材料显微结构-性能演化及内在机制。

INSTEMS 系列包含多种基于 TEM 的微型实验室，内部有高度集成的 MEMS 芯片和独特的双轴倾转系统，可在力、热、电场灵活组合条件下实时、原位地观察与记录材料原子尺寸显微结构与性能的演化。该系列产品应用广泛、易于操作、性能稳定且扩展性强，为广大用户提供了多种功能强大、高效可靠的原位研究方案。

目前，INSTEMS 系列为用户提供了 7 种原位 TEM 实验平台，如图 2－25 所示。其中包含三种单外场施加平台、三种双外场耦合平台和一种三外场一体化平台。三

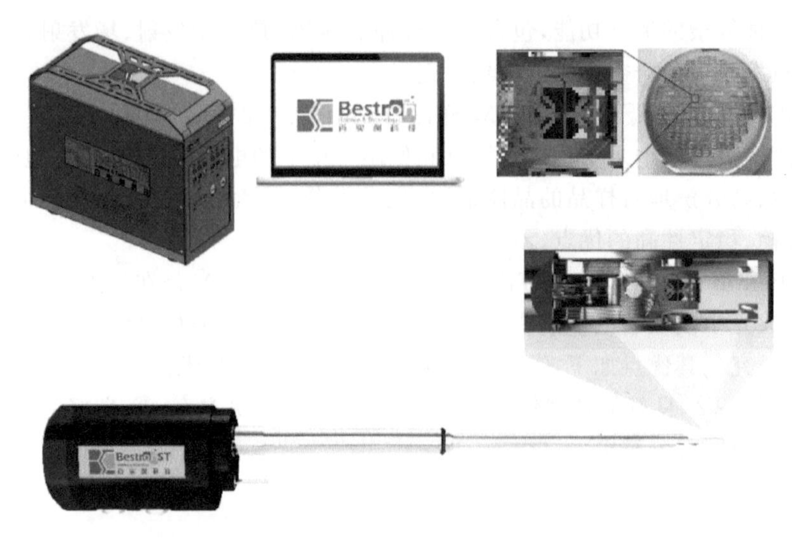

图 2-24 百实创科技 TEM 样品杆外观及结构图

种单外场产品为 INSTEMS-M(力学加载)、INSTEMS-E(电学加载)和 INSTEMS-T(热学加载);三种双外场耦合产品为 INSTEMS-ME(力电耦合)、INSTEMS-TE(热电耦合)和 INSTEMS-MT(力热耦合);一种三外场一体化产品为 INSTEMS-MET(力热电一体化)。

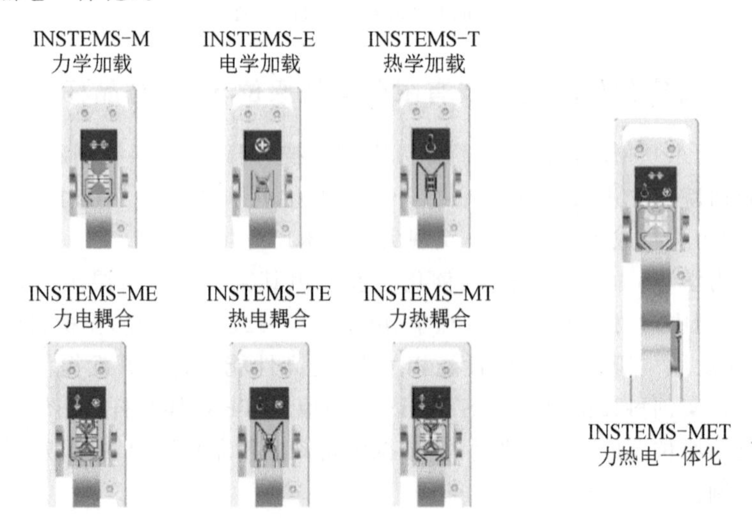

图 2-25 INSTEMS 系列的 7 种原位 TEM 实验平台

INSTEMS 系列产品突出的特点有:

① 提供国际上唯一可实现 1 200 ℃高温应力耦合场下材料显微结构演化原子层次原位研究的实验方案。具有自主知识产权的 MEMS 芯片实现了样品的精确可控加热,具有加热温度高(1 200 ℃)、加热响应快(>10 000 ℃/s)、温度控制精度高

(>98%)、热稳定性好(<50 pm/s)、使用寿命长(>100 h)等特点。相较于传统一次性使用的 MEMS 芯片,极大地降低了实验成本。集成的微驱动系统具有驱动力大(100 mN)、驱动行程长(大于 4 μm)、最小驱动步长低(0.1 nm)等优势,可实现样品的准确驱动。力热耦合下的空间分辨率优于 0.19 nm,比国际同类产品高 1 个数量级。

② 开发了高度集成的可定制化“ALL IN ONE”微型实验系统。可实现单独的热、力、电场施加,或力热耦合、热电耦合、力电耦合场施加,满足结构材料和功能材料领域的多样化科研需求。

③ 适用于多种样品类型并可施加多种应力方式,普遍适用于一维纳米材料、二维薄膜材料和三维块体纳米取样材料,可实现拉伸、压缩、弯曲、纳米压痕等多种力场加载方式。

④ 自主开发了集成化的软硬件一体化控制系统,融合了手动、自动、阶梯、循环等丰富的外场加载模块,实现了外场的精准施加和灵活控制。

如图 2-26 所示,INSTEMS-MET(力、热、电耦合)克服了多场耦合的诸多兼容性难题,完美实现了 TEM 样品杆的双轴倾转功能。可以在 TEM 中向样品施加力、热、电三种外场,实现外场的灵活组合,原位观察材料原子尺寸微观结构变化。INSTEMS 系列产品可应用于不同类型的结构和功能材料,同时具有丰富的应力加载模式,可针对不同研究需求进行原子尺度下原位拉伸、压缩、压痕、弯曲、疲劳、冲击等实验,弥补了现有原位 TEM 技术中的诸多短板,极大提升了原位 TEM 技术的水平,进一步拓宽了该类技术的适用范围,为多个领域(包括航空航天、汽车制造、冶金、船舶、半导体、能源等)的研究工作带来了变革性突破,强有力地推进了材料研究的快速发展。

图 2-26　多场耦合施加和双轴倾转功能示意图

经过近二十年的积累，国内科研人员和厂家在 SEM/TEM 用原位性能测试配件产品的研发及推广上做出了非常大的贡献，并取得了显著的成果，从最初的“零产品”到“跟跑”再到现在的“领跑”，真正走出了一条属于自己的、拥有自主知识产权的产品研发之路。相信在不久的将来，随着国内外对国产品牌认可度的提高，国产 SEM/TEM 用原位性能测试配件产品将会取得更大的进步。

第3章 原位电子显微学在材料力学性能研究中的应用

3.1 引 言

纵观人类发展史，无论是早期的石器时代、铁器时代还是当前的信息时代，人类的发展与材料的进步是息息相关的。一个国家材料科学的发展水平，在一定程度上决定了其工业体系的发展进程，直接影响着科技的进步和人民的生产生活。因此，材料科学是现代技术发展的基础，也是推动社会进步的中坚力量。目前，世界各国都对新材料的研发投入了大量的精力，材料的各项性能均得到了显著的提升。其中，力学性能作为工程结构材料首要考量的指标，是当前科研工作者研究的热点。根据材料不同的应用场景，通过对材料进行拉伸、压缩、弯曲等力学性能测试，获得表征材料机械性能优劣的抗拉强度、屈服强度、抗弯强度、弹性极限等力学参数，以评价材料在服役过程中的安全性和可靠性。同时，随着表征技术的快速发展，对材料断裂面的失效分析已从宏观尺度（光学显微镜）发展到微纳米尺度（扫描电镜），甚至过渡到原子尺度（透射电镜），结合材料的宏观力学性能反馈，可以更精准地揭示材料在受力状态下的显微结构演化规律，厘清材料显微结构与性能之间的“构-效”关系，为后续高性能材料的研发提供有效的理论和实验支撑。

近年来，比传统体材料具有更为优异力学性能的纳米材料在微机械、可持续能源、生物传感和（光）电子学等众多领域得到了广泛应用，其独特的微纳米级结构带来的众多效应造就了其优于传统体材料的物理、化学等特性。比如，由于小尺寸效应、表面效应等影响，微纳米材料普遍具有比其体材料更为优异的力学性能。如何对其力学性能进行精确测定，进而揭示决定其优异力学性能的结构特征是拓展其应用领域，甚至是决定其作为构筑基元材料器件的可靠性的重要依据。但是，由于原位力学性能测试技术发展缓慢，无论是传统体材料还是微纳米尺度材料，其力学性能测试技术大部分还处于非原位测试，这就导致研究者需要更多的支撑信息去预测材料在受力情况下的变形和失效机制，很多情况下只能基于对其性能和背景知识的理解去猜测其变形和失效机制，非常不利于高性能新型结构材料的构筑和研发。

电镜一直是研究材料内部组织结构，揭示其变形机制的重要工具，可以实现从宏观到微纳米尺度再到原子尺度的静态结构研究。此类研究通常在非原位的情况下进行，即在材料经受外部条件（如焊接、变形和热处理）之前和之后对其进行分析[1-2]。尽管如此，研究人员仍一直在寻找实时动态研究材料变形过程的实验方法和技术手段，同时借助电镜超高的分辨率实现微纳尺度甚至是原子尺度的原位动态实验研究。

在过去的几十年里，相关原位电子显微学技术的进步和发展使得在透射电镜和扫描电镜中进行原位动态实验成为可能[3]。原位电子显微学技术已成为低维(零维、一维和二维)纳米材料“构-效”关系动态实验研究的有力技术手段。借助相关的原位力学测试技术，可以实现力场作用下纳米结构材料结构演化过程的动态揭示。借助于聚焦离子束(Focus Ion Beam, FIB)等先进制样技术，体材料也可以加工到微纳米尺度，进而通过相应的原位电子显微学技术动态研究其力学响应机制，进而揭示材料的“构-效”关系。

本章总结了近年来基于扫描电镜和透射电镜的原位力学表征技术的最新进展情况，包括原位拉伸技术、原位压缩技术、原位弯曲技术甚至原位疲劳力学特性探究技术等，同时也介绍了最新的原位力学及其他性能协同测试联动技术。

3.2 扫描电镜中的原位力学研究技术和方法

扫描电镜是将电子束聚焦成一个细小的光斑，通过在硬质或者软质材料表面进行逐行扫描，获得样品表面形貌、成分等信息的电子光学仪器。通常扫描电镜的最高分辨率可以达到几纳米，场发射扫描电镜的分辨率可以达到 1 nm。除了高的分辨率外，扫描电镜相较于传统的光学显微镜的另一个较大的优势就是具有较大的景深，对起伏较大样品的各部位能同时实现清晰成像，获得更加立体的形貌。扫描电镜的样品台可以实现沿 X、Y、Z 三个方向的自由移动，同时具有面内旋转和样品台整体旋转共五个自由度的移动，极大地方便了对样品各个方向的观察。扫描电镜相较于透射电镜，虽然分辨率有所下降，但是拥有透射电镜无法比拟的样品室空间，可以耦合各类小型外场测试装置和设备，特别是对于材料的原位力学性能的测试更加方便，可以对样品进行拉伸、压缩、弯曲、疲劳等力学性能实验[4-5]。

近二十年来，随着人们对材料力学性能要求的日益提高，在微纳尺度动态揭示材料在外力作用下的结构演化过程对高性能结构材料的设计尤为重要。原位扫描电镜下的力学性能测试具有广阔的应用前景和良好的商业价值。如图 3－1 所示，国内外的一些商业公司和研究中心相继进行了相关产品的早期研发，成功推出了一系列功能强大的原位力学性能测试装置。美国桑迪亚国家实验室 H. Jin 等人[6]采用原子力显微镜(AFM)和光学显微镜成像技术，对聚对苯二甲酸乙二醇酯(PET)基体上 Cr 膜在拉伸载荷作用下的开裂和屈曲行为进行了原位研究，发现在大应变水平下，测得的屈曲形状通常偏离弹性屈曲模式形状。在较小的扫描区域对带扣进行进一步的原位 AFM 成像显示，在某些情况下，带扣在顶部破裂。这些原位纳米尺度测量为进一步的模型开发和 Cr－PET 界面处界面断裂能的更准确测量提供了实验观察和数据。美国俄亥俄州立大学 Indira P. Seshadri 等人[7]开发了基于原子力显微镜的原位拉伸测试装置，使用该装置对白人女性的头发开展了研究，将头发经过化学损伤和机械损伤后的性能进行了比较，并进行了护发素对头发性能的影响机制的研究。

该装置采用步进电机驱动，选用左-右旋向的滚珠丝杠，以保证在拉伸测试过程中观测点的静止。苏黎世联邦理工学院 Noble C. Woo 等人[8]使用电机驱动的原位测试装置配合扫描电镜对 500 nm 厚的钛金属薄膜材料的断裂行为进行了研究。

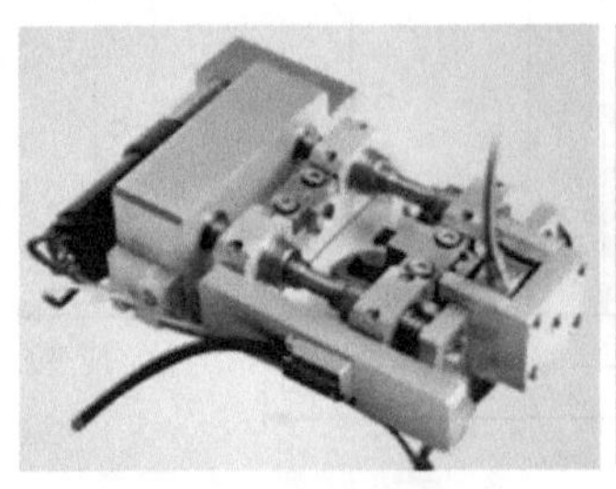

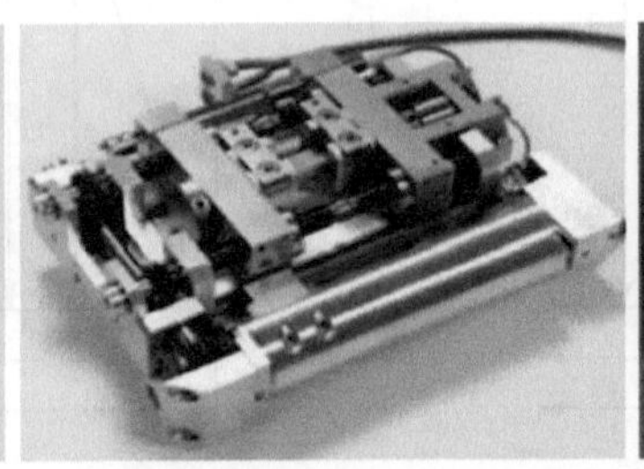

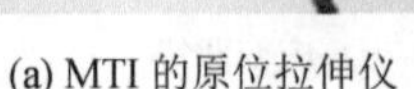

(a) MTI 的原位拉伸仪　(b) Kammrath & Weiss 的原位拉伸仪　(c) 纳米科技公司的原位拉伸仪

图 3-1 原位拉伸仪

随着上述技术的发展，原本只能对宏观样品进行的力学性能测试实验可以全盘搬进扫描电镜中进行，借助于扫描电镜的高分辨率，可以实现结构演化过程更精细的动态表征，可以测试的样品尺寸也从传统的厘米级下降到微米甚至纳米级别。兴起于 20 世纪 90 年代的纳米材料，由于其内部缺陷密度的减小，拥有比传统体材料更优异的力学性能，而且尺度的下降还为其带来优异的光学、电学、磁学等众多性能。为了建立多尺度结构-力学性能之间的“构-效”关系，人们希望可以从微纳尺度研究传统体材料的动态结构演化过程，这就需要制备极微小尺度的样品。但是，极微小尺度的样品的操纵和固定成为主要问题，同时，力学信号的分辨率也是需要重点考虑的问题。为此，人们开发了很多可以移动和操纵微纳米材料的微机械系统。例如，聚焦离子束双束扫描电镜就有效解决了微纳米尺度材料的制备和固定难题，从而使扫描电镜下的多尺度原位力学实验研究成为可能。下面将通过一些具体实例为大家介绍如何借助扫描电镜的高分辨率来实现体材料或者微纳米尺寸样品在拉伸、压缩、弯曲、疲劳等性能测试中结构演化过程的动态揭示。

3.2.1 扫描电镜原位拉伸测试

自 17 世纪伽利略设计出第一台砝码加载的试验机以来，单向静态拉伸试验就已成为工业上测试材料力学性能最重要的、应用最广泛的力学性能测试方法。材料在静载荷作用下有过量弹性变形、塑性变形和断裂三种失效形式。通过拉伸试验可以标定出材料的基本力学性能参数，如弹性模量(E)、抗拉强度(σ_b)、延伸率(δ)、断面收缩率(Z)和屈服强度(σ_s)等。因此，在工程应用中常常以材料的拉伸性能指标作为结构设计、材料选择的基本依据，也是材料研发、工艺和性能评定的主要依据。图 3-2 所示为退火低碳钢拉伸曲线示意图。

应力-应变曲线可以分为弹性变形阶段、屈服阶段、强化阶段、局部变形阶段和断裂阶段。衡量材料力学性能的指标主要有抗拉强度、屈服强度、实际断裂强度、伸长

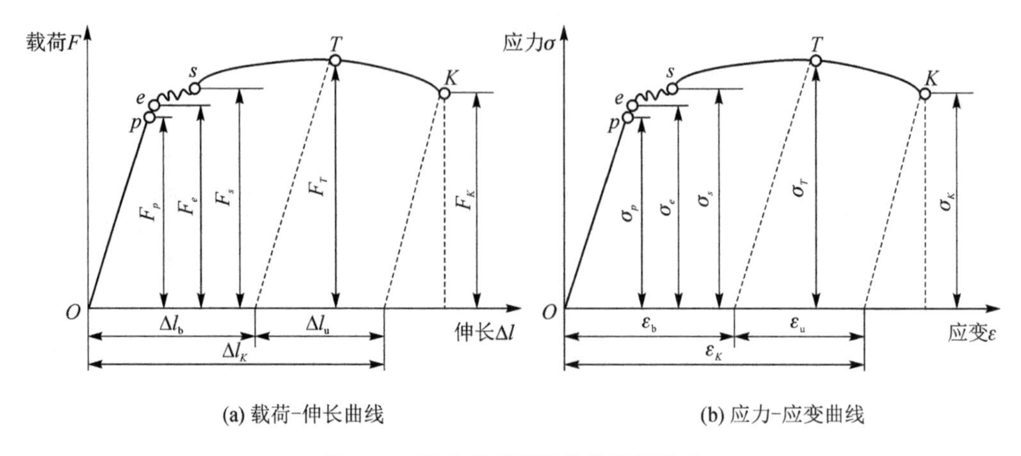

(a) 载荷-伸长曲线　　(b) 应力-应变曲线

图 3-2　退火低碳钢拉伸曲线示意图

率和断面收缩率等。抗拉强度(σ_b)是用来衡量材料抵抗均匀塑性变形的最大应力。屈服强度(σ_s)是指材料发生屈服时的应力。实际断裂强度(S_K)是指拉伸断裂时的载荷除以断口处的真实截面面积所得的应力值。伸长率(δ_K)和断面收缩率(Z)也是衡量材料抵抗塑性变形能力的指标。

北京科技大学王西涛等人[9]利用原位扫描电镜(SEM)研究了未时效和热时效状态下(400 ℃下 20 000 h)的双相不锈钢(Casting Duplex Stainless Steel,CDSS)的变形和断裂行为(见图 3-3),发现在宏观应力超过临界值后,垂直于加载方向的铁素体中出现了初始裂纹。铁素体晶粒的过早断裂在相边界上引起应力,导致裂纹生长为奥氏体。铁素体的解理断裂加速了奥氏体的剪切,降低了热时效状态下的 CDSS 的塑性。

图 3-3　扫描电镜观测断裂样品[9]

吉林大学王开厅[10]利用基于金相显微镜的材料微观力学性能原位拉伸测试仪,对 T2 纯铜和 AZ31B 镁合金拉伸过程进行了原位拉伸力学性能测试,发现 T2 纯铜为延性断裂,AZ31B 镁合金为准解理断裂。吉林大学马志超[11]通过 Zeiss EVO18 型扫描电镜和由直流电机(德国 Maxon Re 公司)、两级蜗轮蜗杆减速机构(日本 KSS 公司)、左右旋滚珠丝杠螺母副及一组双滑块线性导轨(日本 THK 公司)、拉压力传感器(上海自动化仪表厂)及位移传感器(深圳米诺公司)组成的原位拉伸装置探究了铜铝复合材料的断裂机制。研究发现，复板层(C11000 铜)先于基板层(1060 铝)发生断裂，基板层的主要断口形貌为撕裂韧窝，而复板层韧性断口主要为纯剪切型断口，如图 3-4 所示。

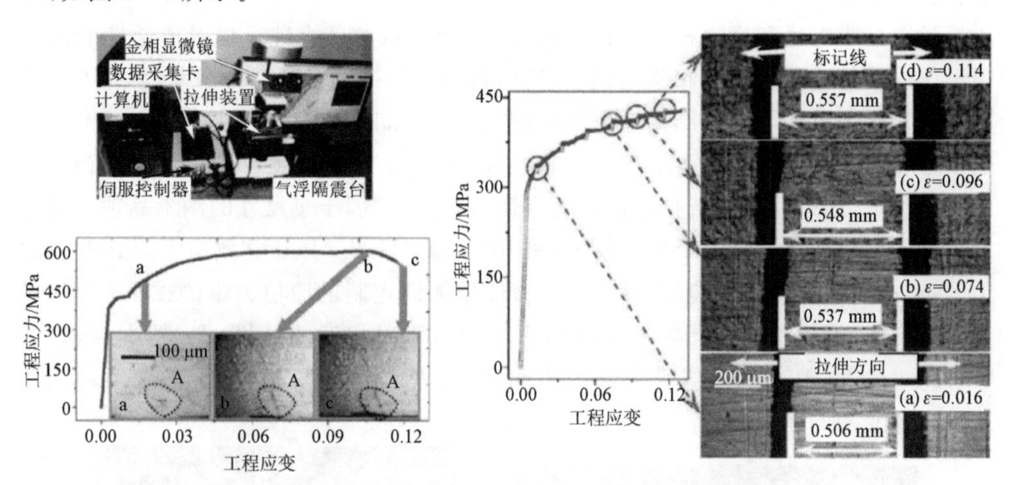

图 3-4　原位拉伸及测试结果的验证[11]

此外，北京科技大学宋西平等人[12]通过扫描电镜原位观察激光复合焊接头各区裂纹的扩展行为，发现焊缝各区组织的不同使得疲劳裂纹扩展行为发生明显变化，当疲劳裂纹位于焊缝中心时，裂纹总体沿着垂直于载荷主轴的方向扩展；当疲劳裂纹位于热影响区时，裂纹大致呈“Z”字形路径扩展；当疲劳裂纹在焊缝中心和热影响区扩展时，都存在二次裂纹；当疲劳裂纹在母材区扩展时，呈现出单一和典型的裂纹扩展模式。西北工业大学陈忠伟等人[13]利用场发射扫描电镜(ZEISS-SUPRA 55)和 MTEST-5000 型原位拉伸装置探究了 A357 铝合金的拉伸断裂行为，发现裂纹、微裂纹萌生于组织中破裂的共晶硅处，与近邻的微裂纹连接形成小裂纹；多处形成的小裂纹彼此连接形成较长裂纹，沿共晶区深化和扩展，逐渐发展为主裂纹；当主裂纹遇到铝基体时，扩展受阻，裂纹发生钝化并在其前沿区域形成剪切带；剪切带深化并开裂，主裂纹沿着深化的剪切带穿过基体继续扩展，最终导致试样断裂。结果表明，A357 铝合金的断裂方式为兼具韧性断裂和解理断裂的混合断裂。西北工业大学赵永庆等人[14]在 CS-3400 扫描电镜下对 TC21 合金进行原位拉伸测试，发现在拉伸过程中 TC21 合金微裂纹的扩展被裂纹尖端区域的塑性区阻挡，微裂纹主要沿样品边缘的 α 片层产生，在该塑性区中，晶界垂直于裂纹的扩展方向，而裂纹沿晶界快速扩展，从而解释了具有魏氏组织的 TC21 合金的穿晶和晶间断裂模式。贵州大学欧梅桂等人[15]通过在扫描电镜(FESEM, ZEISS SUPRA 40)中研究 α 相形态(等轴 $\alpha(\alpha E)$)/片状 $\alpha(\alpha L)$)对 TC21 合金原位拉伸行为的影响，发现滑移带首先集中在 α_E 相中，并容易在 α/β 相边界被截断，而滑移带在 α_L 相中穿过 α 片层。在具有大塑性

变形的 α_E 或 α/β 相边界中容易产生微裂纹。当 α_L 相的数量大于 α_E 相的数量时，裂纹尖端更容易在具有不同取向的相或簇处偏转，使主裂纹扩展路径更加曲折。当 α_E 与 α_L 的体积分数比为 3∶4，即 α_E 的体积分数接近 α_L 时，TC21 合金表现出更好的强度和较慢的裂纹扩展速率。

随着扫描电镜和微电机相关技术的快速发展，原本只能进行材料力学性能的宏观测试的实验逐渐转移到扫描电镜中进行，借助于扫描电镜的高分辨率，研究人员可以获得材料中更加丰富的结构动态演化信息。G. Richter 等人[16]在聚焦离子束扫描电镜(FIB-SEM)中对直径为 75～300 nm 的单晶 Cu 纳米晶须(见图 3-5)进行了原位拉伸测试，结果发现其抗拉强度接近理论值，主要归因于小尺寸的纳米晶须。其结果再次证明早期文献中报道的“越小越强”的经典“Hall-Petch”效应[17-19]。有趣的是，在 Greer 小组最近发表的一篇论文中，使用他们定制的原位力学测试平台[20]，对于 60 nm 粒度的 Ni-4.4% W 多晶纳米柱却显示出相反的结果，即“越小越弱”的“Inverse Hall-Petch”效应[21]。研究表明，自由表面激活的晶界主导的变形过程是造成强度变弱的原因。

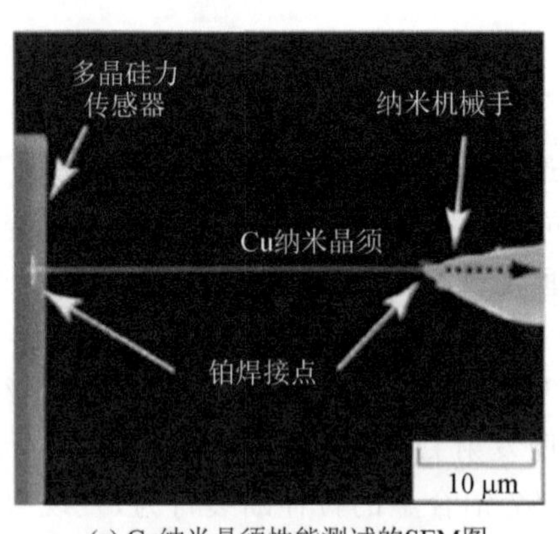

(a) Cu纳米晶须性能测试的SEM图

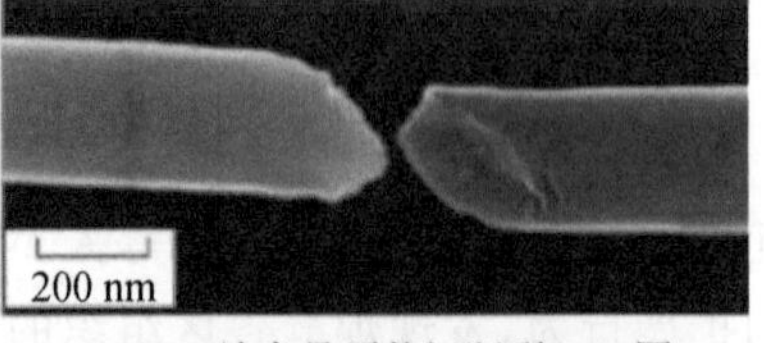

(b) Cu纳米晶须剪切断裂SEM图

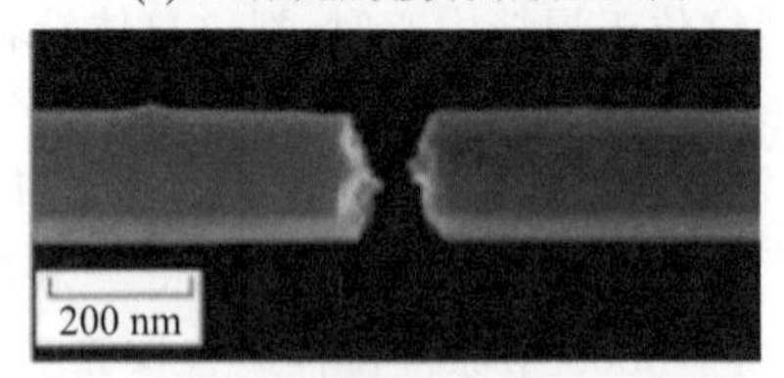

(c) Cu纳米晶须脆性断裂SEM图

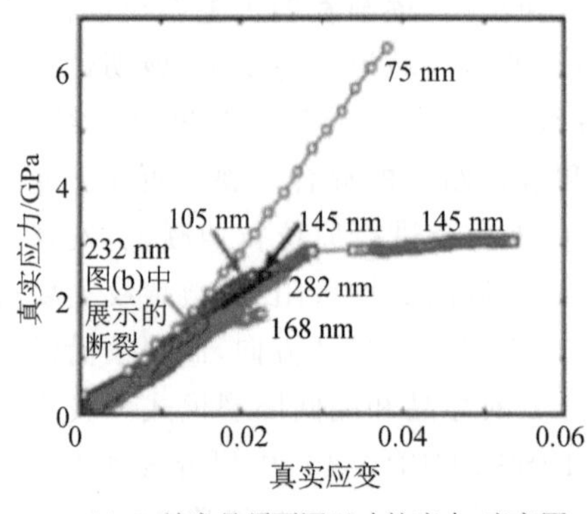

(d) Cu纳米晶须不同尺寸的应力-应变图

(e) Ni-W合金纳米柱拉伸样的SEM图

图 3-5　一维金属单晶 Cu 纳米的原位拉伸测试[16,21]

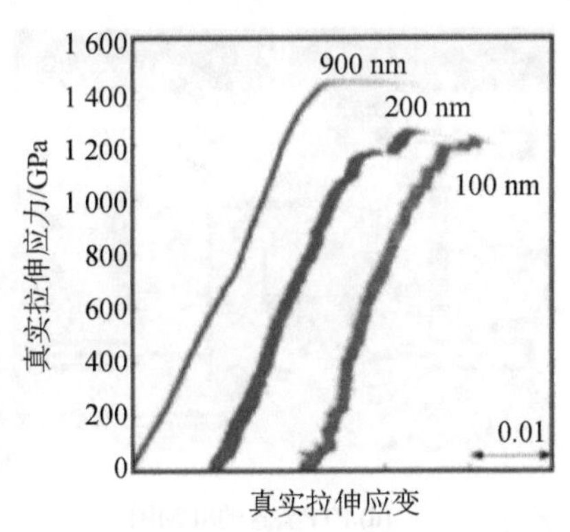

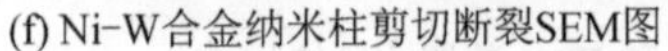

(f) Ni-W合金纳米柱剪切断裂SEM图　　(g) Ni-W合金纳米柱不同直径的应力-应变图

图 3-5　一维金属单晶 Cu 纳米的原位拉伸测试[16,21]（续）

由于样品制备和处理的复杂性以及所需的载荷和位移分辨率，对微米尺度和纳米尺度材料进行机械测试具有挑战性。近年来发展起来的微机电系统（MEMS）具有小尺寸，更小的载荷和位移范围，以及更大的位移分辨率等特点，可实现微纳米尺度材料定性（微观结构和变形机制的近原子级可视化）和定量（载荷、位移、缺陷尺寸）分析。在过去的二十年中，研究人员通过开发各种 MEMS 器件实现了对纳米线、薄膜和碳纳米管等材料的原位力学性能测试[22]。例如，A. M. Minor 等人[23]通过 Hysitron 公司生产的 PI-85 中的"Push-To-Pull(PTP)"装置原位研究了 Mo 合金纳米纤维的力学性能，发现具有高位错密度的纳米纤维在低应力下便发生屈服，随后经历了持续的均匀变形；具有中等位错密度的纳米纤维表现出明显的位错耗尽硬化行为，位错和位错源在受力过程中逐渐耗尽，从而提升了材料抗拉强度；几乎无位错的纳米纤维在弹性变形至较高应力后突然发生灾难性断裂。上述结果与"越小越强"的观点一致。Mo 合金纳米纤维形貌和 PTP 装置如图 3-6 所示。

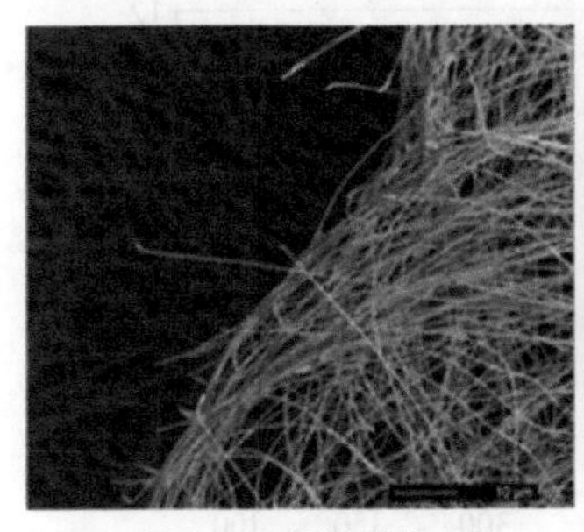

(a) 具有可定制位错密度的Mo合金纳米纤维

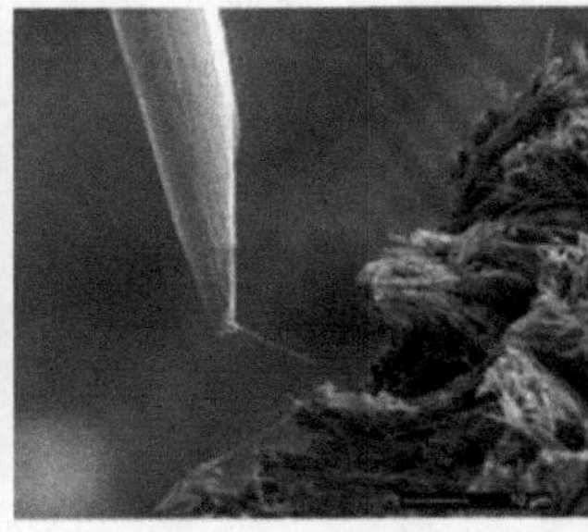

(b) 显微操作器拾取纤维

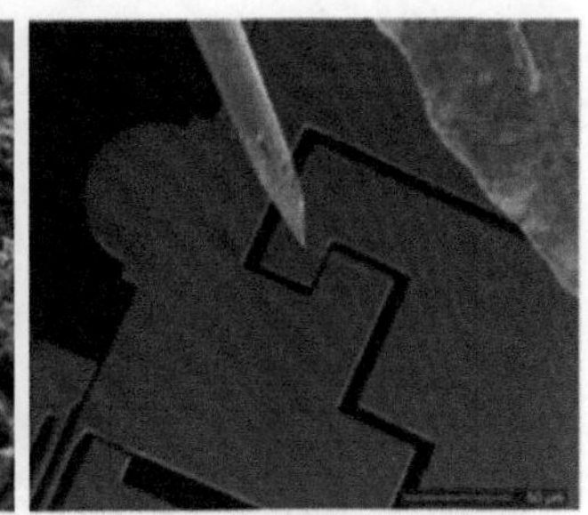

(c) 将拾取到的纤维运输到PTP装置

图 3-6　Mo 合金纳米纤维形貌和 PTP 装置[23]

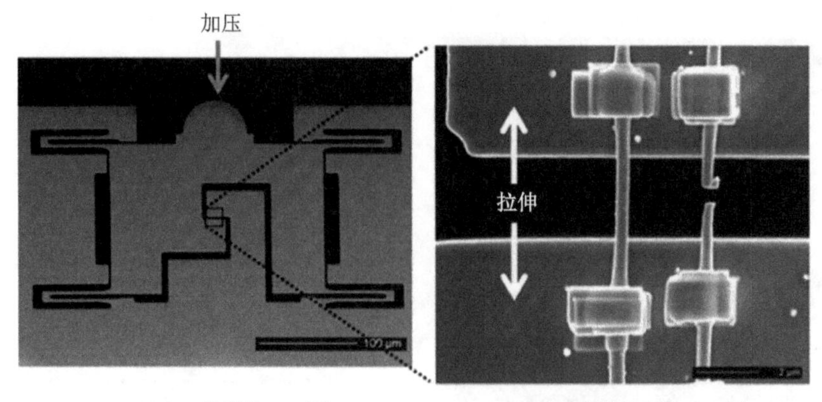

(d) PTP装置的SEM图　　(e) PTP装置放大的SEM图

图 3-6　Mo 合金纳米纤维形貌和 PTP 装置[23]（续）

作者课题组与清华大学王训课题组合作构筑了亚纳米（sub-1 nm）尺度的非晶 GdOOH 纳米线，并通过静电纺丝技术将其制备成具有超顺排结构的纳米纤维（见图 3-7(a)和(b)）[24]。采用 Hysitron 的 PI-85 型纳米力学测试系统在扫描电镜下

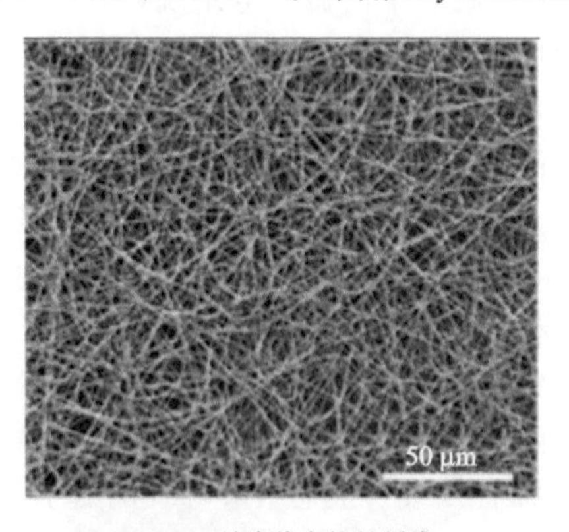

(a) GdOOH纳米线电纺丝纤维

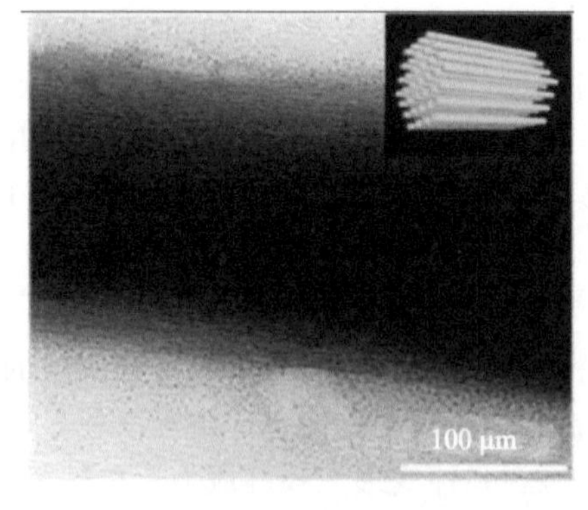

(b) 纳米线超顺排结构

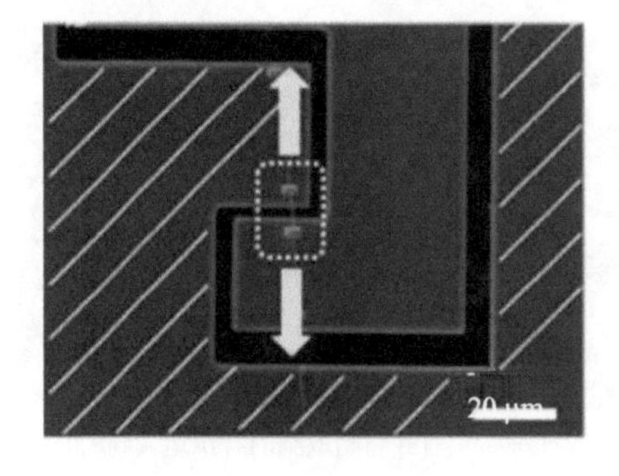

(c) 原位力学拉伸测试

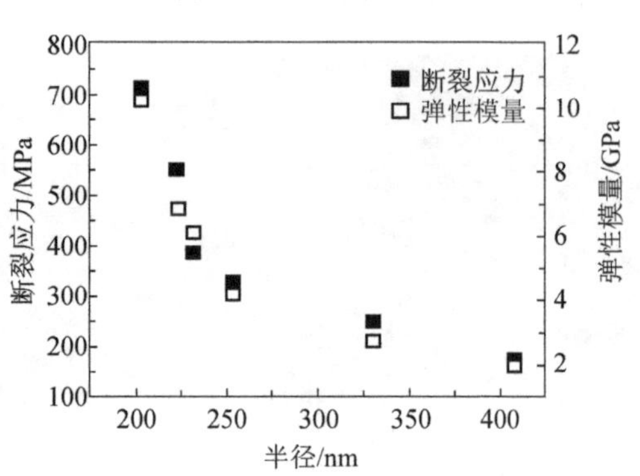

(d) 单根电纺丝纤维的力学特性

图 3-7　电纺丝纤维形貌和机械性能[24]

对其力学性能进行原位研究(见图 3－7(c)),发现该纳米线具有优异的柔韧性,且表现出高强度、低模量的材料特性,单轴拉伸强度高达 712.5 MPa,杨氏模量为 10.3 GPa,强度具有非常显著的尺寸效应(见图 3－7(d))。研究发现,其力学性能的提升得益于其超顺排内部结构,同时,亚纳米的尺寸成功抑制了非晶剪切带的形成。

从上面介绍的两个结果可以看出,尺寸的降低会极大地降低材料内部的位错密度,由此导致其强度的提升,甚至可以有效抑制非晶剪切带的软化效应。而多晶材料体系强度的进一步提升受到“Inverse Hall－Petch”效应的限制,即当晶粒尺寸下降到一定尺度后,材料的强度不升反降。北京航空航天大学李逢时等人[25]通过晶体/非晶双相结构设计,制备出高强、高韧的氧化锆陶瓷纤维材料,采用 Hysitron PI－85 原位力学实验系统对其力学性能进行表征,结果显示其弹性应变达到 7.0%,极限强度为 3.52 GPa,断裂功为 151 MJ/m^3。材料性能的提升得益于其内部晶体、非晶双相结构的构筑:基体中嵌入的氧化锆纳米晶有效地抑制了非晶基体剪切带的软化效应;非晶基体限制了“Inverse Hall－Petch”效应的影响(见图 3－8)。

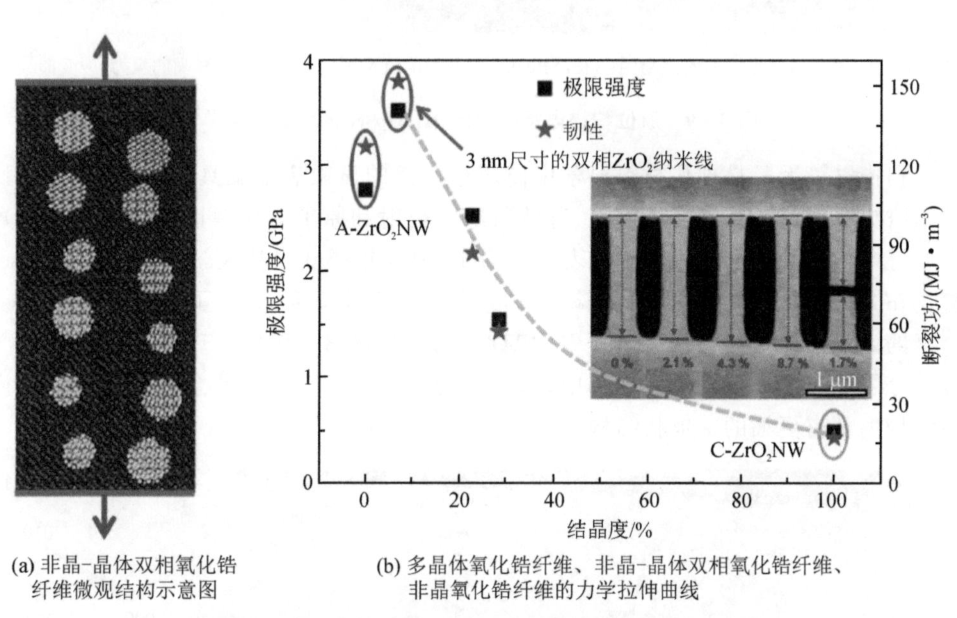

(a) 非晶-晶体双相氧化锆纤维微观结构示意图

(b) 多晶体氧化锆纤维、非晶-晶体双相氧化锆纤维、非晶氧化锆纤维的力学拉伸曲线

注:图(b)中的插图为非晶-晶体双相氧化锆纤维拉伸过程中纤维变化的 SEM 图。

图 3－8　非晶-晶体双相氧化锆纤维微观形貌和机械性能[25]

随着超薄二维材料得到广泛的应用,其力学性能对以其为结构单元的器件的性能至关重要。Yang 等人[26]通过原位扫描电镜(FEI, Helios 660)研究了单层和双层 $MoSe_2$ 的断裂行为,实验观察到裂纹的萌生、扩展以及断裂过程(见图 3－9),发现当达到临界应力时,出现一个长度约为 200 nm 的裂纹,然后发生快速扩展,最终导致 $MoSe_2$ 发生灾难性断裂。测量得到 $MoSe_2$ 的杨氏模量和断裂强度分别为(177.2±9.3) GPa 和(4.8±2.9) GPa。

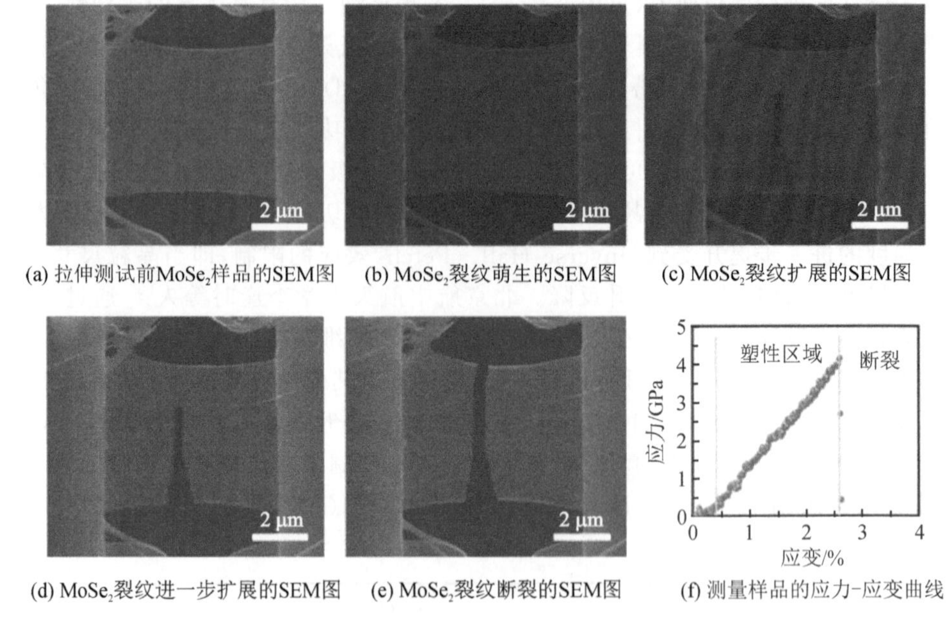

(a) 拉伸测试前$MoSe_2$样品的SEM图　(b) $MoSe_2$裂纹萌生的SEM图　(c) $MoSe_2$裂纹扩展的SEM图

(d) $MoSe_2$裂纹进一步扩展的SEM图　(e) $MoSe_2$裂纹断裂的SEM图　(f) 测量样品的应力-应变曲线

图 3-9　原位扫描电镜研究的 2D $MoSe_2$ 的脆性断裂[26]

扫描电镜无疑是现代材料科学中使用最广泛的显微表征工具，通过与其他测试技术（拉曼分析技术、纳米压痕仪、背散射电子衍射和原子力显微镜等技术）联用，可实现材料在变形过程中的多方位表征。例如，2014 年挪威科技大学 Borlaug Mathisen Martin 等人[27]通过原位拉伸试验和背散射电子衍射技术，深入了解 Ti-6Al-4V 合金的微观结构及其在加载过程中的变形行为（见图 3-10），发现在 Ti-6Al-4V 合金分层等离子焊接生产的样品中，由定向凝固 β 晶粒的柱状残余物组成的复杂微观结构内部有更细的 α 板状结构。

图 3-10　试样大面积的 EBSD 扫描图[27]

瑞典隆德大学 Jonas Engqvist 等人[28]利用空间分辨广角 X 射线散射（Wide-Angle X-ray Scattering，WAXS）、数字图像相关（Digital Image Correlation，DIC）技术和原

位单轴拉伸试验，对非晶玻璃质聚碳酸酯的变形行为进行了跨尺度的系统表征，如图 3－11 所示，结果显示分子结构的演变与样品变形时的局部宏观应变关联紧密，这为非晶玻璃质聚合物的变形机制提供了新的见解。

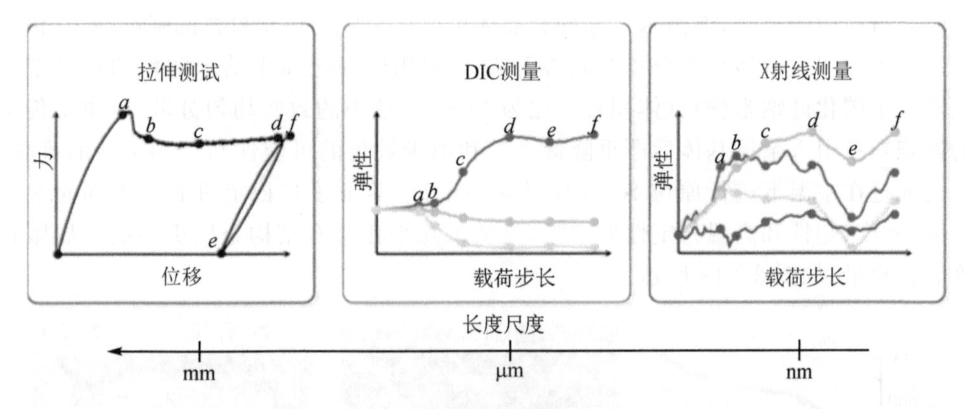

图 3－11　对非晶玻璃质聚碳酸酯进行原位测试[28]

2016 年，美国伊利诺伊大学 K. Chatterjee 等人[29]采用高能衍射显微镜（High Energy Diffraction Microscopy，HEDM），原位观察 Ti－7Al 合金在室温蠕变下的弯曲和拉伸复合状态，并进行了分析，如图 3－12 所示，确定了应力梯度和残余应力，实现了宏观/微观层面的残余应力的划分。

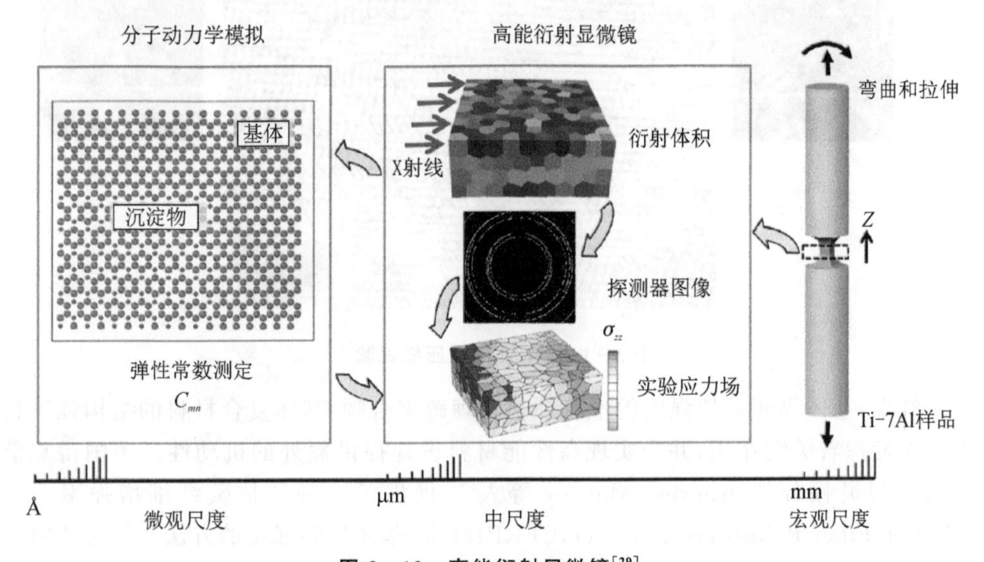

图 3－12　高能衍射显微镜[29]

3.2.2　扫描电镜原位压缩测试

压缩试验是原位力学试验中研究最多的，其测试装置更为简便。在压缩试验中，最常见的便是微柱压缩试验。例如，早期研究者发现，通过在晶体中引入缺陷可以实现应变硬化来提升材料的强度。随着缺陷数量的增加，缺陷移动和繁殖进一步受到阻碍，实现了材料的强化。在早期的工作中，William D. Nix 等人[30]提出“位错饥饿”模型，通过 FIB 制备亚微米金晶体，通过微柱压缩试验发现其在变形过程中完全清除了材料中的缺陷，亚微米尺寸的金晶体可以比相应的块状材料的强度高 50 倍。

美国加州大学洛杉矶分校李晓春等人[31]利用熔融金属中纳米颗粒的自稳定机制实现了碳化硅纳米颗粒（体积百分比为 14%）在镁中的致密均匀分散，解决了传统的陶瓷颗粒引入金属基体后严重降低金属和纳米颗粒的可塑性和可加工性的难题；并且通过在室温下进行原位 SEM 微柱压缩测试，验证了自稳定机制可以同时实现强度、刚度、塑性和高温稳定性的增强，提供了几乎比所有结构金属更高的比屈服强度和比模量，如图 3-13 所示。

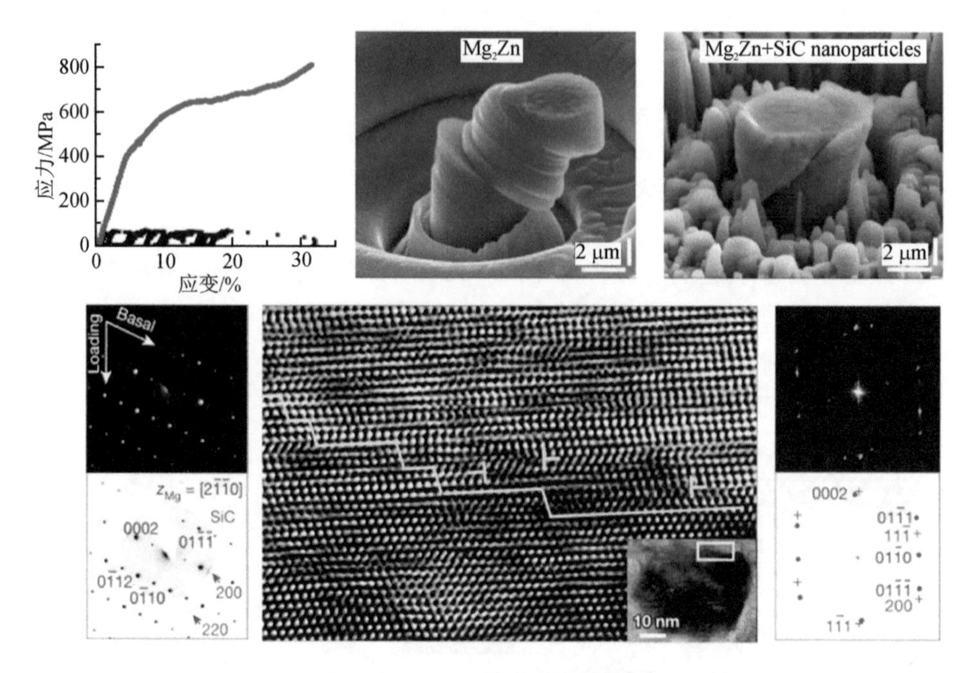

图 3-13　SEM 微柱压缩试验[31]

纤维-基体界面剪切强度的准确评估在理解聚合物-基体复合材料的结构强度行为方面发挥着关键作用，并为实现高性能材料设计提供额外的机动性。美国得克萨斯大学阿灵顿分校 Andrew Makeev 等人[32]提出了一种评估碳纤维增强聚合物（Carbon Fiber Reinforced Polymer，CFRP）纤维-基体界面强度的方法。该方法将单根纤维堆成 20～30 μm 厚的膜，同时使用原位扫描电镜实时成像技术研究了纤维和基体的剪切强度，为后续界面增强打下了基础，如图 3-14 所示。

通过合理设计拓扑结构并与纳米级尺寸效应相结合制备三维纳米晶格已成为一种在低密度下实现高强度的有效策略。然而，由于局部脆性断裂，大多数金属和陶瓷纳米晶格在重复加载时表现出不可忽视的力学性能劣化。香港城市大学陆洋等

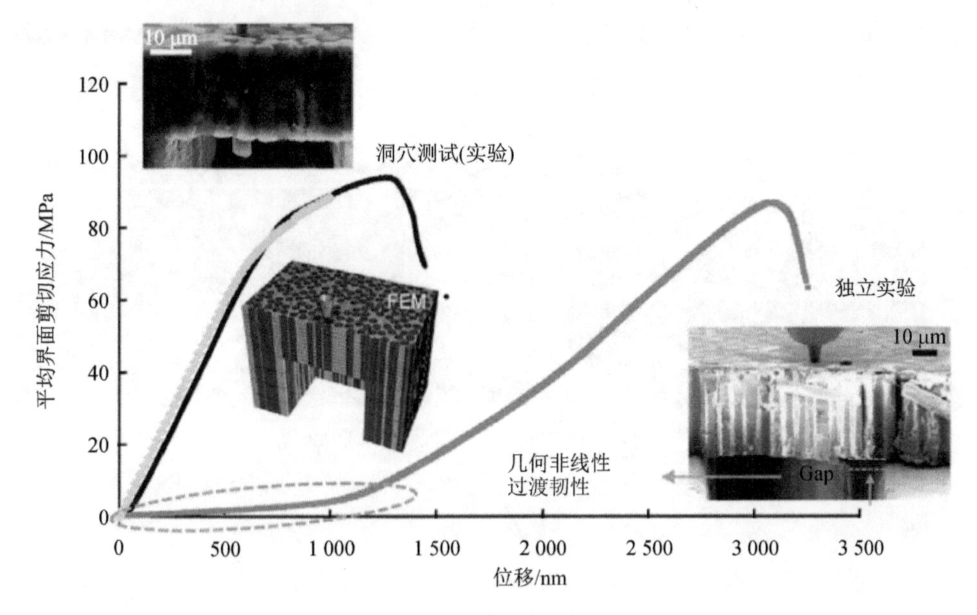

图 3-14　原位纤维压出测试[32]

人[33]通过开发和沉积具有超低层错能的 $CoCrNiTi_{0.1}$ 微合金化中熵合金(Medium-Entropy Alloy,MEA),成功制备出超韧 MEA 涂层纳米晶格,该晶格在压缩下会表现出前所未有的表面褶皱现象。特别是具有 30 nm 厚纳米晶格的合金膜在原位 SEM 压缩试验中可以反复承受超过 50%的应变,而弹性聚合物芯有助于保持其结构完整性,如图 3-15 所示。此外,由于合金膜的高强度,MEA 复合纳米晶格表现出高能量吸收(高达 60 MJ/m^3)和高的比强度值(高达 0.1 $MPa/(kg \cdot m^3)$),具有出色的应用潜力。

美国约翰·霍普金斯大学 Kevin J. Hemker 等人[34]通过双束扫描电镜对纳米孪晶 $Ni_{84}Mo_{11}W_5$ 进行了原位微柱压缩试验,研究发现塑性变形主要集中在微柱顶部,而主体几乎不受影响。在足够高的应力下,材料抗压强度取决于剪切带的形成而不是位错滑移的激活,与微/纳米材料的原位拉伸试验类似,在 BCC 和 FCC 单晶微/纳米柱的压缩试验中也观察到尺寸效应[18]。美国加利福尼亚理工学院 Julia R. Greer 等人[20]对 FCC(Au)和 BCC(Mo)纳米柱进行了原位拉伸和压缩测试对比,发现 Au 纳米柱中两个加载方向之间的尺寸依赖性是相同的,而 Mo 纳米柱在拉伸变形中的应变硬化量明显低于压缩变形的应变硬化量,导致显著的拉-压不对称性。瑞士联邦材料科学与技术实验室 J. Michler 等人[35]开发了一种能够在扫描电镜下进行可变温度和可变应变速率测试的通用纳米机械原位测试平台,以此直接观察到硅纳米柱从断裂到分裂再到塑性变形的脆韧转变过程。J. Michler 等人[36]通过高分辨扫描电镜下的原位压缩试验研究了 Cu/TiN 多层薄膜微柱在高温下的失效机制,发现多层膜的屈服主要受 Cu 夹层的应力辅助扩散控制。

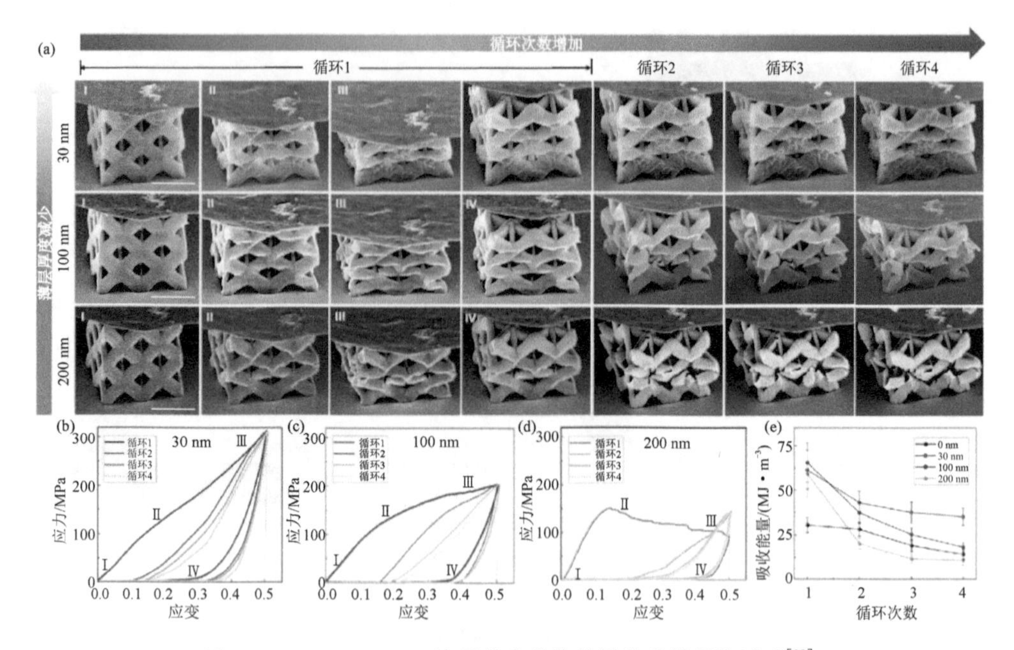

图 3-15　$CoCrNiTi_{0.1}$ 涂层纳米晶格的原位单轴压缩试验[33]

3.2.3　扫描电镜原位弯曲测试

弯曲测试，由于其测试方法简单，不需要复杂的夹具，对试件的粗糙度没有严格的要求，因此成为一种被广泛采用的材料力学性能测试手段。从受力角度来说，杆件在弯曲的过程中，其内部所受的应力也是正应力，和单向拉伸时所受的应力是等效的。但与拉伸不同的是，在对弯曲测试进行分析时，引入了中性层的设定，两侧表面分别受到最大拉应力和最大压应力。弯曲试验按力的加载方式不同可以分为三点弯曲和四点弯曲（见图 3-16），试样通常采用的是圆柱状和矩形状试样。三点弯曲试验中，试样总是在加载中心处断裂，因而在陶瓷、玻璃等脆性材料的力学性能测试中，三点弯曲应用最为广泛。四点弯曲试验中，在两个加载点之间的弯矩是相等的，因此

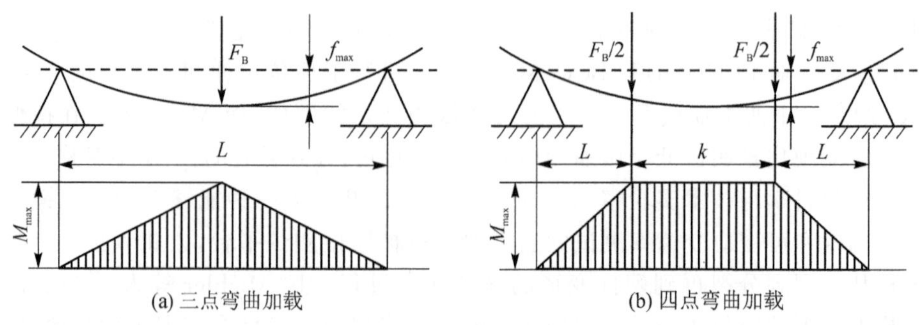

(a) 三点弯曲加载　　(b) 四点弯曲加载

图 3-16　弯曲试验加载

试样在弯曲的过程中会在该区间组织缺陷处断裂，可以更好地反映出材料缺陷，特别是材料的表面缺陷对材料力学性能的影响机制。

对于塑性材料，采用弯曲试验很难测得其破坏强度；而对于脆性材料，则适宜采用弯曲试验来检测其抗弯强度 σ_{bb} 等力学参量。抗弯强度 σ_{bb} 的计算公式如下：

$$\sigma_{bb}=\frac{M_b}{W}$$

式中：M_b 表示试样断裂时的弯矩，对于三点弯曲，$M_b=F_BL/4$，对于四点弯曲，$M_b=F_BL/2$，F_B 表示弯曲断裂时的最大载荷，L 表示跨距；W 表示试样的弯曲截面系数，圆柱试样 $W=\pi d^3/32$，其中 d 为圆柱试样横截面的直径。对于矩形试样，$W=bh^2/6$，b 表示矩形试样的宽度，h 表示矩形试样的厚度。

弯曲的弹性模量可由下式得出：

$$E_b=\frac{mL^3}{4bh^3}$$

西班牙加泰罗尼亚政治大学 Marc Anglada 等人[37]通过聚焦离子束显微镜将氧化钇稳定的氧化锆制备成微纳米级别的氧化锆悬臂梁，利用 SEM 下的 PI-85 型 PicoIndenter 原位测试其微观力学性能。结果发现，氧化锆尺寸减小到微纳米尺度后，经过烧结得到的氧化钇稳定的四方相氧化锆材料的极限破坏应力是常规块体标准尺寸试样的 4 倍，如图 3-17 所示。试验还发现，当应力大于 3 GPa 后，可以明显观察到相变诱发的塑性变形，且这种准塑性变形非常大，这是在块体氧化钇稳定的氧化锆材料中观察不到的现象，产生该现象的原因是材料纳米化后氧化锆悬臂梁中没

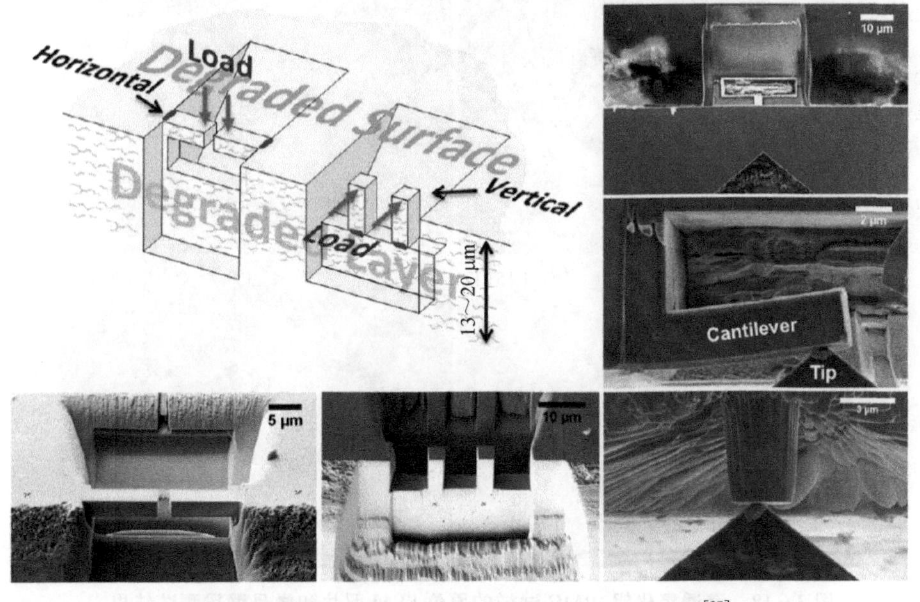

图 3-17　微纳米氧化锆测试示意图及样品 SEM 图[37]

有预存缺陷。当外力继续增大时，悬臂梁发生相变，从而引发微裂纹的产生，随着外力的继续增大，裂纹发生扩展导致悬臂梁发生断裂。值得注意的是，微裂纹的大小与晶粒尺寸直接相关。试验显示，通过 FIB 切割得到的无缺陷氧化钇稳定氧化锆微纳米悬臂梁，表现出极高的强度和准塑性行为。这一研究为进一步开发高强度微器件奠定了基础。

陶瓷、金刚石等材料虽然具有较高的硬度，但都有脆性大、易断裂的特点，Ritchie 等人采用冷冻铸造的方法制备了氧化铝层状结构，并通过无压渗透工艺将锆基金属玻璃砂浆填充其中，制成由金属“砂浆”粘合的微米级陶瓷“砖”组成的新型仿生陶瓷[38]，实现了高弯曲强度（从 89 MPa 到 200 MPa）和高断裂韧性（从 4 MPa・$m^{1/2}$ 到大于 9 MPa・$m^{1/2}$）的同时兼得。原位悬臂梁弯曲实验表明，其高韧性归因于沿陶瓷/金属界面的砖拉出和裂纹偏转机制，如图 3-18 所示。

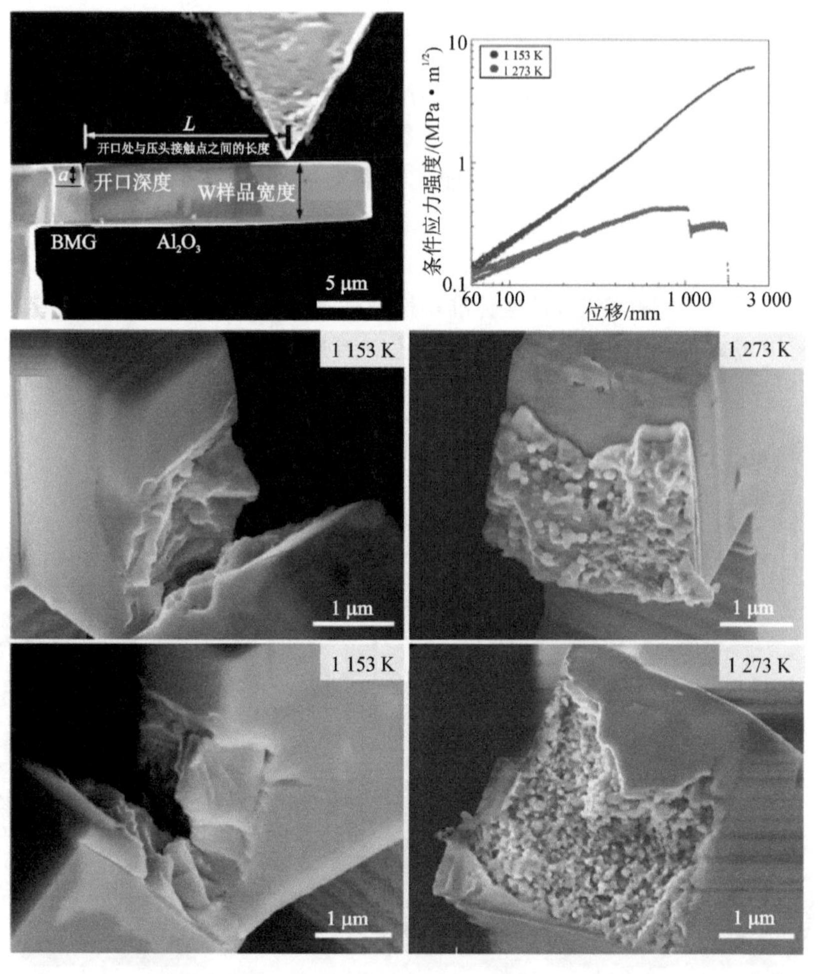

图 3-18　渗透氧化铝/BMG 试样的原位 SEM 照片和微悬臂梁测试结果[38]

金刚石具有极高的硬度和大的脆性，跟陶瓷材料类似，极易发生脆性断裂，很难发生较大的弹性和塑性变形。因此，如何在保持金刚石高硬度的同时实现断裂韧性的提升是一个科学难题。如图 3－19 所示，香港城市大学陆洋等人通过 PI－85 型 PicoIndenter 纳米力学测试系统研究了纳米级(～300 nm)单晶和多晶金刚石针的弹性变形行为。实验发现，纳米尺度的单晶金刚石的最大拉伸应变高达 9%，接近理论弹性极限，相应的最大拉伸应力达到 89～98 GPa[39]，经过模拟计算，他们将这种高强度和大弹性应变归因于小体积金刚石纳米针中缺陷的缺乏以及相对光滑的表面。这一发现证实，可以通过优化金刚石的结构、几何形状、弹性应变及物理特性来促进其在生物成像和生物传感、药物递送，数据和光学机械设备，以及超强度纳米结构等领域中的应用。

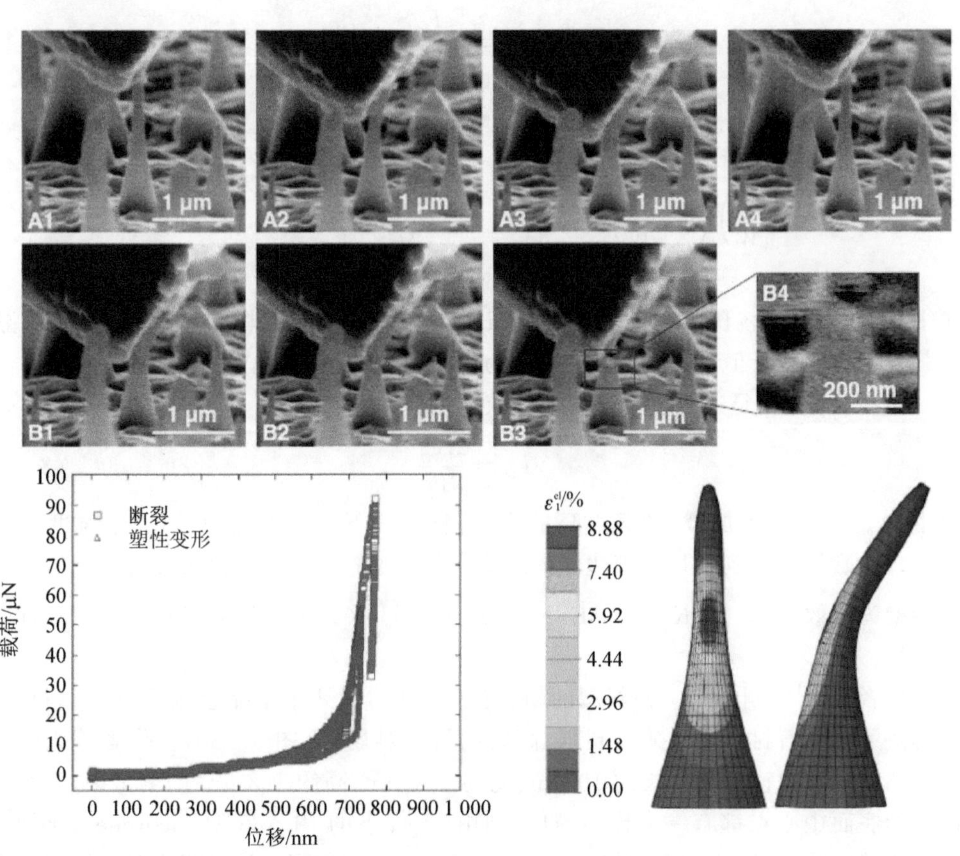

图 3－19　单晶纳米金刚石针的超大弹性变形[39]

3.2.4　扫描电镜原位断裂韧性测试

断裂韧性的原位测试方法与宏观尺度样品的测试方法类似，通常都是通过进行单边切口梁弯曲实验来实现，当然，也可以通过根部切口的单臂梁压缩等实验来实现。下面就单边切口梁测试断裂韧性的实验方法进行简要介绍。在单边切口梁弯曲测试中,裂纹长度是根据柔度和裂纹长度之间的简单等效性来确定的。柔度 C,通过 $C=u/F$ 计算获得,其中 u 和 F 分别是裂纹开始拓展后每个点的位移和施加的载荷。然后用递归计算裂纹长度:

$$a_n = a_{n-1} + \frac{W - a_{n-1}}{2}\frac{C_n - C_{n-1}}{C_n} \tag{3-1}$$

式中:W 为梁高度;a 和 C 分别为裂纹长度和柔度。样品非线性弹性断裂的韧性通常由裂纹萌生和扩展驱动力的 J 积分获得。其中,J 积分是根据记录的施加载荷-位移曲线计算得到的。这种方法考虑了弹性和塑性对韧性的贡献,J 积分计算为弹性和塑性贡献的总和,即 $J = J_{el} + J_{pl}$。弹性贡献 J_{el} 由线弹性断裂力学计算得出:

$$J_{el} = \frac{K^2}{E} = \frac{1-\nu^2}{E}\left[\frac{F_s S}{BW^{\frac{3}{2}}} f\left(\frac{a_n}{W}\right)\right]^2 \tag{3-2}$$

$$f\left(\frac{a_n}{W}\right) = \frac{3\left(\frac{a_n}{W}\right)^{\frac{1}{2}}}{a\left(1+2\frac{a_n}{W}\right)\left(1-\frac{a_n}{W}\right)^{\frac{3}{2}}}\left\{1.99 - \frac{a_n}{W}\left(1-\frac{a_n}{W}\right)\left[2.15 - 3.93\frac{a_n}{W} + 2.7\left(\frac{a_n}{W}\right)^2\right]\right\} \tag{3-3}$$

式中:E 为样品的杨氏模量;ν 为泊松比;B 为样品宽度;W 为样品高度;F_s 为第 n 次卸载开始前的载荷值;S 为样品跨度;k 为应力强度因子。

塑性部分 J_{pl} 是通过下述公式计算获得的:

$$J_{pl} = \frac{2A_{pl}}{Bb} \tag{3-4}$$

式中:A_{pl} 为第 n 个加载-卸载循环的力-位移曲线下的塑性面积;B 为梁宽度;$b = W - a$,为裂纹尖端到试样顶部边缘的距离。然后通过 $J-K$ 等价关系将计算的 J 积分转换为等效的 K 值,$K_{jc} = \sqrt{JE'} = \sqrt{JE/(1-\nu^2)}$(其中下标 c 表示临界),即样品的韧性。

作者等人[40]制备了一种新型的、具有多级结构的纳米孪晶金刚石复合材料,成功解决了金刚石材料无法兼具超强、高韧的科学难题(见图 3-20)。作者等人通过聚焦离子束显微镜制备了长约 10 μm、宽约 0.4 μm、高约 1.3 μm 的测试梁,每个测试梁的底面中心点都有一个预切槽口,利用 SEM 下的 PI-85 型 PicoIndenter 纳米力学测试系统,采用原位单边切口梁弯曲实验方法,测定了上述纳米孪晶金刚石复合材料的断裂韧性。在测试过程中,通过一个直径为 1 μm 的金刚石压头从缺口对侧正上方以 2 nm/s 的恒定位移速率将力施加在梁上,原位监测裂纹从预切槽口扩展的过程(见图 3-20),实时记录所施加的载荷,通过多次循环加载-卸载的力-位移曲线计算得到其断裂韧性高达 26.6 MPa · $m^{1/2}$,是已报道的合成金刚石的 5 倍。该纳米孪晶金刚石复合材料成功实现了超高硬度和高韧性的完美结合。

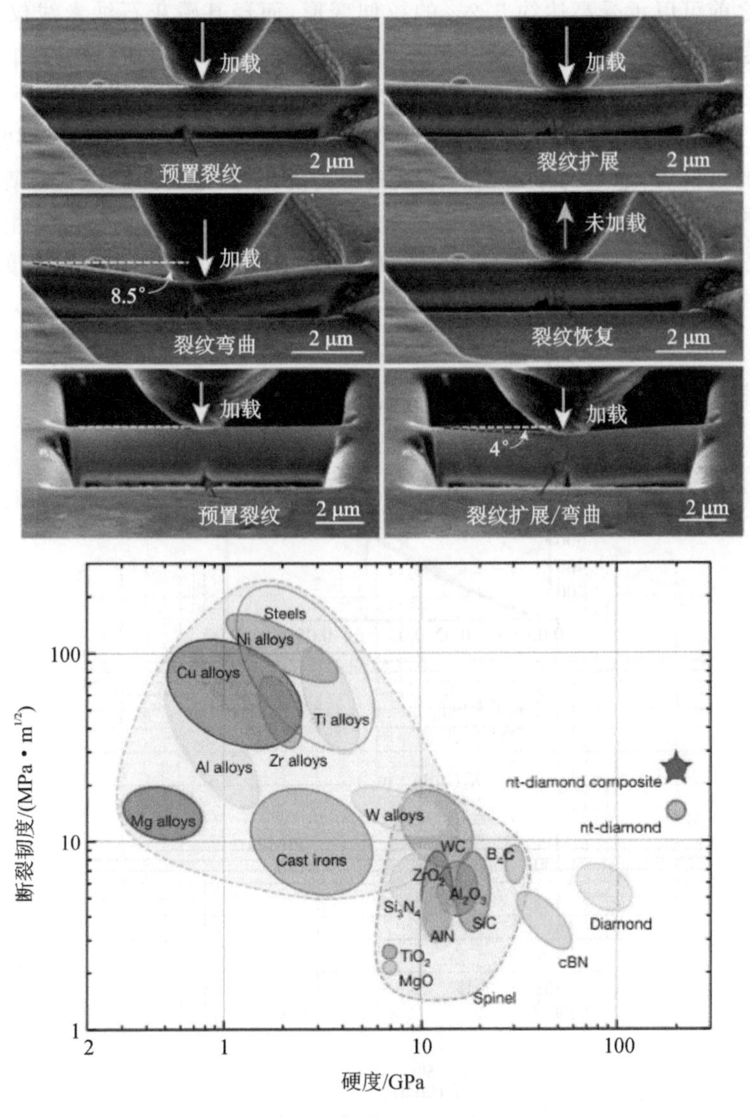

图 3-20　纳米孪晶复合金刚石及纯孪晶相金刚石材料的原位弯曲变形过程及与其他工程材料硬度和断裂韧性的比较[40]

北京航空航天大学赵赫威等人模仿天然牙釉质，成功设计了一种类牙釉质复合材料，其由非晶氧化锆包覆的羟基磷灰石纳米线与聚乙烯醇交织而成[41]。通过 SEM 下的 PI-85 型 PicoIndenter 纳米力学测试系统，结合 PTP 芯片对包覆和未包覆非晶氧化锆羟基磷灰石纳米线进行了原位力学拉伸测试，结果表明，包覆非晶氧化锆的羟基磷灰石纳米线的断裂强度和应变分别为 1.6 GPa 和 6.2%，分别是未包覆非晶氧化锆的羟基磷灰石纳米线的 2.5 倍和 1.6 倍（见图 3-21(a)），远远超过了块体羟基磷灰石的力学性能。由拉伸曲线观察到包覆非晶氧化锆的羟基磷灰石的纳米线在断裂之前可以承受高达约 5.2%的拉伸变形，而羟基磷灰石纳米线仅为 2.5%，证明非晶层的存在有助于纳米线应变的改善。此外，通过单边切口梁弯曲实验测试，绘制了类牙釉质材料的典型应力-应变曲线。通过计算可知，类牙釉质材料的初始断裂韧性为(2.0±0.5)MPa·$m^{1/2}$，这意味着人工牙釉质在变形过程中对初始裂纹表现出更大的抵抗力，通过对单边切口梁试验得到的应力-应变曲线进行计算获得的材料的断裂韧性为(7.4±0.4)MPa·$m^{1/2}$，是初始断裂韧性的 3.7 倍。与生物材料和羟基磷灰石基复合材料相比(见图 3-21(b))，类牙釉质材料显示出高强度和高韧性的良好结合。

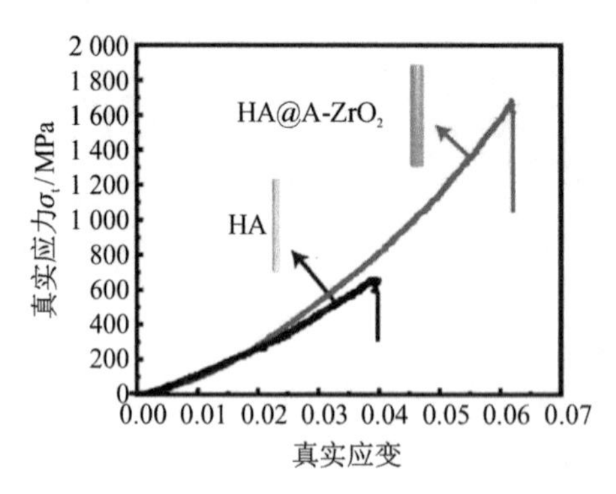

(a) 包覆和未包覆非晶氧化锆的羟基磷灰石纳米线的真实应力-应变曲线

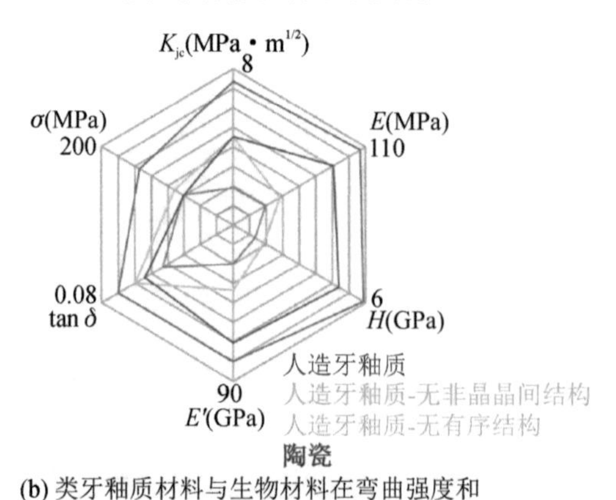

(b) 类牙釉质材料与生物材料在弯曲强度和韧性方面的对比图

图 3-21　人造牙釉质的机械性能[41]

Cynthia A. Volkert 等人在 SEM 中利用原位实验将纤维素微纤维排列与松木细胞壁的劈裂断裂韧性联系起来，揭示了一种全新的增韧机制：细胞壁中纤维素微纤维的特殊排列使裂纹从 S2 层偏转到 S1/S2 界面，一旦到达 S1/S2 界面，裂纹就会被反复阻止，并沿界面以锯齿形路径转移，如图 3-22 所示。研究结果表明，木材的这种自然适应机制可为高性能和可再生工程材料的韧性提升提供设计指导[42]。

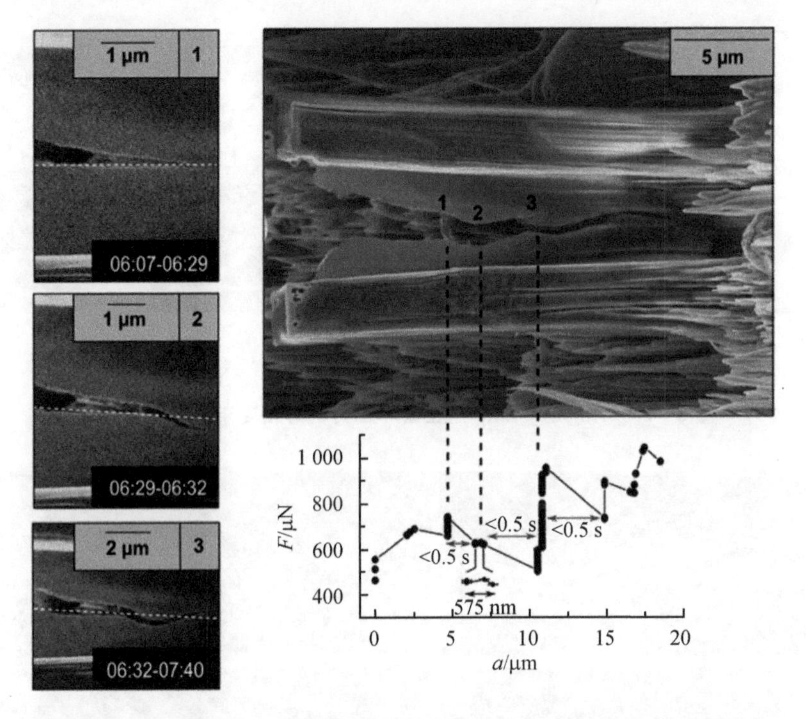

图 3-22　S1/S2 界面附近的劈裂断裂图及对应力与裂纹长度的关系[42]

3.2.5　扫描电镜原位疲劳性能测试

在机械材料的失效中，80%以上是由于疲劳引起的破坏，这也被认为是材料失效的主要原因之一。疲劳强度通常是指材料在无限多次交变载荷下不产生破坏的最大应力，计算过程中通常以名义应力为基础，分别为有限寿命计算和无限寿命计算。实际应用中，通过控制最大载荷强度低于疲劳强度，能有效避免材料部件的失效问题。香港科技大学陈弦等人通过 PI-85 型 PicoIndenter 纳米力学测试系统原位研究了 $Au_{30}Cu_{25}Zn_{45}$ 柱的力学性能，结果发现，其即使在 100 000 次相变循环后其仍表现出 12 MJ/m^3 的断裂功和 3.5%的超弹性应变[43]，如图 3-23 所示。研究结果证实，晶格相容性在微米到纳米尺度上主导着相变材料的力学行为，并为智能微致动器的设计指明了一条道路，而且该设计具有高驱动功和长寿命的特点。

Xuan 等人[44]采用原位扫描电镜疲劳试验研究了不同晶粒尺寸的物理短裂纹尖端的裂纹闭合和张开行为，如图 3-24 所示。在裂纹尖端附近有一个逐渐减小的裂纹闭合区，这与微观组织、裂纹大小和应力水平有关。这里提出了新的参数，包括载荷水平、晶粒度、特定尺寸和裂纹长度，用于解释物理上短裂纹闭合的发展；采用修正的部分裂纹闭合模型，评价了梯度裂纹闭合区对物理短疲劳裂纹扩展行为的贡献，最终确定了广义疲劳裂纹扩展驱动力，该驱动力与物理短裂纹扩展速率有良好的相关性。

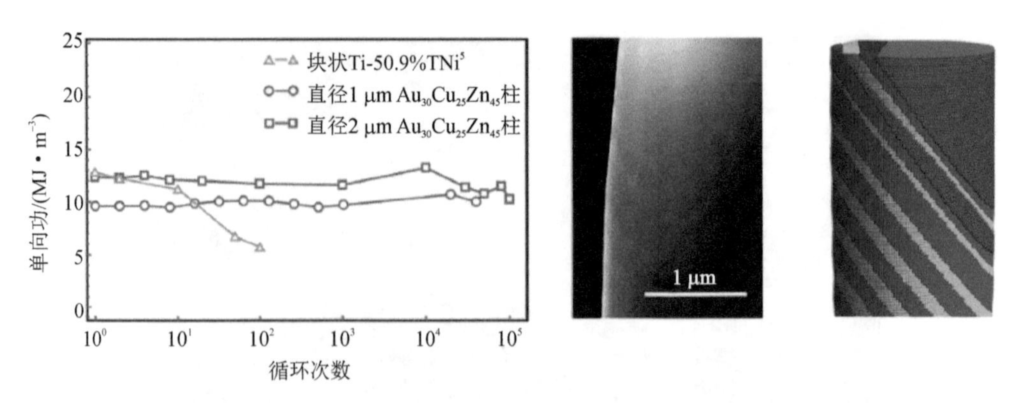

图 3-23 $Au_{30}Cu_{25}Zn_{45}$ 柱在循环应力诱导相变下的高弹性[43]

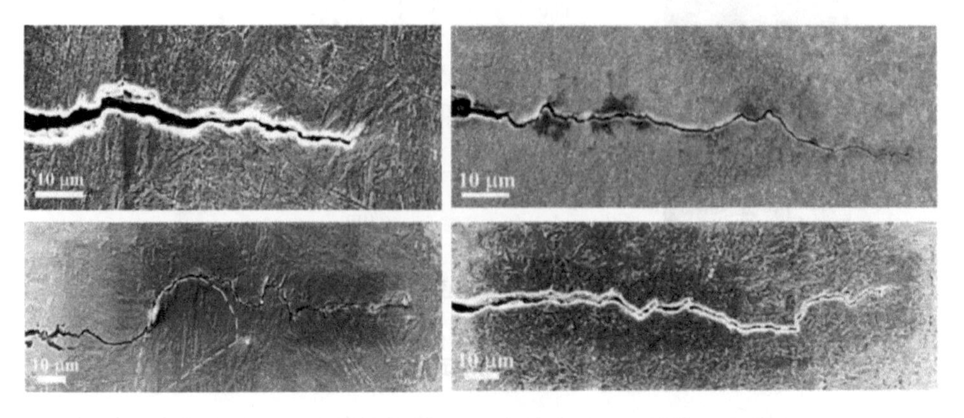

图 3-24 短裂纹扩展路径的宏观照片[44]

Liu Yongming 等人[45]提出了一种新颖的基于 SEM 的原位疲劳试验方法，以研究平面应力条件下一次循环载荷内的疲劳裂纹扩展机制，如图 3-25 所示。实验研究的目的是验证短时间尺度疲劳裂纹扩展模型的假设，并为疲劳裂纹扩展的详细机理研究开发一种新的实验方法。在测试过程中，一个加载循环被统一划分为一定的步骤。在每个步骤中，都会在裂纹尖端区域周围拍摄高分辨率图像。成像分析用于分析加载循环中任一时刻的裂纹扩展动力学和裂纹尖端变形行为，可直接观察到裂纹扩展过程中的裂纹闭合现象，还可观察到裂纹扩展在加载周期内分布不均匀，裂纹扩展仅发生在加载路径的一小部分，这种在一个循环加载中并存的多种机制是使用经典的基于循环加载方法所无法捕获的。

姜潮团队提出相变介导（transformation-mediated）疲劳的全新科学概念与物理机制，深入揭示了马氏体相变对疲劳裂纹扩展影响的两面性，澄清了相变疲劳的多尺度效应[46]。这一机理性突破为新一代抗疲劳材料的设计提供了全新理念与技术路径，并有望用于构建基于材料失效物理的多尺度寿命模型，该模型应用于航空、航天、核电、高铁等重要领域。

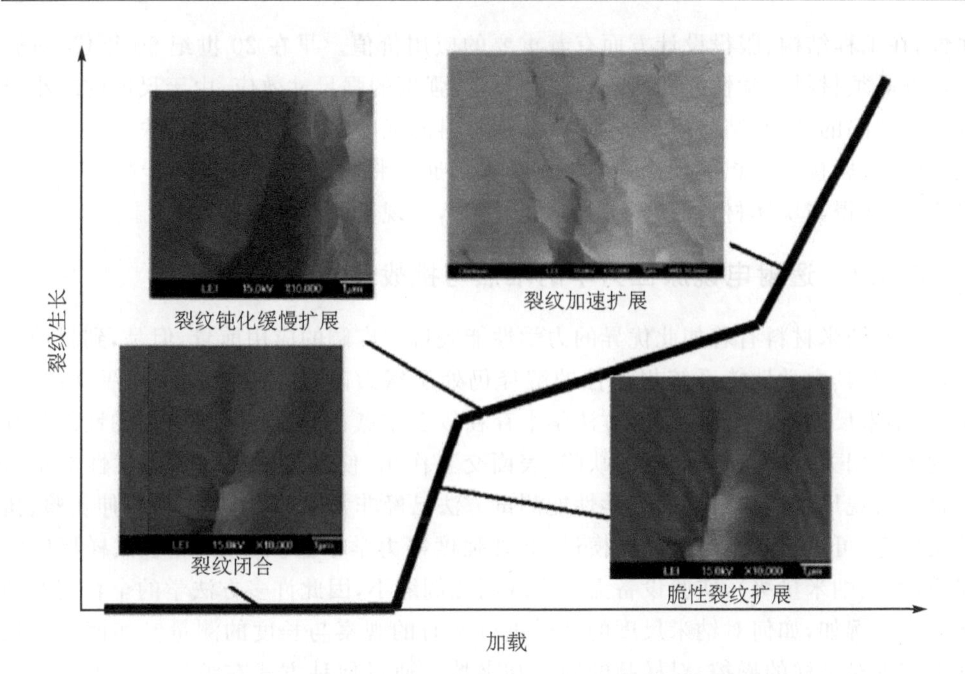

图3-25　一次加载中不同裂纹生长机制的示意图[45]

值得关注的是，浙江祺跃科技有限公司针对扫描电镜设计了一款持久原位高温蠕变/疲劳测试系统，该系统可以实现在热、力、时间交叉耦合作用下跨尺度研究材料损伤机制和显微结构的实时演化监测。无论是有机材料还是无机材料，都能在该系统中进行疲劳测试，以揭示材料在服役过程中的力学行为与微观组织变化的关系。该系统填补了国内外高温疲劳性能与显微结构演变原位测试仪器的空白。另外，该公司自主研发的扫描电镜原位高温拉伸平台，可以实时观察到纳米尺度微裂纹萌生扩展的微观结构演变过程，得到高分辨、高放大倍数的实时系列SEM像，成功实现了原位高温蠕变和疲劳测试[47]。该研究成果为高温合金材料的损伤机理的研究提供了新方法，为建立航空发动机涡轮叶片在苛刻使役条件下的寿命预测奠定了基础。

3.3　透射电镜中的原位力学研究技术和方法

1959年，美国著名物理学家、诺贝尔奖获得者理查德·费曼(Richard Feynman)在题为 *There is a Plenty of Rooms at the Bottom* 的演讲中，首次预见了未来纳米技术的发展，并提出了“把大英百科全书写在一个针尖上”的创意，认为人类有一天可以实现对纳米尺度甚至原子的操控。这一设想的深刻内涵不仅仅在于尺度的纳米化，更标志着人类开始迈入一个崭新的微观世界。随着尺度的减小，微观世界中全新的物理现象接踵而至，例如，量子尺寸效应、库仑阻塞效应等。这些物理行为给纳米尺度的材料带来力、电、光、热、磁等方面的全新特性。力学性能作为材料最基本的物理属性,在工程结构、服役设计方面有着重要的应用价值。早在20世纪50年代,对微米尺度晶须材料力学性能的研究,就揭示了其强度的强尺寸效应:由于尺度的减小导致微观缺陷的减少、结晶质量的提高,晶须材料的强度明显高于相应的块体材料的强度,甚至可以接近理想的理论强度。科学家们通过将材料的尺寸进一步减小至纳米量级,来获得与块体材料迥然不同的力学行为,实现更广泛的应用。

3.3.1 透射电镜原位力学的难点与挑战

虽然纳米材料有着如此优异的力学性能表现与广阔的应用前景,但是,到目前为止,人们对其力学性能系统规律性的解释仍处于探索阶段。主要原因有两点:第一点,在纳米尺度进行力学实验,方法学上存在较多难点;第二点,纳米材料的性能与其结构密切相关,各类原子尺度的缺陷、表面交互作用,使其变形行为与力学性能不易解释。宏观尺度结构材料的力学性能测试方法已经非常成熟,例如单轴拉伸实验、扭转实验等,可以有效地测量杨氏模量、断裂强度等力学参数。但是,随着试样尺度的减小(直至纳米量级),实验设备无法实现同比例缩小,因此许多方法学的全新问题随之而来。例如,如何对纳米尺度的试样进行实时的观察与长度的测量?如何在小尺度上实现对试样的操控,对样品的固定和夹持?通过何种方式在纳米尺度下对试样施加外力等?这些问题都是纳米力学实验中的难点问题,需要科研工作者们发展全新的力学实验技术,才能满足小尺度下特殊的实验需求。同时,随着对纳米材料力学性能认识的不断加深,人们发现:纳米材料的力学性能取决于晶体的结构和取向、特征尺寸,或者原子尺度的缺陷状态等因素。纳米材料的力学性能无法通过相对成熟的宏观力学体系外推得到。这是因为某些宏观尺度下并不明显的物理效应,在小尺度下却会对力学性能凸显其作用,例如氧化锌纳米线中自由表面的键长、键角弛豫和表面重构等过程,会对其弹性性能产生影响;纳米材料中极少的内部缺陷会使其断裂强度明显提高,却也会使其强度性质呈现分散性,导致缺陷状态与强度性质的对应规律尤为复杂。目前,"纳米力学实验方法的难点"与"对纳米材料力学性能的理解",是纳米材料力学研究中的难点与挑战,但从另一角度来看,这也为纳米力学的研究提供了广阔的创新空间与全新的发展机遇。

由于纳米材料的尺寸非常小,研究它的力学性能需要在小尺度下实现"看得见""抓得住""打得着"这三个目标。首先,要实现"看得见"甚至是"看得清"纳米级别的实验对象,此时透射电镜是首选的表征仪器。高分辨透射电镜(High Resolution Transmission Electron Microscope,HRTEM)已成为在原子尺度研究纳米材料的必要手段。同时,选区电子衍射(Selected Area Electron Diffraction,SAED)、高角环形暗场像(High Angle Annular Dark Field,HAADF)、电子能量损失谱(Electron Energy Loss Spectroscopy,EELS)等电子显微学的分析方法实现了对纳米材料的晶体结构、化学成分、电子结构等的精细表征。透射电镜现已成为人类在纳米尺度的"眼睛",用于观察和记录纳米材料的静态结构与动态演变。其次,现有的纳米技术与微机电系统可以帮助科研工作者做到对纳米材料的固定,即“抓得住”。目前,在纳米材料的固定手段上已经发展了许多技术,例如利用电镜样品室中的残余污染物,可以采用电子束诱导沉积法(Electron Beam Induced Deposition,EBID)来实现纳米线的固定[48];此外,采用聚焦离子束在纳米线的固定端辅助沉积 Pt 也是一种常见的方法[49-50];对于某些一维纳米材料,利用特殊的物理现象也可以实现“抓得住”,比如 Au 纳米线的“冷焊”行为[51]、GaAs 纳米线的“自修复”现象等[52]。“打得着”是指可以对单体纳米材料施加外场,包括力场、温度场、电场等外场作用,单就纳米材料的力学性能研究而言,即实现材料的弯曲、拉伸等变形操作。此外,在进行相关力学性能试验的过程中还可以通过先进的检测手段实现实时的“可监测”,从而原位揭示材料结构演化及力学性能之间的“构-效”关系。

3.3.2　透射电镜原位力学相关测试方法

随着科技的进步,科学家们已经设计开发了一系列巧妙的方法和技术,如纳米压痕法、弯曲法和单轴拉伸法等,可以在透射电镜中实现对纳米线力学性能及结构演化的探测。下面将重点介绍一些具有代表性的单体纳米材料力学性能原位透射电镜实验方法。

3.3.2.1　基于纳米探针的原位实验方法

在基于纳米探针的原位测试技术中,纳米压痕仪是表征小尺度材料力学性能的常用手段,检测方便,样品制备也较为简便,被广泛用于纳米带、纳米线和纳米薄膜等材料的力学性能表征中。在该方法中,通过施加较小的应力将纳米压痕仪压头或原子力显微镜(Atomic Force Microscopy,AFM)探针针尖压入样品来测量其杨氏模量和硬度。在过去的二十年中,纳米压痕仪成功地与透射电镜设备耦合,在纳米材料力学性能的测试中,同时能够得到纳米材料显微结构和形态上的改变。Li 等人通过原位纳米压痕实验研究了 $Mg_2B_2O_5$ 纳米线的力学性能[53],将单根 $Mg_2B_2O_5$ 纳米线平铺在光滑平整的基底上,通过电子束诱导沉积将 $Mg_2B_2O_5$ 纳米线的两端固定在基底上,随后在 AFM 中使用压头实现原位压痕和成像,最后从实验记录的力-位移曲线中计算得到样品的杨氏模量和硬度。

研究人员试图从原子尺度解析底层的摩擦机制,因此原子力显微镜被广泛应用于原子摩擦过程的研究。但是,由于缺乏直接的界面观察,接触体与摩擦过程中埋置的表面/界面变形之间的物理滑动场景仍然难以捉摸。为了更直观地观察原子摩擦过程,美国得克萨斯大学 Moon J. Kim 等人将 MoS_2 与机械手上的氧化钨探针进行静电耦合,展示了一种操纵、撕裂和滑动独立原子层的方法,在透射电镜中观察了 MoS_2 的层间滑动行为[54]。该研究有助于人们更好地了解层状材料的层间摩擦动力学的原子机制。美国匹兹堡大学毛星原等人通过高分辨透射电镜原位揭示了钨微凸体在原子尺度下的摩擦过程(见图 3-26),该摩擦过程表现出典型的粘滑行为，摩擦力随滑动位移呈周期性波动[55]。该研究提供了对原子尺度摩擦现象的独特见解。

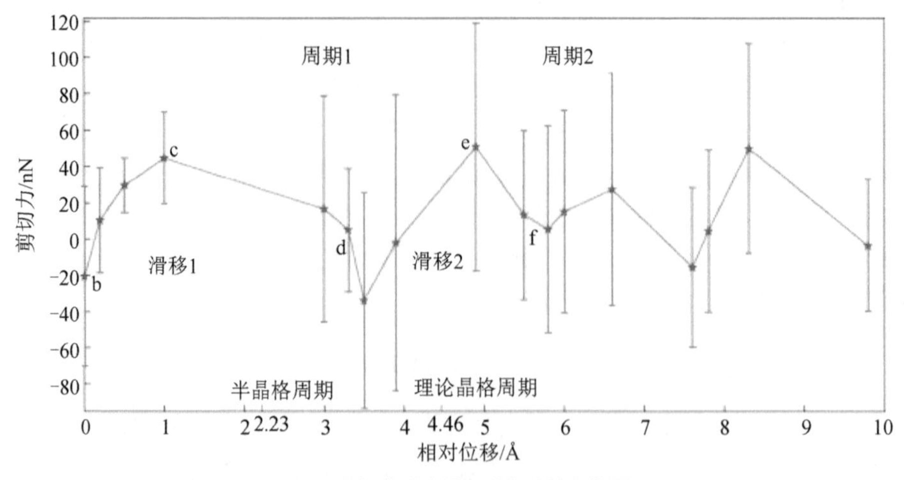

(a) 剪切力随尖端滑动位移的变化图

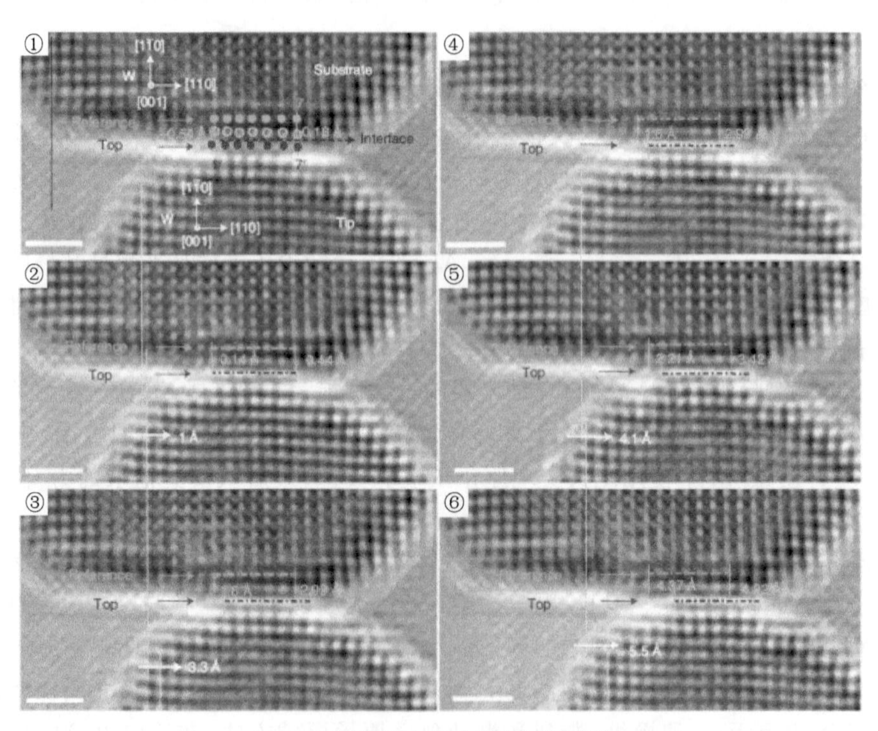

(b) 一个摩擦周期过程中的连续原子图像

图 3-26　钨微凸体摩擦行为的原子尺度观测[55]

近年来，基于纳米探针的原位制备-测试技术获得了较快的发展，东南大学孙立涛等人发展了一种原位电子显微学技术，并首次观察到 10 nm 以下固态金属 Ag 颗粒在室温下的类液态行为[56]。如图 3－27 所示，原位透射电镜循环压缩-拉伸实验表明整个加载和卸载过程中没有出现位错现象，当 Ag 纳米颗粒最终稳定时，其形貌与初始相貌相近。结合分子动力学模拟发现，表面原子扩散主导了 Ag 纳米颗粒的变形过程，从而导致小尺寸 Ag 单晶纳米颗粒表现出类液态行为。浙江大学王江伟等人在透射电镜中使用 PicoFemto © TEM 电支架，通过原位焊接纳米晶，制备了不同取向的钨纳米线，并原位研究了纳米线的变形行为[57]。原位制备-测试技术可使纳米材料实现稳定的拉伸、压缩、剪切等变形，在纳米材料的界面行为[58-64]、体心立方金属变形[65-67]等方面得到了普遍应用。

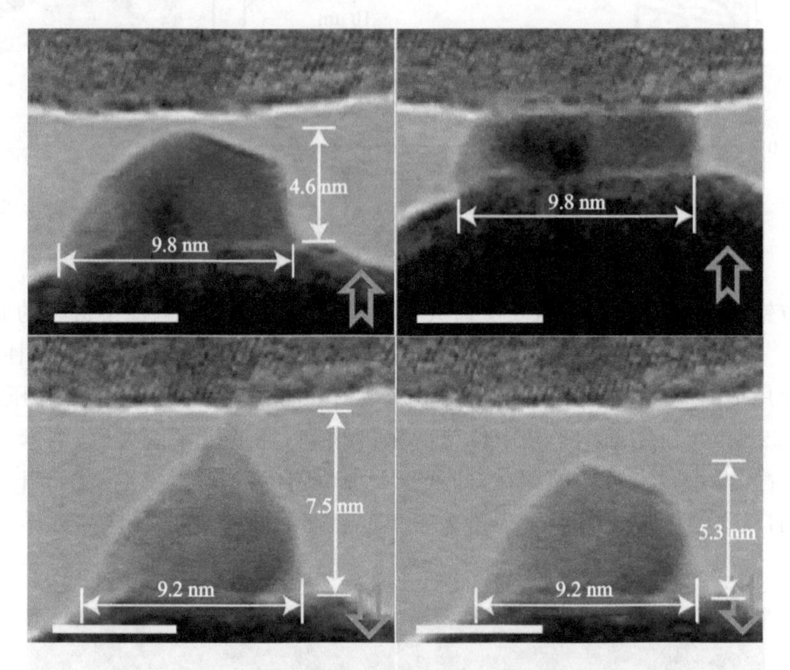

图 3－27　Ag 纳米颗粒的类液态行为[56]

3.3.2.2　原位单轴压缩法

在纳米压痕法的基础上，William D. Nix 等人开发了用于研究微米柱或者纳米柱力学性能的单轴压缩法，该方法可以有效规避应变梯度和晶界诱导尺寸效应对测试结果的影响[68]。如图 3－28 所示，使用 FIB 在块状 Ni 晶体表面加工了尺寸为微米级别的单晶 Ni 圆柱，在 SEM 中使用平压头实现对单晶 Ni 微米柱的单轴压缩，随后从力-位移曲线中获取单晶 Ni 微米柱的强度和应变。研究发现，单晶 Ni 微米柱的强度随着尺寸的减小而持续增强。针对这一现象，William D. Nix 等人提出了“位错饥饿”模型，指出尺寸较小的金属内部含有的位错数量少，在形变的过程中位错会从单晶的自由表面逸出，致使尺寸较小的单晶内部长期处于低位错密度状态，变形时需要较大的外力激发新的位错成核，从而提高了材料的强度。

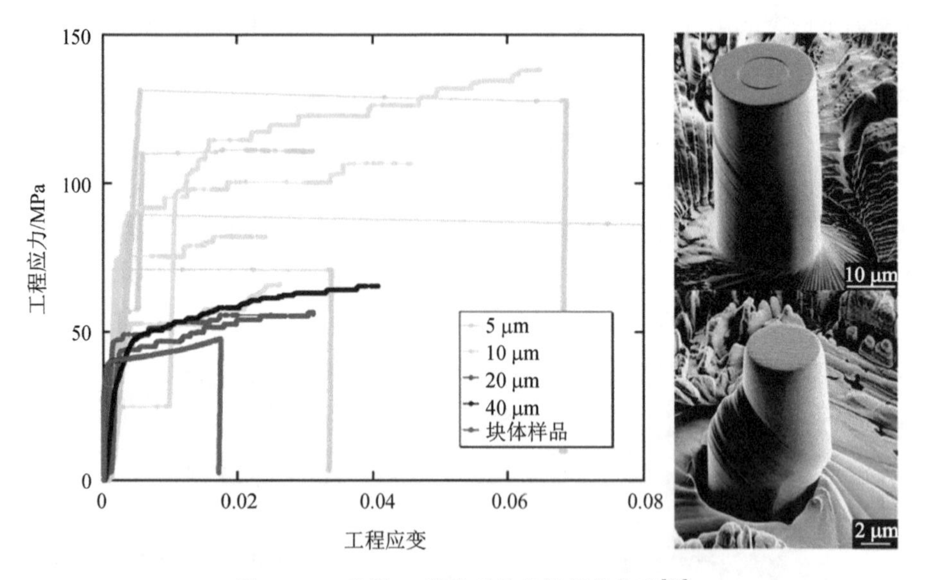

图 3-28　单晶 Ni 微米柱的单轴压缩实验[68]

该位错饥饿模型后来被西安交通大学单智伟等人在透射电镜中进行的原位实验所证实[69]。他们同样使用 FIB 加工了尺寸在 200 nm 左右的单晶 Ni 纳米柱，在透射电镜中使用 PI-95 型 PicoIndenter 的平压头对单晶 Ni 纳米柱进行单轴压缩实验，如图 3-29 所示，压缩前纳米柱中位错的密度很高，经过机械退火后，纳米柱内部变得非常干净，几乎没有位错的存在，即处于一种位错饥饿状态。该技术自开发以来便受到业内广泛关注，随之开展了大量关于单晶微米柱或者纳米柱样品力学性能的研究工作[70-72]。

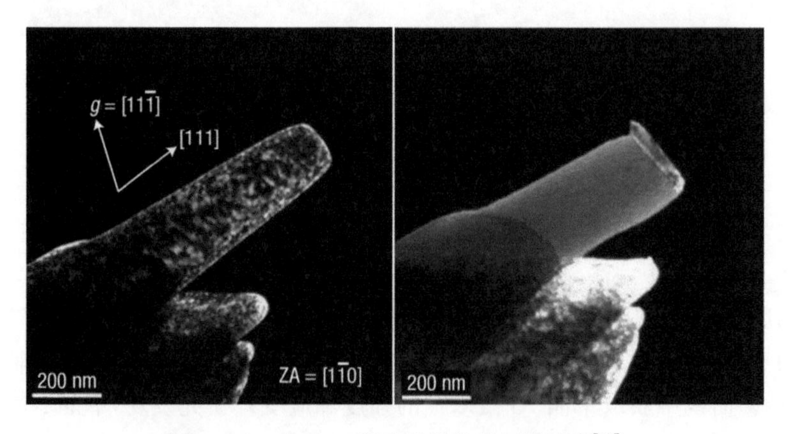

图 3-29　单晶 Ni 纳米柱的位错饥饿过程[69]

众所周知,金刚石在室温下不会发生塑性变形,通常会发生灾难性的脆性断裂。燕山大学聂安民等人利用第 2 章提到的自制 X - Nano 样品杆在透射电镜中对金刚石纳米柱进行了原位单轴压缩实验[73],直接观察了钻石单晶在无限制压缩变形条件下的室温塑性,得到了明确的位错类型、结构和运动信息。研究发现,在⟨111⟩和⟨110⟩方向上压缩变形时,金刚石的塑性主要是以非密排{100}平面上滑动的位错主导,与传统 FCC 晶体典型的{111}面上的位错滑移不同。该研究结果平息了金刚石在室温下能否发生塑性变形的长期争论,如图 3 - 30 所示。

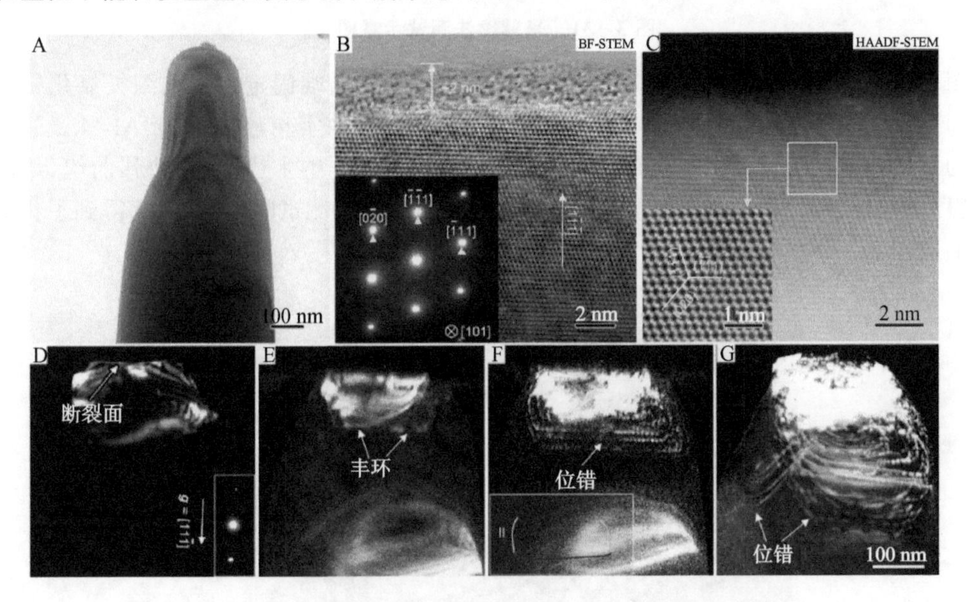

图 3 - 30　金刚石纳米柱在压缩过程中的结构演变过程[73]

3.3.2.3　原位弯曲法

原位弯曲法常用于测量纳米线的力学性能,根据测量方式的差异,可分为两种:① 纳米线的一端在基底上固定,在另外一端施加外力使纳米线变形,该方式被称为悬臂梁法;② 纳米线的两端均在基底上固定,在纳米线的中心部位施加外力使纳米线变形,该方式被称为三点弯曲法。

1997 年,Lieber 等人首次报道了单根 SiC 纳米线的横向弯曲力学实验[74],如图 3 - 31 所示,他们将纳米线随机分散在摩擦系数很低的 MoS_2 基底上,随后通过沉积氧化硅的方式将纳米线固定在基底上。那些恰好只有一端被氧化硅图层压住的纳米线就直接形成了水平悬臂梁,Lieber 等人使用 AFM 悬臂对纳米线的不同位置进行弯曲变形,记录相应的力学信息,从中获取了载荷-位移曲线。

1999 年,Salvetat 等人发展了另外一种对单根纳米线横向弯曲测量的方法[75],即三点弯曲法,测量了单根纳米线的力学性能。他们将碳纳米管随机分散在多孔阳极氧化铝表面,如此处理总会有单根碳纳米管悬空在阳极氧化铝的微孔上方。如

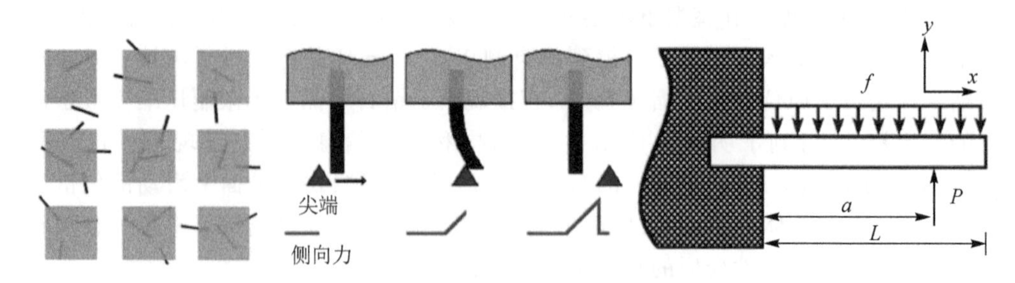

图 3-31　悬臂梁法测试示意图[74]

图 3-32 所示，范德华力的作用足以保证碳纳米管的两端固定在多孔阳极氧化铝表面。用 AFM 针尖的纵向力模式在中点处进行三点弯曲实验，通过测量 AFM 微悬臂的挠度和纵向位移，再根据梁的弯曲理论分析便可得到纳米线的力-位移曲线，从而得到纳米线的力学性能。该方式的样品制备流程简便，测试时间短，因此得到了普遍的应用。

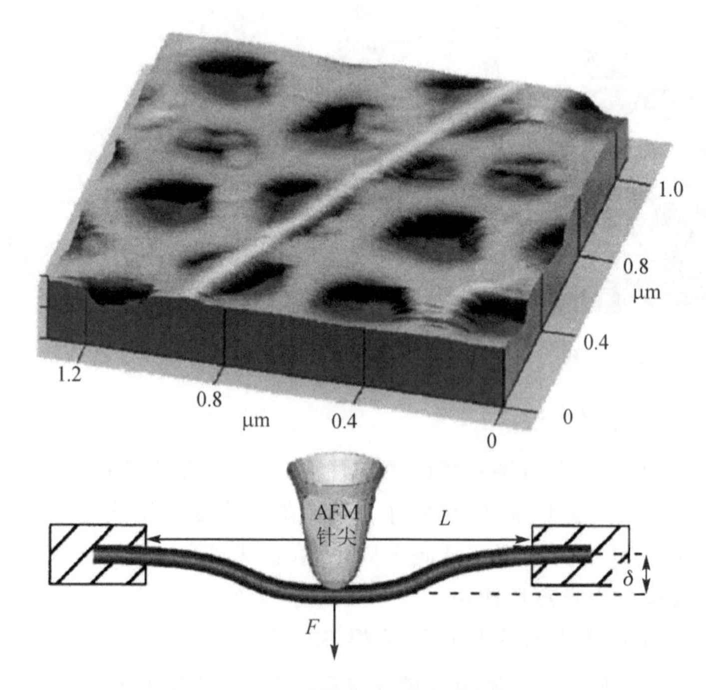

图 3-32　三点弯曲法测试示意图[75]

3.3.2.4　原位电致机械共振法

原位电致机械共振法是将纳米线(管)一端固定，放置在扫描电镜或者透射电镜中，通过外加高频交变电场的激励作用，诱导纳米线(管)发生共振，利用共振频率的变化测量纳米线和纳米管的力学性能。1999 年，王中林等人原创性地提出了利用电场激发一维纳米材料振动的方法，即电致振动的实验方法，并成功测量了单根碳纳米管的弹性模量[76-77]。图 3-33(a)所示为他们专门设计的透射电镜样品杆，纳米管的一端固定在样品杆上，自由端受到静电力的作用而发生振动，如图 3-33(b)～(d)所示。王中林等人认为，当外加电场频率 Ω 与纳米线固有频率 ω 相等时，便可观察到纳米线的共振现象。随后通过 Euler - Bernoulli 悬臂梁模型分析，即可得到纳米管的弹性模量值 E 与固有频率 ω 的关系：

$$\omega=\frac{B_1^2}{L^2}\sqrt{\frac{EI}{\rho A}} \tag{3-5}$$

式中：ρ 为纳米线的质量密度；L、A、I 分别为悬臂梁的长度、横截面积与惯性矩；悬臂梁的边界条件 $B_1=1.875$。

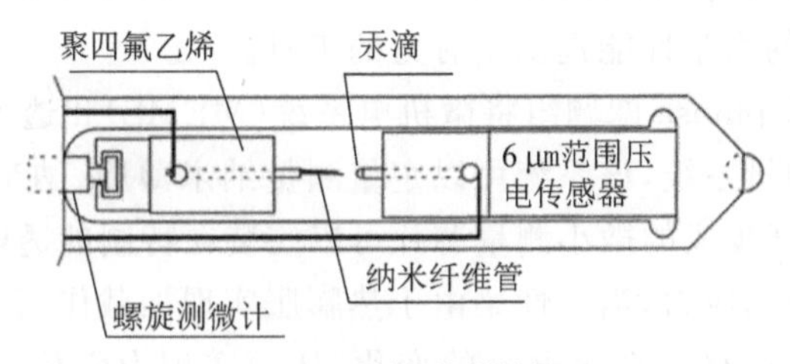

(a) 透射电镜样品杆

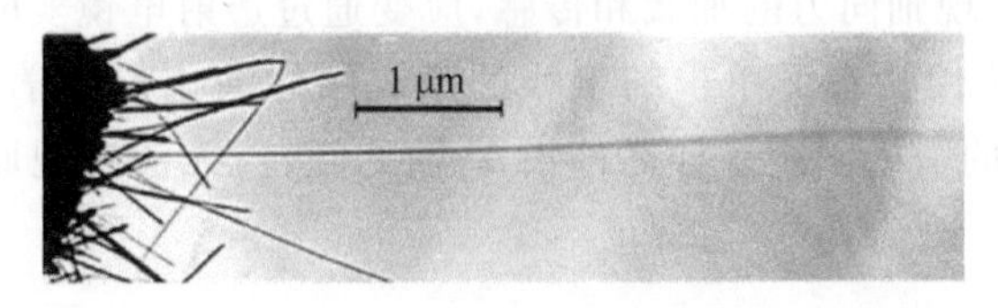

(b) 纳米线的共振现象(1)

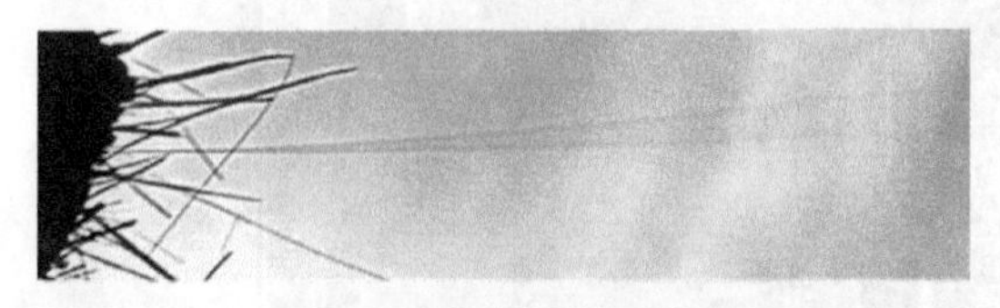

(c) 纳米线的共振现象(2)

(d) 纳米线的共振现象(3)

图 3-33　利用电致共振法测量碳纳米管的弹性模量[76]

该方法所涉及的物理量都可较简便地测量得到，所以在透射电镜和扫描电镜的原位实验中得到了广泛应用。目前，基于电致振动的实验方法，已研究了 ZnO[78-79]、GaN[80]、Si[81]、WO_3[82]等多种一维纳米材料的弹性模量及其尺寸效应。

清华大学朱静院士课题组[83]在此基础上研究发现，每根特定纳米线的共振频率不是唯一的，而是可以被三个互成两倍的外加电场频率激发共振行为，即 $\Omega=2\omega,\omega,\omega/2$。该分析澄清了识别真实振荡频率时的不确定性，确保了 ZnO 纳米线的固有频率不会被高估或低估，并帮助实验者通过电致振动获得正确的杨氏模量。

3.3.2.5 原位单轴拉伸法

相比于上述几种力学性能测试方法，原位单轴拉伸法是目前使用最多的测试方法。单轴拉伸实验可以在纳米线发生弹性或塑性变形的过程中，进行大范围的原位测试，实验结果更加直观。近年来，科学家们相继研发出基于透射电镜的多种原位拉伸技术手段，而原位拉伸技术可以在微纳尺度或原子尺度下实时观察纳米线的变形行为，为研究纳米线的力学性能提供了有力的工具。

美国西北大学 Espinosa 课题组将微机电系统(MEMS)和透射电镜结合，发展了原位定量纳米力学测量系统，该系统可以定量测量纳米薄膜、纳米线的力学性能[84]。如图 3-34 所示，高度集成的微小测量芯片可以安装在特制的透射电镜样品杆上，通过一组并联电容来探测应力，当弹性梁由于热膨胀实现加载作用时，梁的静态变形将转化为电容板之间的位移和系统电容的变化，从而实现力学信号和电信号的对应。MEMS 部分负责实现轴向力的加载和传感，应变通过透射电镜实时捕捉的图像来测量获得，从而实现拉伸状态下单根纳米线的微观结构演化与力学性质的一一对应。但是，MEMS 系统的引入限制了样品杆沿 Y 轴的倾转，无法实现原子尺度原位的实时观测。

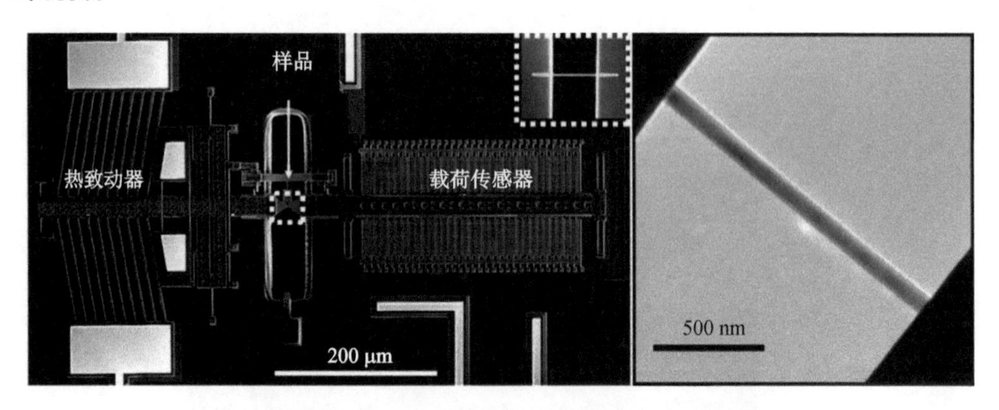

图 3-34 基于透射电镜的 MEMS 力学性能测试装置图[84]

美国 Hysitron 公司开发了名为 TEM-PicoIndenter 的透射电镜原位测试样品台，Hysitron PicoIndenter 通用的 PTP 芯片的扫描电镜形貌图[85]如图 3-35 所示。该装置可用于透射电镜中以测量纳米线的拉伸强度，如图 3-35 中的圆圈区域所示，纳米线横跨在间隙上，两端分别固定在 PTP 芯片的移动端和固定端上。当装置的移动端被推动时，间隙随之扩展，从而将压缩力转换为拉伸载荷，实现纳米线的拉伸变形操作，同时通过压头处的力、位移传感得到力-位移曲线[23-25]。香港城市大学陆洋等人在透射电镜中沿[100]、[101]和[111]三个方向对金刚石进行了单轴拉伸测试，实验中发现全部样品均可达到 6.5%～8.2%的弹性应变[86]。超大且高度可控的弹性应变可以从根本上改变金刚石的能带结构，使应变金刚石有望用于下一代微电子学、光子学和量子信息技术。

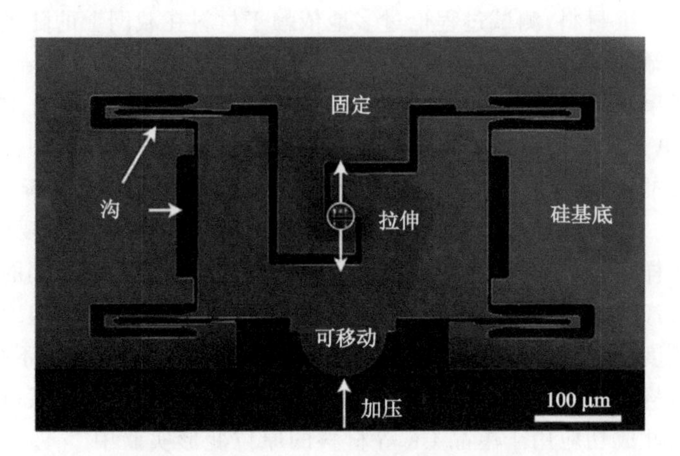

图 3-35　PTP 芯片的扫描电镜形貌图

北京工业大学韩晓东等人[87]利用特殊设计的 TEM 薄膜载网，通过电子束辐照诱导载网变形，实现了对一维纳米线、纳米管材料的拉伸、压缩和弯曲测试。如图 3-36 所示，首先将纳米线分散在带有薄膜的铜载网上，薄膜在透射电镜电子束的辐照加热下开裂并呈现线性卷曲或收缩，进而实现对一维纳米材料的拉伸、弯曲、压缩等测试。通过控制束流和束斑的大小可以控制支撑膜的变形速度和变形量，同时利用透射电镜对变形区的形貌、结构演变和成分进行原位监测。该方法的优点是，不需要改造样品杆，就能使其进行大角度的双轴倾转，找到适合观察微观结构和缺陷的理想晶体学

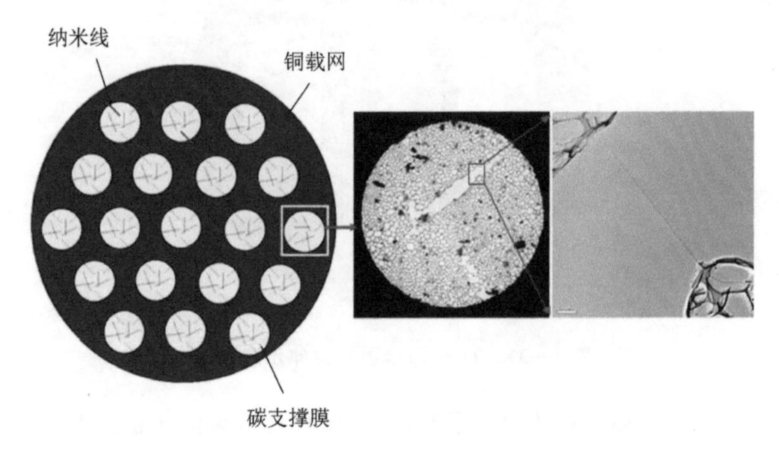

图 3-36　单根纳米线原位变形"智能载网"示意图[87]

取向,实现原子尺度的微观结构演变观察。韩晓东等人[88-90]利用该装置对 SiC 纳米线进行了原位弯曲实验,在原子尺度下揭示了大应变塑性变形的机理;还利用该装置对 Si 纳米线进行了拉伸测试,观察到在该尺度下纳米线均显示出较大的塑性变形,该现象是由位错引发非晶化导致的脆韧转变所引起的。但是,该方法多适用于纳米线和纳米管等一维材料,测试过程也过多地依赖于材料在载网上的随机分布状态,因此该方法并非最理想的原位原子尺度力学性能测试方法。

利用电子束辐照加热 TEM 薄膜载网的方法受拉伸样品的形状、随机分布状态等限制,而且电子束辐照还会导致点缺陷的扩散以及陶瓷和半导体中位错环的生长,进而诱导显著的微观结构演变。针对这些问题,韩晓东课题组重新设计了适用于 TEM 的热驱动双金属片拉伸测试技术(见图 3-37)[91-92],该系统主要由双金属片和双轴倾转加热样品杆组成,其中双金属片包含的两种热膨胀系数不同的金属,在加热时双金属片会像热膨胀系数小的金属一侧发生弯曲变形,且在一定温度范围内,双金属片的弯曲幅度随温度的升高而变大,不影响样品杆的大角度倾转,不存在力学装置引线与倾转机构相互干扰的问题,能够保证可靠稳定的面内力的加载(该技术最初由作者制作而成并成功应用于单晶 Cu 等材料的原位变形实验中[92])。该技术能够很便利地实现不同维度样品原位原子尺度的力学实验,突破了 TEM 中狭小空间内原位力学装置难以可靠获得原子尺度的瓶颈。作者等人使用该技术对单晶 Cu 纳米线进行了原位拉伸,测得单晶 Cu 纳米线的最大拉伸弹性应变值[92];定量化地揭示了尺寸效应对单晶 Cu 纳米线塑性变形机制的影响[93]。此外,利用该方法还原位观察到 Cu 纳米线断裂后展现出的"类橡皮"断裂行为[94]。

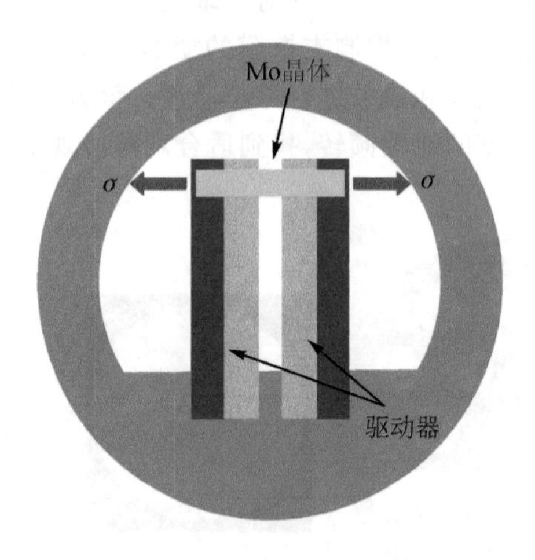

图 3-37　TEM 双金属片拉伸示意图[92]

受限于固定双金属片固体胶的限制,双金属片技术无法在超高温下工作。针对这一情况,韩晓东等人成功研制出"原子分辨高温力学测试系统"并由百实创(北京)科技有限公司进行成果转化,解决了透射电镜中高温场与应力场耦合时所面临的高温场局域化、热膨胀致样品断裂、热扩散导致力驱动器失效等技术难题。如图 3-38 所示，该系统可以实现 1 556 K 高温场与应力场的同时加载，具有双轴倾转功能，兼容目前商业主流的各类型透射电镜。

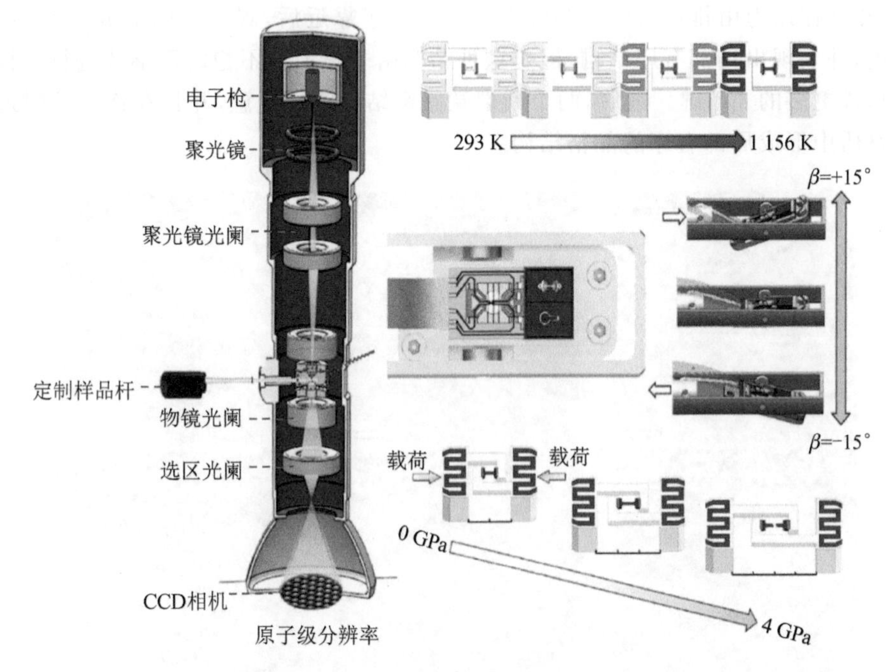

图 3-38　原子分辨高温力学测试系统[95]

韩晓东等人[95]应用该系统，针对 BCC 结构金属高温下脆韧转变机理进行了研究，在原子尺度下发现了金属钨韧性断裂机理，揭示了 BCC-FCC 相变及 FCC 结构中位错运动协同钝化裂纹的韧性断裂方式，在传统高温提高螺位错可动性诱导韧性断裂理论的基础上，在钨中发现了新的高温韧性断裂机理。此外，利用该系统首次从原子层次上实现了对普通晶界滑移过程的动态观察，揭示了常温下晶界滑移是通过原子尺度的直接滑动与原子短程扩散相互协调实现的[96]。这种原子之间的直接滑动提供了滑移方向上的位移，而原子短程扩散协调滑动导致的应力集中可有效避免空洞、裂纹的产生，实现了大塑性，解决了长期困扰该领域的科学难题，并为原子分辨的实验和理论模型之间的信息互补提供了参考。

作者团队[97]最近利用自主研发的基于扫描电镜和透射电镜的原位循环拉伸断裂技术，结合百实创(北京)科技有限公司生产的力-热耦合样品杆对纳米孪晶金刚石复合材料的室温自愈合行为进行了研究。通过原位循环拉伸断裂技术研究断裂的纳米孪晶金刚石复合材料的断口在无压力、室温等外界条件下的自愈合现象。基于原位 SEM 技术揭示了纳米孪晶金刚石复合材料具有高达 34%的室温自愈合效率。在原子尺度下观察到这种室温自愈合机制来自断口表面形成的由 sp^2 和 sp^3 杂化碳构成的非晶相,并将其定义为金刚石成骨细胞(Diamond Osteoblast,DO)。随后,利用原位 TEM 循环拉伸断裂技术进行研究,如图 3-39 所示。当断口两侧带有同号电荷的“金刚石成骨细胞”相互靠近时,原子间相互作用力表现为排斥力;当达到临界距离时,相互作用力由排斥力转变为吸引力。进一步靠近后,碳碳之间形成了新的 sp^3 杂化键,并表现出局部有序结构,但是这种结构由于热力学不稳定而继续进行结构演化并形成更多的 sp^3 键。最后,两个断裂端紧密结合实现自愈,并且在连接处附近的无序基质中形成局部有序的晶格结构。

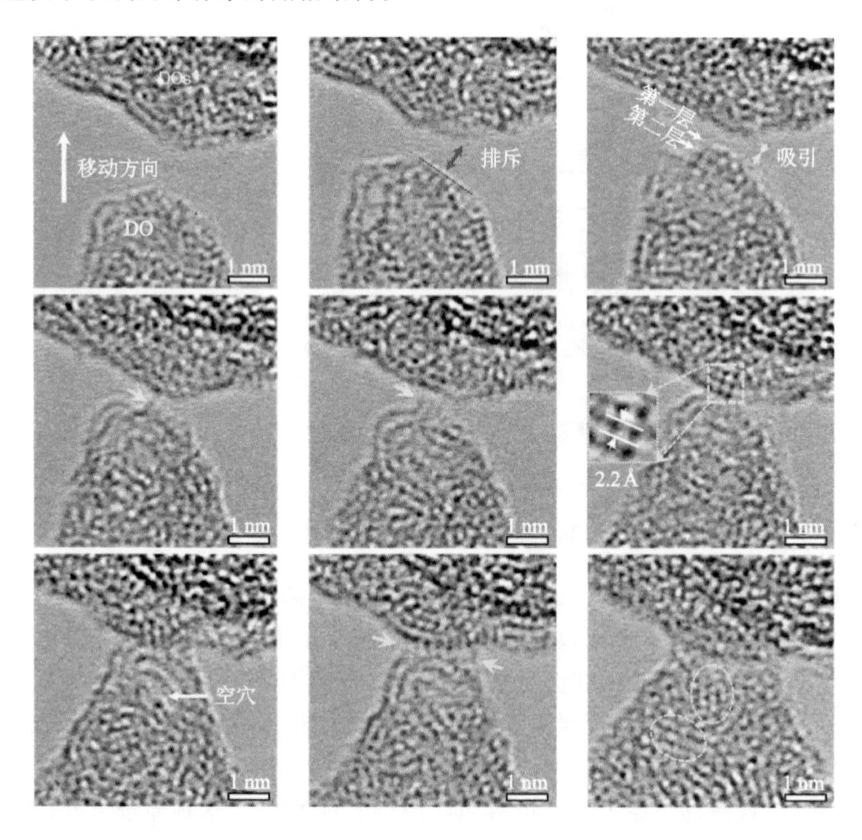

图 3-39 带有 DO 相的两个断裂表面动态自愈合过程[97]

材料的结构、组成、元素分布等决定了材料的性能,充分了解材料在外力作用下的结构变化,对于人们准确把握它们的力学性能具有重要的指导意义。本章重点介绍了当前原位电子显微学在材料力学性能研究中的相关技术和科研成果。但是,到目前为止,原子尺度下的结构演变实验数据还较匮乏,需要积累更多的力场作用下的材料结构演化信息,从大量的数据中总结规律,建立完备的理论体系。同时,我们也应看到,发展新的原位力学研究技术手段是非常重要的,希望未来会涌现出更多的原位电子显微学力学研究技术和方法,更好地服务于材料力学性能的研究工作。

3.4　小　结

本章详细介绍了原位电子显微学技术在材料力学领域中的应用，介绍了原位力学技术的发展和国内外研究现状。借助快速发展的电子显微表征技术，研究者能够在原子层次开展材料微观结构动态演化规律的相关研究，并逐步构建微观结构与宏观性能之间的联系，进而实现对材料微观结构的设计和宏观性能的人为干预。然而，全面构建材料中“尺寸-原子变形机制-宏观力学性能”的内在联系尚存在诸多问题和挑战，因此亟需开展原子尺度下、多场环境下（包括复杂应力、气氛、热、腐蚀等）材料结构演变规律的原位研究，是当代力学领域的重要发展方向。随着科学技术水平的不断进步和对材料性能不断增长的需求，从更细观层次去重新认识服役状态下的材料微观结构演化规律及其对宏观性能的影响至关重要。因此，运用原子分辨率原位电子显微学技术方法，探索服役条件下材料微观结构动态演化规律不仅是未来研究的重要发展方向，也是国家重大工程中关键部件设计和开发的重要实验基础。

参考文献

[1] Gludovatz B, Hohenwarter A, Catoor D, et al. A fracture-resistant high-entropy alloy for cryogenic applications[J]. Science, 2014, 345(6201): 1153-1158.

[2] Bouville F, Maire E, Meille S, et al. Strong, tough and stiff bioinspired ceramics from brittle constituents[J]. Nature Materials, 2014, 13(5): 508-514.

[3] Wang M M, Li Z M, Raabe D. In-situ SEM observation of phase transformation and twinning mechanisms in an interstitial high-etropy alloy[J]. Acta Materialia, 2018, 147: 236-246.

[4] Nützel R, Affeldt E, Göken M. Damage evolution during thermo-mechanical fatigue of a coated monocrystalline nickel-base superalloy[J]. International Journal of Fatigue, 2008, 30(2): 313-317.

[5] Schoettle C, Sinclair I, Starink M J, et al. Deflected "teardrop cracking" in nickel based superalloys: Sustained macroscopic deflected fatigue crack growth [J]. International Journal of Fatigue, 2012, 44: 188-201.

[6] Jin H, Lu W Y, Cordill M J, et al. In situ study of cracking and buckling of chromium films on pet substrates[J]. Experimental Mechanics, 2011, 51(2): 219-227.

[7] Seshadri I P, Bhushan B. In situ tensile deformation characterization of human hair with atomic force microscopy[J]. Advanced Materials, 2008, 56(4): 774-781.

[8] Woo N C, Cherenack K, Tröster G, et al. Designing micro-patterned Ti films that survive up to 10% applied tensile strain[J]. Applied Physics A, 2010, 100(1): 281-285.

[9] Li S L, Wang Y L, Wang X T. In situ observation of the deformation and fracture behaviors of long-term thermally aged cast duplex stainless steels[J]. Metals, 2019, 9(2): 258.

[10] 王开厅. 材料微观力学性能原位拉伸测试仪研制与试验研究[D]. 长春:吉林大学,2013.

[11] 马志超. 块体材料原位拉伸——疲劳测试理论与试验研究[D]. 长春:吉林大学,2013.

[12] 常丽艳,宋西平,张敏,等. 基于原位 SEM 的激光-MIG 复合焊接 7075-T6 铝合金疲劳裂纹扩展行为[J]. 焊接学报, 2016, 37(5): 85-88.

[13] 陈忠伟,张海方,雷毅敏,等. 工业铸造 A357 铝合金 SEM 原位拉伸实验[J]. 稀有金属材料与工程, 2011, 40(S2): 127-131.

[14] Shao H, Zhao Y Q, Ge P, et al. In-situ sem observations of tensile deformation of the lamellar microstructure in TC21 titanium alloy[J]. Materials Science and Engineering A, 2013, 559: 515-519.

[15] Long W, Ou M G, Mao X Q, et al. In situ deformation behavior of TC21 titanium alloy with different a morphologies (equiaxed/lamellar)[J]. Rare Metals, 2021, 40(5): 1173-1181.

[16] Richter G, Hillerich K, Gianola D S, et al. Ultrahigh strength single crystalline nanowhiskers grown by physical vapor deposition[J]. Nano Letters, 2009, 9(8): 3048-3052.

[17] Uchic M D, Dimiduk D M, Florando J N, et al. Sample dimensions influence strength and crystal plasticity[J]. Science, 2004, 305(5686): 986-989.

[18] Uchic M D, Shade P A, Dimiduk D M. Micro-compression testing of Fcc metals: a selected overview of experiments and simulations[J]. JOM, 2009, 61(3): 36-41.

[19] Wu B, Heidelberg A, Boland J J. Mechanical properties of ultrahigh-strength gold nanowires[J]. Nat Mater, 2005, 4(7): 525-529.

[20] Kim J Y, Greer J R. Tensile and compressive behavior of gold and molybdenum single crystals at the nano-scale[J]. Advanced Materials, 2009, 57(17): 5245-5253.

[21] Jang D C, Greer J R. Size-induced weakening and grain boundary-assisted deformation in 60 nm grained Ni nanopillars[J]. Scripta Materialia, 2011, 64(1): 77-80.

[22] Haque M A, Espinosa H D, Lee H J. MEMS for in situ testing—handling, actuation, loading, and displacement measurements[J]. MRS Bulletin, 2011, 35(5): 375-381.

[23] Chisholm C, Bei H, Lowry M B, et al. Dislocation starvation and exhaustion hardening in Mo alloy nanofibers[J]. Advanced Materials, 2012, 60(5): 2258-2264.

[24] Liu H L, Gong Q H, Yue Y H, et al. Sub-1 nm nanowire based superlattice showing high strength and low modulus[J]. Journal of the American Chemical Society, 2017, 139(25): 8579-8585.

[25] Li F S, Zhao H W, Yue Y H, et al. Dual-phase super-strong and elastic ceramic[J]. ACS Nano, 2019, 13(4): 4191-4198.

[26] Yang Y C, Li X, Wen M R, et al. Brittle fracture of 2d $MoSe_2$[J]. Advanced Materials, 2017, 29(2): 1604201.

[27] Borlaug M M, Eriksen L, Yu Y D, et al. Characterization of microstructure and strain response in Ti-6al-4v plasma welding deposited material by combined EBSD and in-situ tensile test[J]. Transactions of Nonferrous Metals Society of China, 2014, 24(12): 3929-3943.

[28] Engqvist J, Wallin M, Hall S A, et al. Measurement of multi-scale deformation of polycarbonate using X-ray scattering with in-situ loading and digital image correlation[J]. Polymer, 2016, 82: 190-197.

[29] Chatterjee K, Venkataraman A, Garbaciak T, et al. Study of grain-level deformation and residual stresses in Ti-7Al under combined bending and tension using high energy diffraction microscopy (HEDM)[J]. International Journal of Solids and Structures, 2016, 94-95: 35-49.

[30] Greer J R, Nix W D. Nanoscale gold pillars strengthened through dislocation starvation[J]. Physical Review B, 2006, 73(24): 245410.

[31] Chen L Y, Xu J Q, Choi H, et al. Processing and properties of magnesium containing a dense uniform dispersion of nanoparticles[J]. Nature, 2015, 528 (7583): 539-543.

[32] Ghaffari S, Seon G, Makeev A. In-situ sem based method for assessing fiber-matrix interface shear strength in CFRPS[J]. Materials & Design, 2021, 197: 109242.

[33] Feng X B, Surjadi J U, Fan R, et al. Microalloyed medium-entropy alloy (Mea) composite nanolattices with ultrahigh toughness and cyclability[J]. Materials Today, 2021, 42: 10-16.

[34] Valentino G M, Xiang S, Ma L N, et al. Investigating the compressive

strength and strain localization of nanotwinned nickel alloys[J]. Acta Materialia, 2021, 204: 116507.

[35] Wheeler J M, Michler J. Elevated temperature, nano-mechanical testing in situ in the scanning electron microscope[J]. Review of Scientific Instruments, 2013, 84(4): 045103.

[36] Raghavan R, Wheeler J M, Esqué-De Los Ojos D, et al. Mechanical behavior of Cu/Tin multilayers at ambient and elevated temperatures: Stress-assisted diffusion of Cu [J]. Materials Science and Engineering A, 2015, 620: 375-382.

[37] Camposilvan E, Torrents O, Anglada M. Small-scale mechanical behavior of Zirconia[J]. Acta Materialia, 2014, 80: 239-249.

[38] Wat A, Lee J I, Ryu C W, et al. Bioinspired nacre-like alumina with a bulk-metallic glass-forming alloy as a compliant phase[J]. Nature Communications, 2019, 10: 961.

[39] Banerjee A, Bernoulli D, Zhang H T, et al. Ultralarge elastic deformation of nanoscale diamond[J]. Science, 2018, 360(6386): 300-302.

[40] Yue Y H, Gao Y F, Hu W T, et al. Hierarchically structured diamond composite with exceptional toughness[J]. Nature, 2020, 582(7812): 370-374.

[41] Zhao H W, Liu S J, Wei Y, et al. Multiscale engineered artificial tooth enamel[J]. Science, 2022, 375(6580): 551-556.

[42] Maaß M C, Saleh S, Militz H, et al. The structural origins of wood cell wall toughness[J]. Advanced Materials, 2020, 32(16): 1907693.

[43] Ni X, Greer J R, Bhattacharya K, et al. Exceptional resilience of small-scale $Au_{30}Cu_{25}Zn_{45}$ under cyclic stress-induced phase transformation[J]. Nano Letters, 2016, 16(12): 7621-7625.

[44] Zhu M L, Xuan F Z, Tu S T. Observation and modeling of physically short fatigue crack closure in terms of in-situ sem fatigue test[J]. Materials Science & Engineering, A, 2014, 618: 86-95.

[45] Zhang W, Liu Y M. Investigation of incremental fatigue crack growth mechanisms using in situ sem testing[J]. International Journal of Fatigue, 2012, 42: 14-23.

[46] Wang X G, Liu C H, Sun B H, et al. The dual role of martensitic transformation in fatigue crack growth[J]. Proceedings of the National Academy of Sciences of the United States of America, 2022, 119(9): e2110139119.

[47] 赵京浩，何文玲，唐亮，等. 一种二代镍基单晶合金 750 ℃原位蠕变行为研究[J]. 电子显微学报，2021，40(4)：361-366.

[48] Ding W, Dikin D A, Chen X, et al. Mechanics of hydrogenated amorphous carbon deposits from electron-beam-induced deposition of a paraffin precursor [J]. Journal of Applied Physics, 2005, 98(1): 014905.

[49] Varghese B, Zhang Y S, Dai L, et al. Structure-mechanical property of individual cobalt oxide nanowires[J]. Nano Letters, 2008, 8(10): 3226-3232.

[50] Varghese B, Zhang Y S, Feng Y P, et al. Probing the size-structure-property correlation of individual nanowires [J]. Physical Review B, 2009, 79 (11): 115419.

[51] Lu Y, Huang J Y, Wang C, et al. Cold welding of ultrathin gold nanowires [J]. Nat. Nanotechnol., 2010, 5(3): 218-224.

[52] Wang Y B, Joyce H J, Gao Q, et al. Self-healing of fractured gaas nanowires [J]. Nano Lett, 2011, 11(4): 1546-1549.

[53] Tao X Y, Li X D. Catalyst-free synthesis, structural, and mechanical characterization of twinned $Mg_2B_2O_5$ nanowires[J]. Nano Letters, 2008, 8(2): 505-510.

[54] Oviedo J P, Kc S, Lu N, et al. In situ tem characterization of shear-stress-induced interlayer sliding in the cross section view of molybdenum disulfide[J]. ACS Nano, 2015, 9(2): 1543-1551.

[55] Wang X, Liu Z Y, He Y, et al. Atomic-scale friction between single-asperity contacts unveiled through in situ transmission electron microscopy[J]. Nature Nanotechnology, 2022, 17(7):737-745.

[56] Sun J, He L B, Lo Y C, et al. Liquid-like pseudoelasticity of sub-10-nm crystalline silver particles[J]. Nature Materials, 2014, 13(11): 1007-1012.

[57] Wang J W, Zeng Z, Wen M R, et al. Anti-twinning in nanoscale tungsten [J]. Science Advances, 2020, 6(23): eaay2792.

[58] Huang Q S, Zhu Q, Chen Y B, et al. Twinning-assisted dynamic adjustment of grain boundary mobility[J]. Nature Communications, 2021, 12: 6695.

[59] Zhu Q, Kong L Y, Lu H M, et al. Revealing extreme twin-boundary shear deformability in metallic nanocrystals[J]. Science Advances, 2021, 7(36): eabe4758.

[60] Zhu Q, Huang Q S, Guang C, et al. Metallic nanocrystals with low angle grain boundary for controllable plastic reversibility[J]. Nature Communications, 2020, 11: 3100.

[61] Zhu Q, Hong Y R, Cao G, et al. Free-standing two-dimensional gold membranes produced by extreme mechanical thinning[J]. ACS Nano, 2020, 14 (12): 17091-17099.

[62] Zhu Q, Zhao S C, Deng C, et al. In situ atomistic observation of grain boundary migration subjected to defect interaction[J]. Acta Materialia, 2020, 199: 42-52.

[63] Zhu Q, Cao G, Wang J W, et al. In situ atomistic observation of disconnection-mediated grain boundary migration[J]. Nature Communications, 2019, 10: 156.

[64] Wang J W, Cao G, Zhang Z, et al. Size-dependent dislocation-twin interactions[J]. Nanoscale, 2019, 11(26): 12672-12679.

[65] Wang J W, Faisal A H M, Li X Y, et al. Discrete twinning dynamics and size-dependent dislocation-to twin transition in body-centred cubic tungsten [J]. Materials Science and Technology, 2022, 106: 33-40.

[66] Wang Q N, Wang J W, Li J X, et al. Consecutive crystallographic reorientations and superplasticity in body-centered cubic niobium nanowires[J]. Science Advances, 2018, 4(7): eaas8850.

[67] Wang J W, Zeng Z, Weinberger C R, et al. In situ atomic-scale observation of twinning-dominated deformation in nanoscale body-centred cubic tungsten [J]. Nature Materials, 2015, 14(6): 594-600.

[68] Uchic M D, Dimiduk D M, Florando J N, et al. Sample dimensions influence strength and crystal plasticity[J]. Science, 2004, 305(5686): 986.

[69] Shan Z W, Mishra R K, Syed Asif S A, et al. Mechanical annealing and source-limited deformation in submicrometre-diameter Ni crystals[J]. Nature Materials, 2008, 7(2): 115-119.

[70] Sharma A, Kositski R, Mordehai D, et al. Giant shape- and size-dependent compressive strength of molybdenum nano- and microparticles[J]. Acta Materialia, 2020,198: 72-84.

[71] Volkert C A, Lilleodden E T. Size effects in the deformation of sub-micron Au columns[J]. Philosophical Magazine, 2006, 86(33-35): 5567-5579.

[72] Yu Q, Shan Z W, Li J, et al. Strong crystal size effect on deformation twinning[J]. Nature, 2010, 463(7279): 335-338.

[73] Nie A, Bu Y, Huang J, et al. Direct observation of room-temperature dislocation plasticity in diamond[J]. Matter, 2020, 2(5): 1222-1232.

[74] Wong E W, Sheehan P E, Lieber C M. Nanobeam mechanics: elasticity, strength, and toughness of nanorods and nanotubes[J]. Science, 1997, 277 (5334): 1971.

[75] Salvetat J P, Briggs G D, Bonard J M, et al. Elastic and shear moduli of single-walled carbon nanotube ropes[J]. Physical Review Letters, 1999, 82(5):

944-947.
[76] Poncharal P, Wang Z L, Ugarte D, et al. Electrostatic deflections and electromechanical resonances of carbon nanotubes[J]. Science, 1999, 283(5407): 1513-1516.
[77] Wang Z L, Poncharal P, De Heer W A. Measuring physical and mechanical properties of individual carbon nanotubes by in situ tem[J]. Journal of Physics and Chemistry of Solids, 2000, 61(7): 1025-1030.
[78] Chen C Q, Shi Y, Zhang Y S, et al. Size dependence of Young's modulus in ZnO nanowires[J]. Physical Review Letters, 2006, 96(7): 075505.
[79] 施雨，陈常强，张友生，等. 氧化锌纳米线弹性模量的扫描电镜原位测量[J]. 电子显微学报，2005，24(4)：276.
[80] Nam C Y, Jaroenapibal P, Tham D, et al. Diameter-dependent electromechanical properties of GaN nanowires [J]. Nano Letters, 2006, 6 (2): 153-158.
[81] Li X X, Ono T, Wang Y L, et al. Ultrathin single-crystalline-silicon cantilever resonators: fabrication technology and significant specimen size effect on Young's modulus[J]. Applied Physics Letters, 2003, 83(15): 3081-3083.
[82] Liu K H, Wang W L, Xu Z, et al. In Situ probing mechanical properties of individual tungsten oxide nanowires directly grown on tungsten tips inside transmission electron microscope[J]. Applied Physics Letters, 2006, 89(22): 221908.
[83] Shi Y, Chen C Q, Zhang Y S, et al. Determination of the natural frequency of a cantilevered ZnO nanowire resonantly excited by a sinusoidal electric field [J]. Nanotechnology, 2007, 18(7): 075709.
[84] Agrawal R, Peng B, Espinosa H D. Experimental-computational investigation of ZnO nanowires strength and fracture[J]. Nano Letters, 2009, 9(12): 4177-4183.
[85] Guo H, Chen K, Oh Y, et al. Mechanics and dynamics of the strain-induced M1-M2 structural phase transition in individual VO_2 nanowires[J]. Nano Letters, 2011, 11(8): 3207-3213.
[86] Dang C Q, Chou J P, Dai B, et al. Achieving large uniform tensile elasticity in microfabricated diamond[J]. Science, 2021, 371(6524): 76-78.
[87] Zheng K, Wang C C, Cheng Y Q, et al. Electron-beam-assisted superplastic shaping of nanoscale amorphous silica[J]. Nature Communications, 2010, 1: 24.
[88] Han X D, Zheng K, Zhang Y F, et al. Low-temperature in situ large-strain plasticity of silicon nanowires [J]. Advanced Materials, 2007, 19 (16):

2112-2118.

[89] Han X D, Zhang Y F, Zheng K, et al. Low-temperature in situ large strain plasticity of ceramic SiC nanowires and its atomic-scale mechanism[J]. Nano Letters, 2007, 7(2): 452-457.

[90] Zheng K, Han X D, Wang L H, et al. Atomic mechanisms governing the elastic limit and the incipient plasticity of bending Si nanowires[J]. Nano Letters, 2009, 9(6): 2471-2476.

[91] Wang L H, Han X D, Liu P, et al. In situ observation of dislocation behavior in nanometer grains[J]. Physical Review Letters, 2010, 105:135501.

[92] Yue Y H, Liu P, Zhang Z, et al. Approaching the theoretical elastic strain limit in copper nanowires[J]. Nano Letters, 2011, 11(8): 3151-3155.

[93] Yue Y H, Liu P, Deng Q S, et al. Quantitative evidence of crossover toward partial dislocation mediated plasticity in copper single crystalline nanowires [J]. Nano Letters, 2012, 12(8): 4045-4049.

[94] Yue Y H, Chen N K, Li X B, et al. Crystalline liquid and rubber-like behavior in Cu nanowires[J]. Nano Letters, 2013, 13(8): 3812-3816.

[95] Zhang J F, Li Y R, Li X C, et al. Timely and atomic-resolved high-temperature mechanical investigation of ductile fracture and atomistic mechanisms of tungsten[J]. Nature Communications, 2021, 12: 2218.

[96] Wang L H, Zhang Y, Zeng Z, et al. Tracking the sliding of grain boundaries at the atomic scale[J]. Science, 2022, 375(6586): 1261-1265.

[97] Qiu K L, Hou J P, Chen S, et al. Self-healing of fractured diamond[J]. Nature Materials, 2023, 22(11): 1317-1323.

第4章 原位电子显微学在材料电学性能研究中的应用

4.1 引 言

原位电学技术按照在不同的电镜中的应用可大致分为两种，即扫描电镜（SEM）原位电学技术和透射电镜（TEM）原位电学技术，都是通过对样品施加电信号，借助SEM或者TEM的高空间分辨率实时研究样品的结构和电学性质的变化规律。借助于TEM的高空间分辨率甚至可以在原子尺度下观察材料在电场作用下的动态结构演化过程。

扫描电镜具有样品室空间大、电子束对样品损伤小，以及真空度要求低等特点，可以观察较大尺寸样品在电场或电-力、电-热耦合场下的动力学过程，但是，扫描电镜的分辨率略低，无法实现原子尺度下的动态分析。近年来，随着透射电镜下原位电学技术的发展，应用透射电镜进行原位电学分析的案例逐渐增多。透射电镜原位电学技术主要有两种类型：第一种是采用类似扫描隧道显微镜（Scanning Tunneling Microscope，STM）的探针式原位电学方法，按照此种方法制备得到的电学样品杆习惯上被称为STM-TEM样品杆，比较典型的是NanoFactory公司制备的样品杆和国内泽攸科技制备的样品杆，如图4-1(a)所示。其优势在于探针可以灵活移动，实现样品特定点位原位电学研究，同时样品制备可以不完全依赖于FIB技术，也可以选取半圆环样品或采用另一个针尖粘取/固定样品实现样品的制备。第二种是将进行原位电学测试的装置集成在一个MEMS芯片上，将被测试的样品置于该MEMS芯片上，从而实现电场下材料微观结构演变的原位动态监测。此种方法的优势在于，可以实现多电极的引入，也可以灵活耦合如热场等其他外场，如图4-1(b)所示。除了上面介绍的两种比较常用的原位电学测量方法以外，最初也有通过对普通样品杆改装，直接将电极引入到样品杆的前端，然后通过外接导线将电学信号引入到样品上的方法，只是由于这种方法接线过于复杂，外部引线的引入极易触碰极靴，限制了样品杆Y轴的倾转，所以逐渐淡出了人们的视野。

随着原位电学研究技术和装置的发展，原位电学在很多领域都有了广泛的应用，如电致迁移[1]、电致相变[2]、铁电体中铁电畴的翻转[3]等研究工作，其中一个重要的应用就是能源材料中的原位电化学研究[4]。下面将详细介绍近年来采用原位电学技术手段在新能源材料研究领域所取得的一些研究成果。

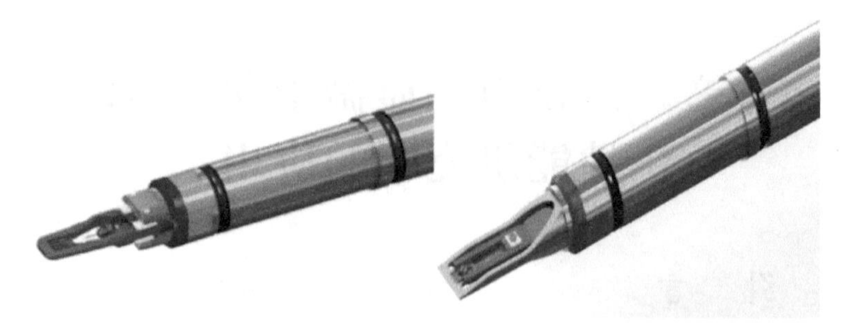

(a) PicoFemto透射电镜原位STM-TEM低温电学样品杆　(b) PicoFemto透射电镜原位MEMS低温电学样品杆

图 4-1　原位电学样品杆

4.2　原位电学技术在电化学领域的应用

与传统的有机液体电解质相比，全固态锂电池(All-Solid-State Lithium Battery, ASSLB)在安全性、能量密度、电池包装和可操作温度范围方面具有显著优势。然而，ASSLB 的电化学和运行机制与传统锂离子电池(Lithium-Ion Battery, LIB)有很大不同。为了提高 ASSLB 的性能并实现其实际应用，了解电极、固体电解质及其界面和相界面在 ASSLB 循环过程中的动态演变过程至关重要。此外，ASSLB 的失效机制尚不清楚，亟需进行深入探究。快速发展起来的原位 TEM 电学技术，为从根本上揭示高时空分辨率 ASSLB 运行过程中的结构动态演化过程提供了强有力的手段。

4.2.1　电化学离子迁移机理的原位研究

继法拉第提出电解第一定律，即在电极界面上发生化学变化物质的质量与通入的电量成正比，阿伦尼乌斯开创了电离理论(Arrhenius ionization theory)，即电解质在溶液中自动解离成正、负离子。自此，人们开启了认识、了解和应用离子输运材料之路。所谓离子输运材料，是指存在可自由移动的离子的材料，如电解质溶液、熔盐、固态电解质等。由于此类材料中存在可移动的离子而具有导电性，所以可以用来构建电解池、原电池、二次电池、燃料电池、忆阻器、场效应管等各类电化学和电子学器件。纳米材料是 ASSLB 中极有希望的电极材料，因为其较小的尺寸特征能够实现锂离子快速传输，提供高速性能。但是，纳米材料中离子和电子的传输机制尚不清晰，这成为制备性能优异电极材料所面临的关键科学问题。

由于锂离子的动态输运直接诱发锂电池电极材料中的结构和成分变化，进而决定锂电池的电化学性能，因此研究锂离子在电极材料中的输运动力学是锂电池研究的关键科学问题。全面解析这一科学问题依赖于开发和利用先进的原位电镜表征手段，从纳米至原子尺度上直接观测锂离子在电池工作状态下的动态输运过程。

2010年,美国桑迪亚国家实验室纳米科技中心黄建宇首次在透射电镜中创建了第一个处于工况的锂离子电池,实现了对单根 SnO_2 纳米线充放电过程的原位观察[4],如图4-2所示。两个金电极一端固定 SnO_2 纳米线,一端固定 $LiCoO_2$(LCO)。实验显示,在充电时,固态锂源反应前端的锂离子沿着 SnO_2 纳米线逐渐传播,导致纳米线膨胀、伸长并变成螺旋结构,形成包含有大量移动位错的"美杜莎区"(Medusa zone),这也是首次对单个 SnO_2 纳米线电极电化学锂化过程的原位观察。

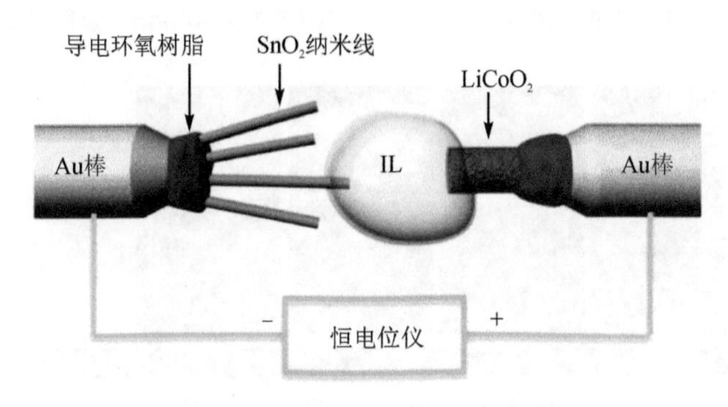

图4-2 透射电镜中构筑的首个锂离子电池结构[4]

具有高能量密度富含镍的层状氧化物被认为是ASSLB极具应用前景的阴极材料,以含镍的层状氧化物 $Li_xNi_{0.8}Co_{0.15}Al_{0.05}O_2$(NCA)为例[5],锂离子在NCA阴极中的扩散机制尤其是在高速反应中的传输机制仍不明晰。为此,Nomura等人在透射电镜中构建了原位固态电池:以涂有7 nm厚 $LiNbO_3$ 的NCA颗粒作为阴极,铟金属箔作为阳极,硫化物基玻璃陶瓷 $75Li_2S-25P_2S_5$(LPS)颗粒作为固体电解质,原位研究多晶颗粒阴极中锂离子传输机制[6]。在1.2 C充电过程中,成功地观察到单个NCA多晶颗粒中从LPS侧到Au侧的非平衡锂离子浓度梯度(见图4-3(a))。在初始时,锂离子的浓度是均匀的,但当电池电压达到3.7 V的截止电压时,LPS侧带电,而Au侧附近区域不带电,这可能是由于晶体取向失配导致纳米晶体之间锂离子转移的高电阻。随后在开路条件下进行观察(见图4-3(b)),区域A中的锂离子迅速向外扩散,仅7 min后,锂离子浓度与下部区域中的锂离子浓度相当。锂离子在区域B和C中的扩散速度要慢得多。即使在弛豫30 min后,区域B的锂离子仍显示出持续扩散,而区域C的锂离子浓度没有变化。弛豫15 h后,整个区域中的锂离子浓度与下部区域中的锂离子浓度相当。除此之外,晶粒中的裂纹导致锂离子无法传输从而产生了浓度差异。扩散速率的差异也表明,每个晶界都有不同的扩散系数,主要由相邻晶体取向的失配程度决定。图4-3(c)展示了恒压(3.7 V)充电后的锂离子浓度图,可以看出低速充电中,锂离子浓度在整个活性区都出现了降低。图4-3(d)展示了在1.2 C的高速放电过程中获得的一系列锂离子浓度图。NCA颗粒中的锂离子浓度显示出阶梯状特征,其中阶梯之间的边界与纳米晶体之间的晶

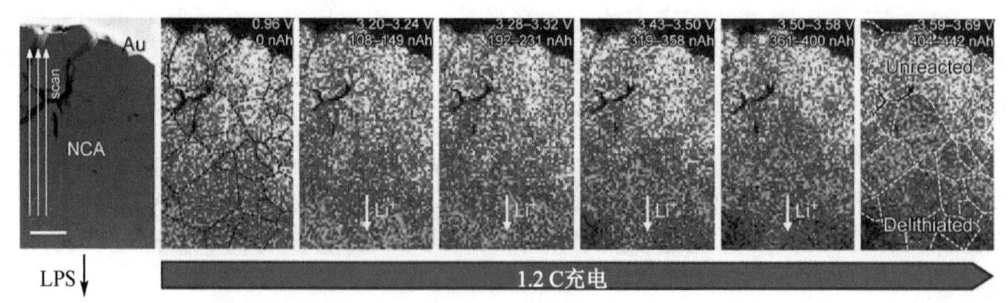

(a) 在1.2 C充电期间获得的ADF-STEM图像和一系列相应的NCA锂离子浓度图(比例尺：500 nm)

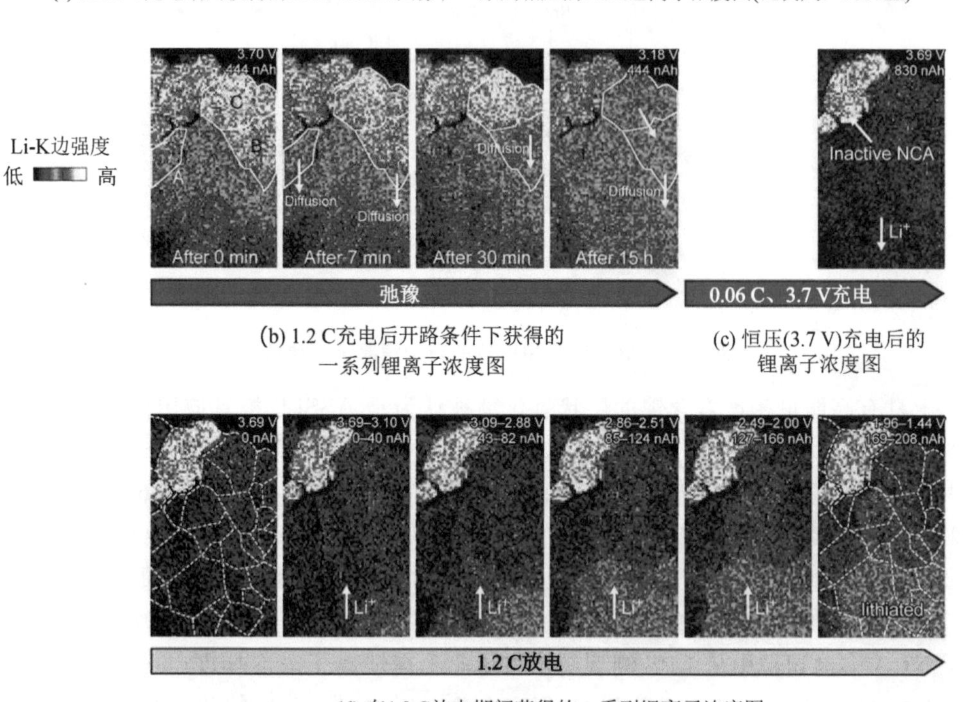

(b) 1.2 C充电后开路条件下获得的一系列锂离子浓度图

(c) 恒压(3.7 V)充电后的锂离子浓度图

(d) 在1.2 C放电期间获得的一系列锂离子浓度图

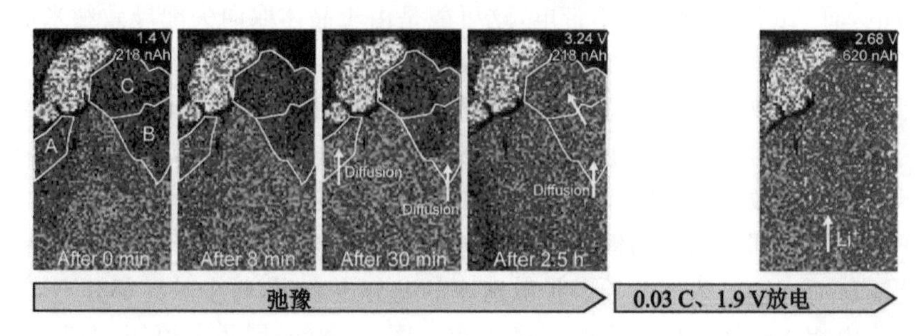

(e) 在1.2 C放电后开路条件下获得的一系列锂离子浓度图

(f) 恒压(1.9 V)放电后的锂离子浓度图

图 4-3　高速率反应下 NCA 中锂离子扩散的动态成像[6]

界相吻合。图 4 - 3(e)展示了 1.2 C 放电后开路条件下获得的一系列锂离子浓度图。尽管锂离子在纳米晶体之间的扩散速率不同,但锂离子在整个多晶颗粒上的浓度逐渐变得均匀。区域 A 的锂离子浓度在 30 min 后首次达到与 LPS 附近区域相同的水平,而区域 B 和 C 的锂离子浓度即使在弛豫 30 min 后也没有达到相同的水平。2.5 h 后,除非活性区域外,整个区域的锂离子浓度最终变得几乎均匀。随后,在恒压(1.9 V)下进行放电,如图 4 - 3(f)所示,锂离子浓度在 NCA 多晶颗粒的活性区升高,但由于不可逆容量造成完全放电状态(见图 4 - 3(f))与初始状态(见图 4 - 3(a)左二图)的锂离子浓度不同。通过原位观察可以看出,在充放电过程中,锂离子输运阻力较高的区域来自晶界处晶体取向失配区域,这是阻碍锂离子扩散和高速率性能的瓶颈。因此,通过优化界面结构和纳米晶取向,或使用大单晶,可以提高 NCA 中锂离子的传输速率。

锂离子电池电极材料本质上是锂离子和过渡金属氧化物构成的框架,它们在电化学循环过程中的原子和电子结构演变对电池的性能具有重要的影响。比如尖晶石型 $LiNi_{0.5}Mn_{1.5}O_4$(LNMO)具有很高的工作电位(4.7 V)和良好的循环性能[7]。为了探究结构演变机理,中国科学院物理所谷林等人组装了一个由 LNMO 阴极、$Li_{6.75}La_{2.84}Y_{0.16}Zr_{1.75}Ta_{0.25}O_{12}$(LLZO)固态电解质和金阳极组成的开放式电池,然后使用原位 TEM 技术研究了空间群为 P4332 的有序尖晶石 LNMO 阴极的脱锂过程,直接观察到动态脱锂过程和过渡金属离子的动态迁移过程[8]。脱锂过程的不均匀会导致过渡金属离子的局部迁移和反相边界的形成,同时位错的存在也促进了过渡金属离子的迁移。在〈112〉带轴下观测到脱锂过程分为三个不同的区域,包括过渡金属富集区、反相边界区和过渡金属迁移前端区。这归因于锂离子的不均匀传输和过渡金属离子迁移到 LNMO 阴极的 4a(Fd3m 空间群中的 16c,无序 LNMO 相)位置。沿〈112〉带轴观察到过渡金属离子迁移是不均匀的,而从〈111〉、〈110〉和〈100〉带轴下观察的 ABF - STEM 图可以看出有序结构向无序结构的转变,如图 4 - 4 所示。

在 Li/CF_x 和 Na/CF_x 电池中,由于 Li^+ 和 Na^+ 具有不同的半径和不同的质量,直接影响到电极中和各界面处的离子传输及相关电化学过程,因此需要对其进行进一步的探究。中国科学院物理所白雪冬等人在电镜中构造了 $Li/Li_2O/CF_x$(或 $Na/Na_2O/CF_x$)纳米半电池,如图 4 - 5(a)所示[9]。在电镜中通过控制由压电陶瓷驱动的 W 针尖(W tip),操控其上的 Li/Li_2O 接触 Au 丝(Au wire)上吸附的 CF_x 纳米片,以金属 Li 作为负极,CF_x 纳米片作为正极,Li_2O 层作为固体电解质实现 Li^+ 的传输(见图 4 - 5(b))。在室温下 Li_2O 的 Li^+ 电导率较低,为 $5\times10^{-16}\sim5\times10^{-14}$ S/m,且 Li^+ 在 Li_2O 中的输运过程中需要克服一定的势垒(对于晶态 Li_2O,迁移势垒约为 0.3 eV;对于非晶态 Li_2O,迁移势垒约为 0.6 eV[10]),该势垒可以通过在正负极之间施加偏压克服。结合图 4 - 5(c)和(d),锂化第一阶段持续时间约 106.8 s,而随后的第二阶段仅持续不到 1 s,故将 106.8 s 作为划分 CF_x 纳米片的高阻态和低阻态的时

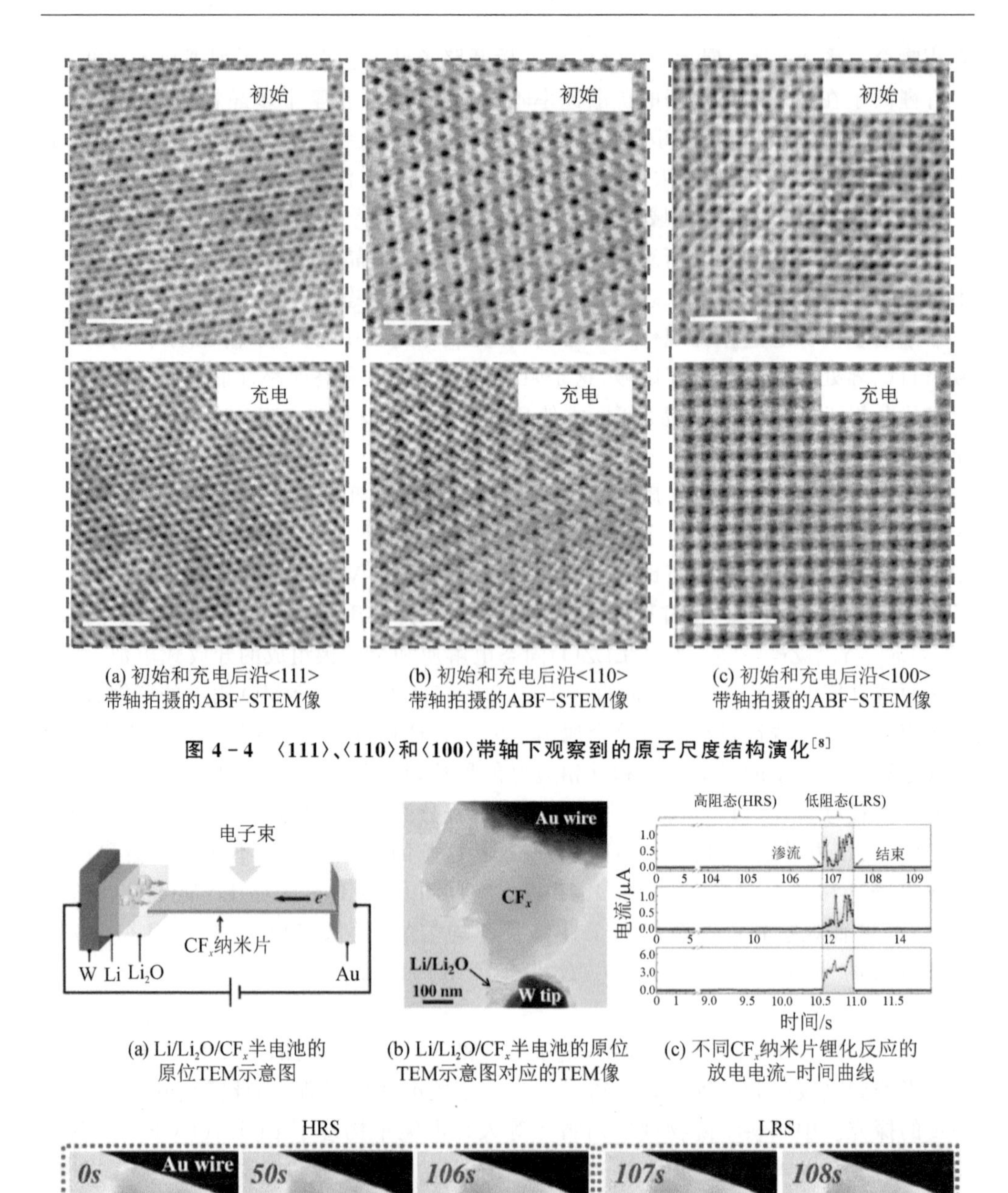

(a) 初始和充电后沿<111>带轴拍摄的ABF-STEM像　(b) 初始和充电后沿<110>带轴拍摄的ABF-STEM像　(c) 初始和充电后沿<100>带轴拍摄的ABF-STEM像

图 4-4　〈111〉、〈110〉和〈100〉带轴下观察到的原子尺度结构演化[8]

(a) $Li/Li_2O/CF_x$半电池的原位TEM示意图　(b) $Li/Li_2O/CF_x$半电池的原位TEM示意图对应的TEM像　(c) 不同CF_x纳米片锂化反应的放电电流-时间曲线

(d) CF_x纳米片锂化过程的原位TEM像

图 4-5　CF_x 的锂化及动态演化过程[9]

间节点。生成的 LiF 纳米颗粒非常小，导致锂化后新出现的 LiF 相和石墨化的碳在低倍 TEM 像中没有明显的衬度变化。

图 4-6 展示了两个阶段的锂化反应机理。由于原始 CF_x 纳米片是绝缘体(电阻约为 10^{11} Ω)，因此在其锂化反应初期，放电电流非常小，一般为几 nA 到十几 nA 的量级。考虑到法拉第电化学电路中电荷平衡要求，电子和离子的输运必须是耦合的，这意味着，在 CF_x 纳米片的锂化过程中，e^- 和 Li^+ 向 CF_x 中的迁移是对应的，因此一定数量的 Li^+ 嵌入到 CF_x 纳米片的层间将导致 CF_x 的局部脱氟反应，从而在纳米片内形成碳畴。

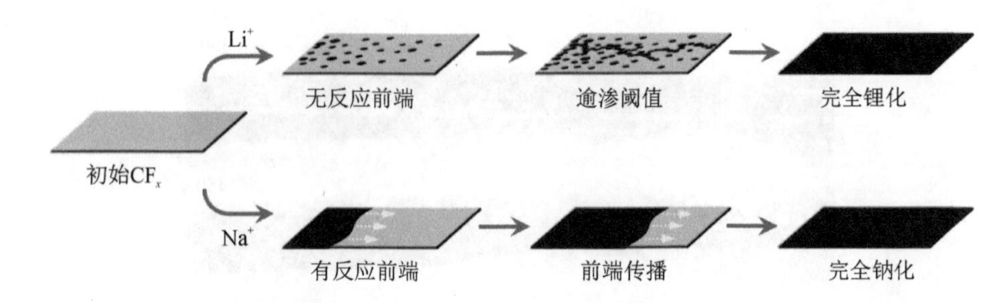

图 4-6　CF_x 纳米片的两阶段锂化反应机理示意图(灰色和黑色分别代表 CF_x 和石墨碳相)[9]

CF_x 的锂化过程表现出明显不同的两阶段反应机制，由于 CF_x 本身极差的电子导电性，导致第一阶段为持续时间较长的缓慢锂化阶段，对外输出的锂化放电电流仅为几 nA。此阶段的缓慢锂化会在 CF_x 中生成导电碳畴，导电碳畴的浓度随着反应时间的延长而逐渐增大，当达到逾渗阈值时，这些导电碳畴形成逾渗导电通道，极大地增强了 CF_x 的电子导电性，使之从高阻态转变为低阻态。故随后的第二阶段为持续时间极短的超快锂化阶段，此阶段对外输出的锂化放电电流迅速升至 μA 级，整个 CF_x 纳米片的锂化在极短的时间(一般为 1 s 左右)内完成。

硒(Se)与 S 位于同一主族，具有与 S 相似的化学性质，同时还具有更大的导电性和更高输出电压的优点，使其成为 ASSLB 中很有希望的阴极材料[11-13]。北京工业大学张跃飞等人以金属锂为阳极、以金属锂表面生长的 Li_2O 为固体电解质，利用原位 TEM 技术研究了硒纳米管中锂化反应的机理和动力学[14]。由于表面反应、反应区域的体积膨胀和电子束照射引起的应力/应变，反应区域和未反应区域之间发生对比度的变化。如图 4-7(a)所示，在 Se@carbon 纳米线和 Li 对电极之间施加 −3 V 的偏压时发生锂化，施加 +3V 的偏压时发生去锂化。图 4-7(b)展示了锂化过程，与硒纳米管中的 H 形反应前端不同[15]，均匀碳包覆硒纳米线(Se@carbon)作为阴极时会形成 V 形反应前端，这种独特的 V 形锂化前端图案可能源于 Se 中表面扩散速率大于体扩散(径向)速率。在锂化过程中，出现了随机的弯曲区域，如图 4-7(b)中标记的“1”“2”“3”，这在锂化前是没有的。张跃飞等人认为，这是锂离子在缺陷处逐渐累积造成的，最终形成了跳跃式屈曲现象。

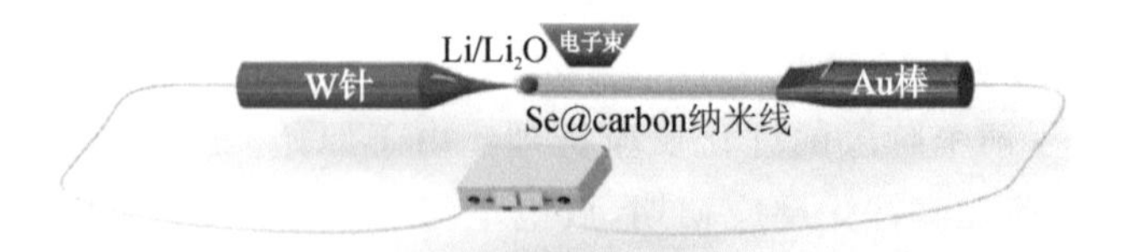

(a) Li-Se@carbon纳米电池的原位TEM实验装置示意图

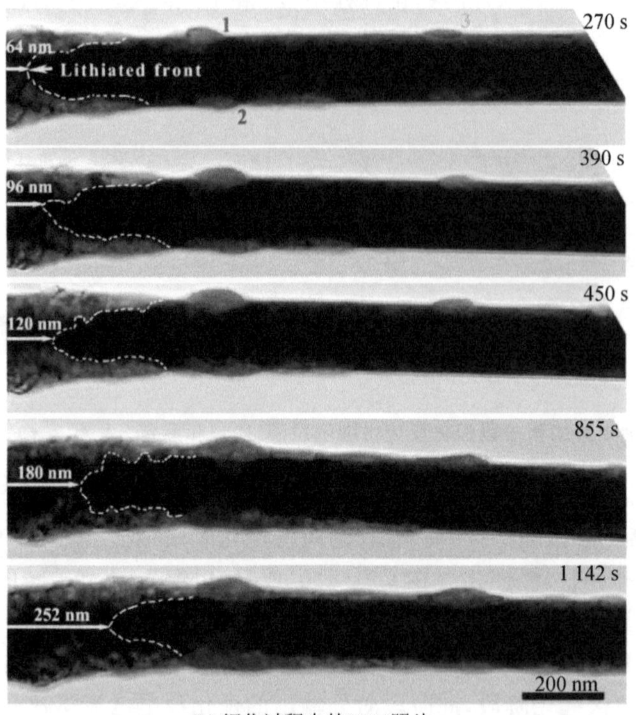

(b) 锂化过程中的TEM照片

图 4-7 原位透射电镜观察 Se@carbon 纳米线中的跳跃相变[14]

4.2.2 电化学相变机制的原位研究

$LiCoO_2$(LCO)阴极在传统液体电解质中工作时，会经历一系列从层状结构到尖晶石结构再到岩盐结构的相变[16-17]。但是在 ASSLB 中，LCO 与固体电解质接触时的相变机制尚不清晰。谷林等人构建了由 LCO 阴极、LLZO 固态电解质以及 Au 阳极组成的开放电池[18]。通过 FIB 制备技术在 TEM 用原位电学芯片上制作了可工作的 ASSLB，如图 4-8(a)所示。电池在不同电压下进行恒定充电，当电压达到 2.1 V 时，单晶 LCO 变成多晶 LCO，内部由尺寸为 5～15 nm 的晶粒、孪晶界和反相畴界组成(见图 4-8(d)～(h))。ABF 图像中锂层的对比度较原始 ABF 图像变弱，说明发生了脱锂，导致原始 LCO 阴极共格孪晶界由最初的 109.5°增加到 112°。除了锂离子的对比度变弱之外，氧离子的对比度也变弱了，谷林等人认为，这是由脱锂过程中中间相的形成和正极在高压下氧离子的迁移造成的。在全固态电池中，电极和电解质之间的接触通常是物理接触，甚至仅仅是点接触，这导致锂离子的传输只能发生在接触点/区域，造成 LCO 阴极由单晶向多晶的转变，这与传统锂电池的液体电解质中的相变不同，原位纳米电池中观察到的纳米化可能是由施加的高电压(5 V)和极短的充电时间(7 s)引起的。

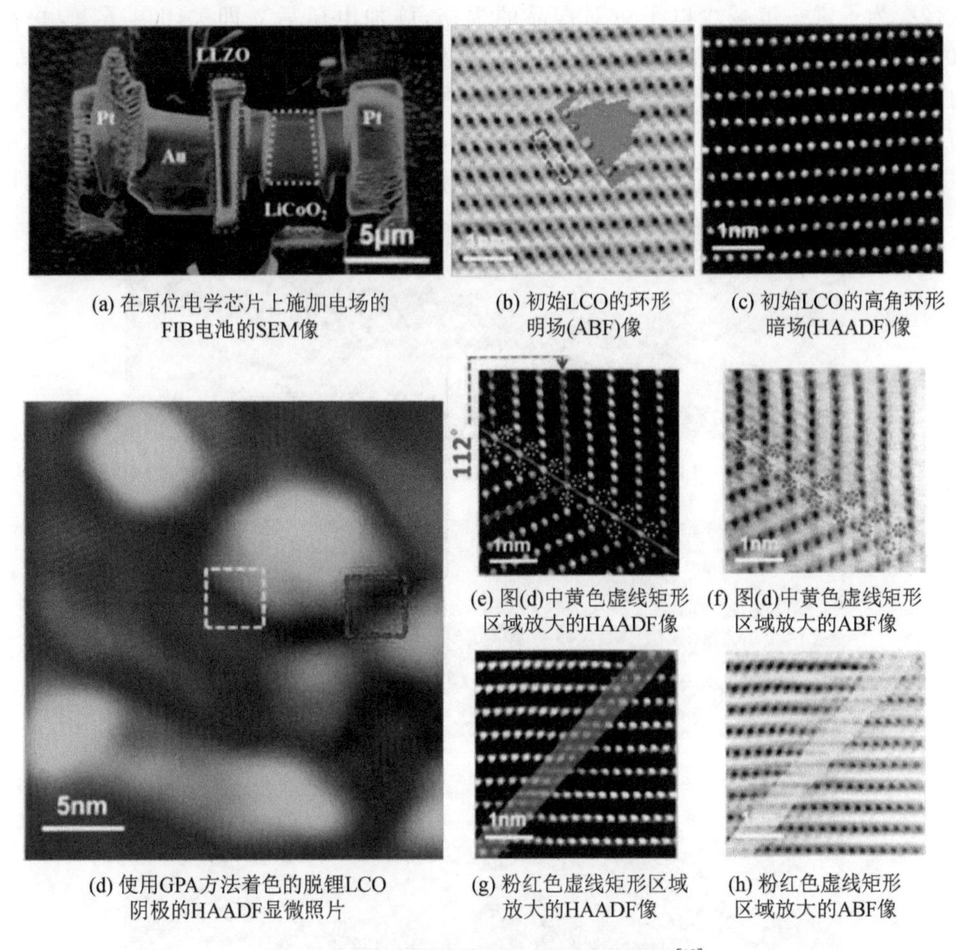

(a) 在原位电学芯片上施加电场的FIB电池的SEM像　(b) 初始LCO的环形明场(ABF)像　(c) 初始LCO的高角环形暗场(HAADF)像

(d) 使用GPA方法着色的脱锂LCO阴极的HAADF显微照片　(e) 图(d)中黄色虚线矩形区域放大的HAADF像　(f) 图(d)中黄色虚线矩形区域放大的ABF像　(g) 粉红色虚线矩形区域放大的HAADF像　(h) 粉红色虚线矩形区域放大的ABF像

图 4-8　电化学脱锂诱导 LCO 结构演变[18]

在传统的阴极材料中，橄榄石型 $LiFePO_4$(LFP)因其优异的循环速率性能、环境惰性和低成本而成为极具竞争力的阴极材料[19]。循环过程中会发生两相反应：

$$LiFePO_4 - xLi^+ - xe^- \longrightarrow xFePO_4 + (1-x)LiFePO_4 \text{(充电)} \quad (4-1)$$

$$FePO_4 + xLi^+ + xe^- \longrightarrow xLiFePO_4 + (1-x)FePO_4 \text{(放电)} \quad (4-2)$$

Islam 等人通过理论模拟对橄榄石型 $LiFePO_4$ 电池材料进行研究发现，LFP 中的锂化/去锂化是高度各向异性的，锂离子扩散主要局限于沿 b 轴的通道(空间群 Pnma)[20]。然而，LFP 和 $FePO_4$(FP)之间的实际锂化/去锂化动力学是复杂的，并且强烈依赖于具体的反应条件(例如粒度和形态等)。为了阐明相变机制,黄建宇团队使用由 FP 阴极、自然生长的 Li_2O 固体电解质和 Li 金属阳极组成的开放式电池,对微米尺寸 FP 晶体的锂化过程进行了详细的原位 TEM 研究[21]。如图 4-9(a)所示,对 FP 晶体施加 2 V 的正电压以驱动锂离子嵌入晶体,同时为了增加导电性并减少电子束对 FP 的损伤,在 FP 晶体表面涂覆了 10 nm 非晶碳,并使用弱电子束进行成像。为了进一步减少电子束对样品的损伤,施加电压后立即关闭电子束,并在 10 min 后重新打开以拍摄高分辨电子显微图像。研究发现,在非晶碳涂层下方,由于锂的嵌入,FP 表面已经形成一层薄薄的 LFP,并且在 FP 和 LFP 之间形成了清晰的相界(由图 4-9(a)中的红色箭头指出)。176 s 后,形成了较厚的 LFP 层(由图 4-9(b)中的红色箭头所示),随着更多锂离子嵌入 $FePO_4$ 中,相界从表面向内

(a) 锂化过程中FP和LFP之间的相界沿[010]方向迁移,重新打开电子束后0 s时TEM照片

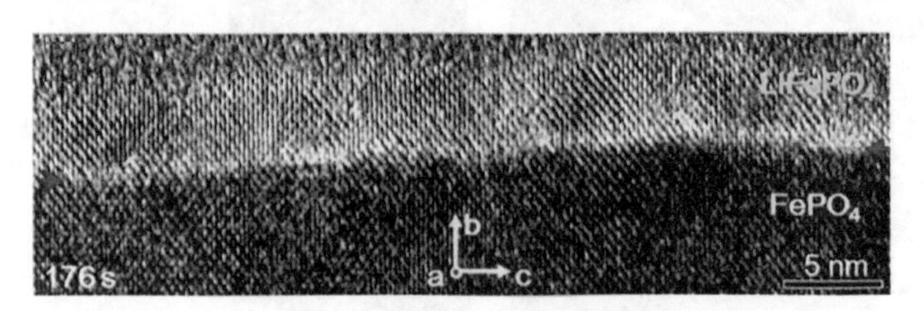

(b) 施加电压176 s后的TEM照片

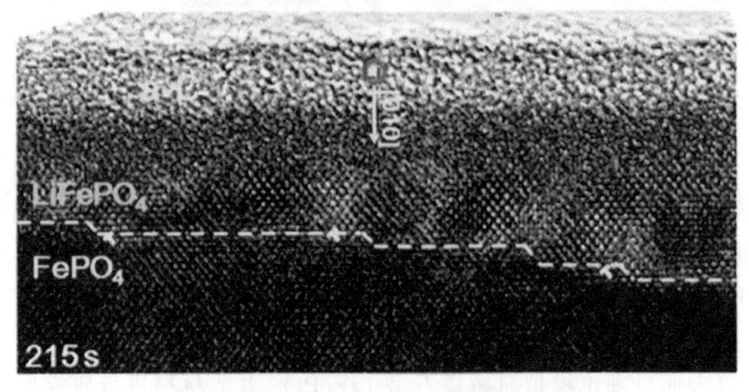

(c) 施加电压215 s后的TEM照片

图 4-9　FP 和 LFP 的相界迁移过程[21]

部迁移。215 s 后，FP 和 LFP 之间形成了一个尖锐的阶梯状相界，见图 4－9(c)。相界平行于(010)平面，并沿[010]方向移动，这也是锂离子扩散的方向，可能是由粒子右侧高的锂离子浓度引起的。同时，在相界的 FP 侧观察到周期性的失配位错。相界附近 FP 和 LFP 相的晶格常数接近其各自无应力时的晶格常数值，表明失配位错的形成使弹性应变能降低，这些原位 TEM 观察提供了微米尺寸 FP/LFP 系统中尖锐相界迁移的直接证据。

全固态 Li－S 电池的研发处于起步发展阶段，缺乏内在机理研究，因此，利用原位 TEM 技术进行研究具有重要意义。对于 Li－S 电池而言，其面临的主要问题是，中间反应产物(Li_2S_x，$3 \leqslant x \leqslant 8$)溶解到液体电解质中后会发生约 80％的体积膨胀，此外，S 和 Li_2S 的固有导电率也偏低[22]。巨大的体积变化会导致电极材料的粉碎和机械失效，这个问题在电解液稀薄的电池中更为严重。研究人员通过对碳电极进行修饰，形成均匀的 S/Li_2S 沉积可有效缓解上述问题[23]。例如，Cheng 等人开发了一种基于ϵ-己内酰胺/乙酰胺的共熔溶剂电解质，可以溶解所有的锂多硫化物和硫化锂(Li_2S_8－Li_2S)，实现高比容量(1 360 mA・h/g)和高的循环稳定性[24]。对于同主族的 Se 而言，Se@carbon 纳米线作为阴极的锂电池展现出了 V 形的 Li 离子扩散过程[14]。随着锂化过程的进行，发现 Se 纳米线的衬度变弱(见图 4－10(a)～(c))，该结果表明 Se 转化为锂硒(Li_xSe)。完全锂化后，可以清楚地观察到直径增加到 249.5 nm，体积膨胀为 186％，导致碳涂层开裂，在弯曲区域则更加明显。从图 4－10(d)～(f)

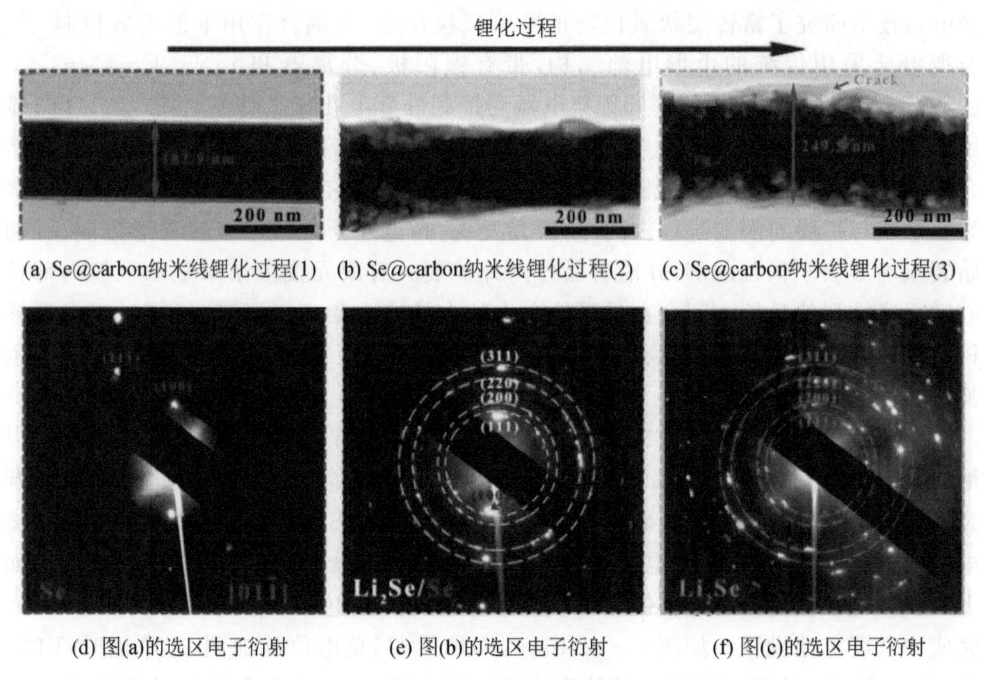

(a) Se@carbon纳米线锂化过程(1)　(b) Se@carbon纳米线锂化过程(2)　(c) Se@carbon纳米线锂化过程(3)

(d) 图(a)的选区电子衍射　(e) 图(b)的选区电子衍射　(f) 图(c)的选区电子衍射

图 4－10　Se@carbon 纳米线锂化过程的原位研究[14]

(g) 图(a)相应的原子模型 (h) 图(b)相应的原子模型 (i) 图(c)相应的原子模型

图 4-10 Se@carbon 纳米线锂化过程的原位研究[14](续)

可以看出,并没有出现中间相,而是直接出现了立方相的多晶 Li_2Se。相应的原子模型(见图 4-10(g)~(i))揭示了锂合金化过程和跳跃相变区域中多晶 Li_2Se 晶粒的形成过程。因此,进一步探究电池材料,并提高其安全可靠性及稳定性是十分必要的。

4.2.3 电池失效机理的原位研究

尽管原位透射电镜表征手段已被广泛用于研究电池纳米电极材料中的电化学和力学之间的耦合关联问题,但受限于样品尺寸,该方法研究的电极材料普遍在百纳米厚度范围内,具有一定的局限性。而原位扫描电镜具有更大的样品空间以及低损伤等优势,可应用于较大尺寸工况电池的实际研究,从微纳米尺度对块体电极在循环过程中的形貌和结构演变进行原位观察。如图 4-11(a)所示,张跃飞等人利用原位扫描电镜技术研究了富镍层状氧化物正极单颗粒在电-力耦合作用下的失效机制[25]。宏观电池采用传统的币形电池结构,带有锂阳极、分离器和 $LiNi_{0.8}Co_{0.1}Mn_{0.1}O_2$(NMC-811)阴极,两侧的铜和铝集电器连接到外部电化学工作站。图 4-11(b)显示了 NMC-811 电池在 4.1 V 和 4.7 V 充电截止电压下的电化学充放电曲线。结合图 4-11(c)~(h),实时观察到富镍正极 NMC-811 在充放电循环过程中内部微裂纹形成与扩展的演变过程。同时,研究发现,高电压下充放电更容易形成裂纹,初始裂纹均形核于颗粒内部,并沿着晶界向外扩展。有限元模拟结果显示颗粒内部核心区无序排列的晶粒之间会在晶界处产生较大的应力集中,导致脱嵌锂过程中诱导核心区域率先开裂,并在后续循环过程中扩散到整个颗粒,阐明了"生长—暂停—生长"的裂纹生长机制。

黄建宇等人在 FIB-SEM 系统中设计了一种新型的中尺度电化学装置,能够以纳米分辨率实时观察 $Li_{6.4}La_3Zr_{1.4}Ta_{0.6}O_{12}$(LLZTO)固态电解质中锂的沉积和开裂[26]。如图 4-12(a)所示,将 LLZTO 圆盘放置在由 SEM 样品短柱支撑的锂金属电极上,该电极连接至外部电源的一个端子上,然后用电子束在 LLZTO 圆盘的顶面上沉积铂电极垫,使 W 针尖接触 Pt 电极,并连接到恒电位仪的另一个端子上,从而完成中尺度电池设置。如图 4-12(b)~(d)所示,当负电位施加到 Pt 电极时,LLZTO 圆盘的顶面出现了具有闭环轮廓的细线裂纹,随着时间的推移,锂金属沿着裂纹线出现并被挤压,裂纹线变宽。可以看出,裂纹主要是穿晶(通过晶粒)而不是晶间

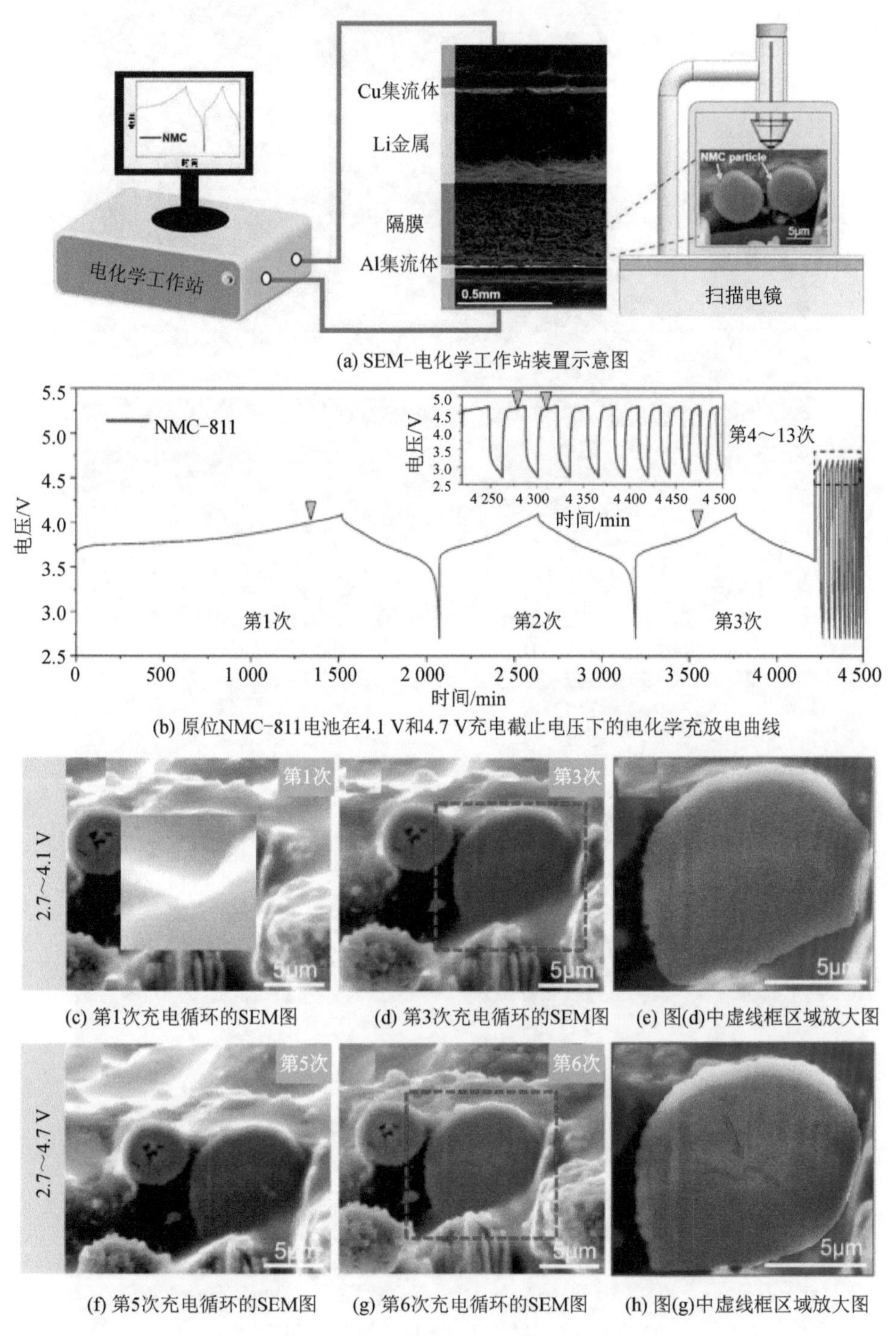

(a) SEM-电化学工作站装置示意图

(b) 原位NMC-811电池在4.1 V和4.7 V充电截止电压下的电化学充放电曲线

(c) 第1次充电循环的SEM图 (d) 第3次充电循环的SEM图 (e) 图(d)中虚线框区域放大图

(f) 第5次充电循环的SEM图 (g) 第6次充电循环的SEM图 (h) 图(g)中虚线框区域放大图

图 4-11 富镍层状氧化物正极单颗粒电-力耦合作用失效机制的原位研究[25]

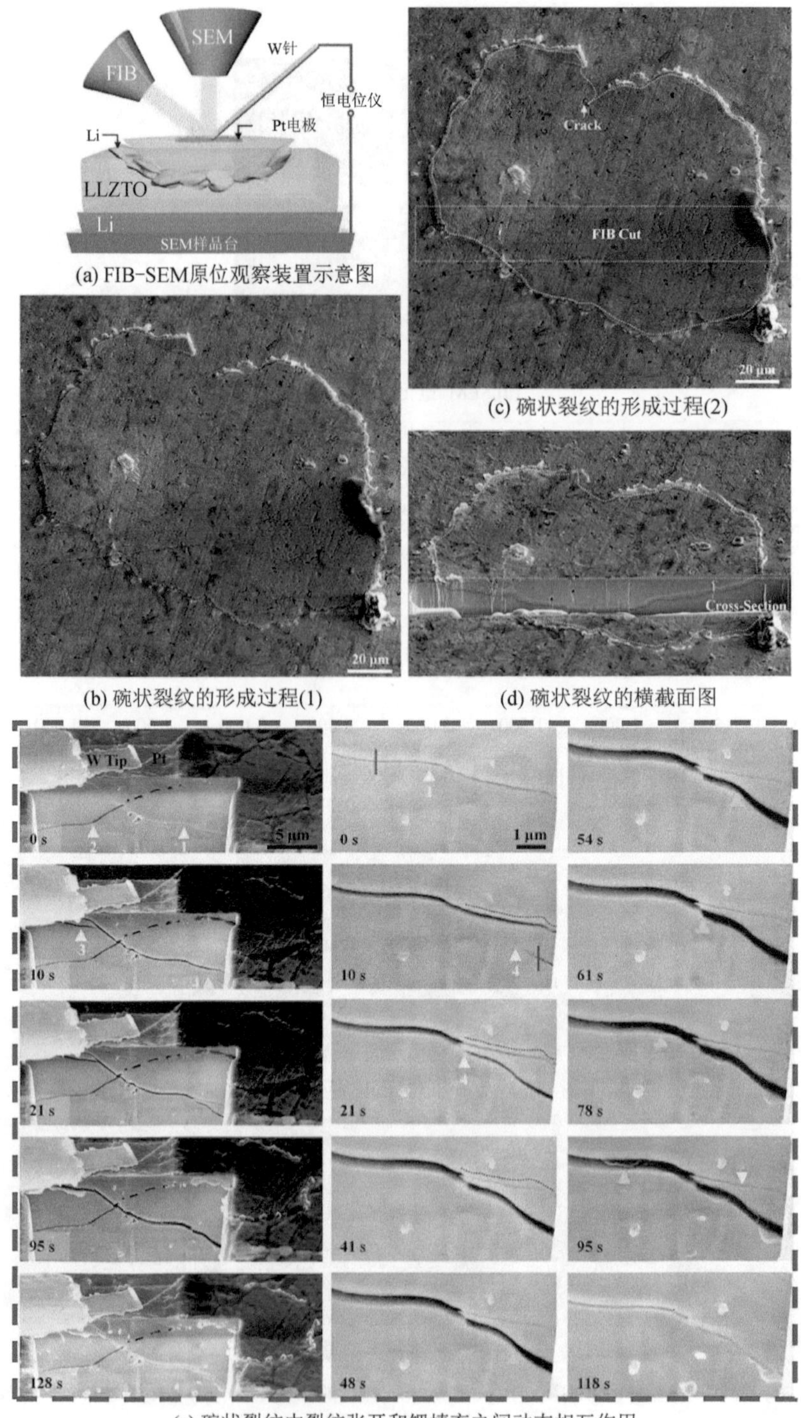

(a) FIB-SEM原位观察装置示意图

(b) 碗状裂纹的形成过程(1)

(c) 碗状裂纹的形成过程(2)

(d) 碗状裂纹的横截面图

(e) 碗状裂纹中裂纹张开和锂填充之间动态相互作用

图 4-12　锂沉积和开裂的原位 TEM 研究[26]

(沿晶界)扩展,在 Pt 电极下方形成了一个碗状裂纹,碗状裂纹由 LLZTO 内部生长到顶面。图 4-12(e)展示了锂填充裂缝的过程。裂纹侧面之间的填充锂可以流动,产生足够高的内部压力,导致裂纹的形成、扩大和闭合。实验发现,锂沉积诱导的压力是裂纹萌生和扩展的主要驱动力。

在透射电镜中对电池体系进行原位充放电观察,可以充分地了解锂离子传输机制及其动力学过程,以及其他离子如氧、过渡金属等的迁移机制,同时可以研究在锂化/去锂化过程中电池材料的相变问题及中间相的形成过程。在扫描电镜中搭建原位电学装置可以研究较大尺寸电池的失效机制,在一定程度上弥补了透射电镜对样品尺寸限制的缺陷。电镜中对电池体系的原位观察以及机理分析为设计具有稳定结构的电池材料提供了理论指导。

4.3　原位电学技术在存储材料中的应用

阻变存储器(Resistive Random Access Memory,RRAM)是下一代非挥发性存储器一个重要的研究方向。这类存储器具有操作电压低、功耗低、写入速度快、耐擦写、非破坏性读取、保存时间长、结构简单、与传统 CMOS 工艺兼容等优点。但目前对阻变存储器的电阻转变机理的认识还存在很大的分歧,这直接制约了它的研发与应用推广。电阻的转变往往涉及材料相变、离子输运、氧化还原反应等微观过程,而采用原位电子显微镜技术动态研究存储过程是解决这些问题的一种最直接的实验手段。

在简单的金属/金属氧化物/金属三明治结构中,研究发现施加电压能够改变器件的电阻,而且这种改变是持久的且可逆的。通过改变电压的极性或大小,器件可以在两个阻态或多个阻态之间切换,这就是巨电致电阻效应(Colossal Electro Resistance (CER) Effect)。到目前为止,发现具有巨电致电阻效应的材料体系基本上都是金属氧化物和离子型导体,因此,巨电致电阻效应很可能与氧离子或其他离子电迁移过程有关。

以 Ag_2S 纳米离子导体的巨电致电阻效应为例[27],在透射电镜中搭载原位电学装置,将 Ag_2S 纳米晶黏附在 Ag 丝上,Ag 和 W 针尖作为电极。实验发现,Ag_2S 纳米晶在电场作用下发生绝缘的硫银矿相和导电的辉银矿相之间的结构转变,而且电极界面处发生银的电氧化和还原过程,生成的银离子在电场作用下可以在 Ag_2S 中迁移。在正、反向偏压下分别在 W 电极界面处发生银析出和回缩现象。在正向偏压下辉银矿硫化银相和银颗粒形成导电通道,导致电路呈现“关”到“开”态的转变(见图 4-13(a));在反向偏压下,银颗粒回缩返回到电极上,断开了电流通道,导致电路呈现“开”到“关”态的转变(见图 4-13(b))。

钙钛矿型过渡族金属氧化物(其通式为 ABO_3)基阻变存储器件主要是通过电场诱导金属氧化物薄膜中的氧离子产生迁移,在薄膜内部形成局域的导电通道,薄膜电

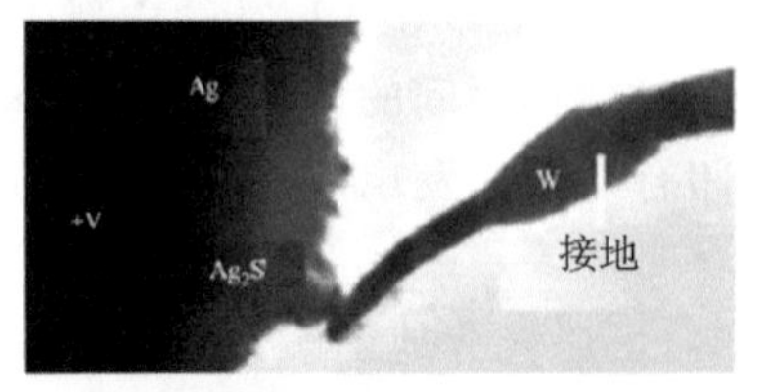

(a) 正向偏压下，辉银矿硫化银相和银颗粒形成导电通道

(b) 反向偏压下，银颗粒回缩返回到电极上，断开电流通道

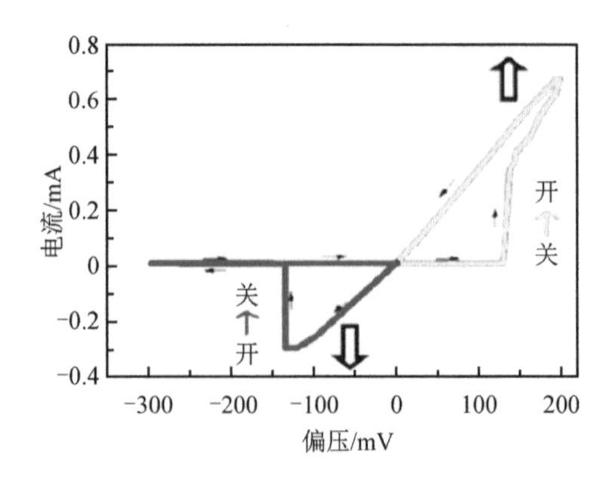

(c) 施加的电流-偏压图

图 4-13　Ag_2S 纳米离子导体电阻开关过程的原位 TEM 观察[27]

阻在高阻态和低阻态之间产生可逆的变化，从而实现信息的存储[28]。ABO_3 型金属氧化物中的过渡族金属离子往往具有混合价态，能够通过氧空位的形成和修复实现氧化还原反应，在环境和可再生能源领域有着重要的应用[29-30]。因此，通过透射电镜原位技术，实时观测阻变存储器件形成导电通道的具体过程，可以为理解和揭示阻变器件的微观机制和物理图像提供重要的实验依据。

ABO_3 型金属氧化物因其金属离子和氧离子之间具有较强的键合作用以及局域过渡族金属价电子的强关联相互作用，故具有奇特的物理性质，例如铁磁、铁电、超导等[31-34]。如图 4-14 所示，Yao 等人将生长在 0.7wt%Nb:$SrTiO_3$(NSTO)导电衬底上的 $La_{2/3}Sr_{1/3}MnO_3$(LSMO)装配到探针式原位样品杆中，在探针与导电 Nb-$SrTiO_3$ 之间施加三角脉冲电压[35]，实时动态观察了三种阻态之间可逆转化时所对应的三种结构及相变过程。

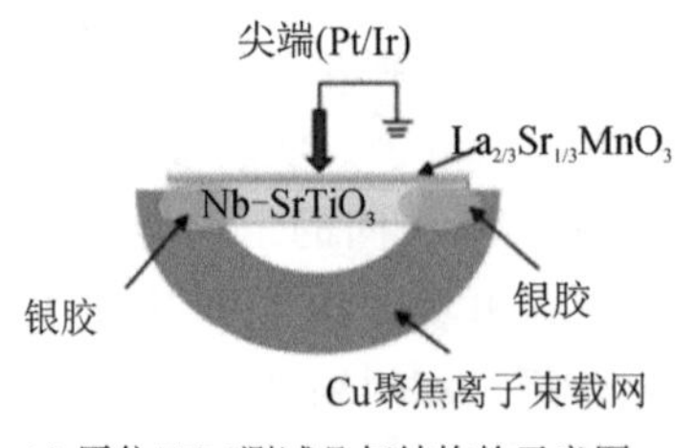

(a) 原位TEM测试几何结构的示意图

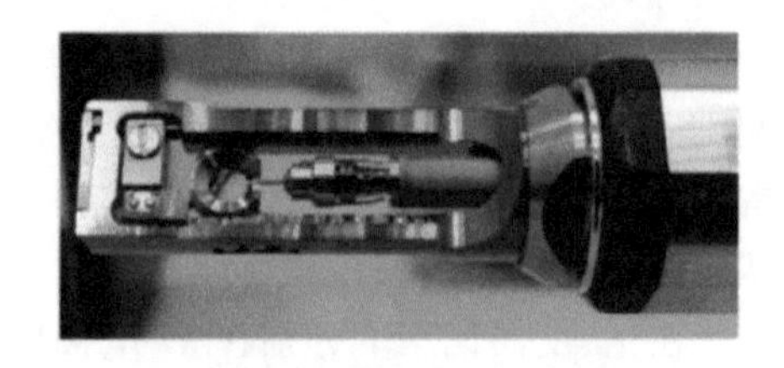

(b) 原位TEM样品杆尖端照片

图 4-14　探针式原位样品杆工作原理[35]

如图 4-15 所示，随着电压的增大并达到一定的阈值后，LSMO 中的氧离子会在电场的作用下实现迁移，由原来的半金属的钙钛矿结构转变成高度缺氧的钙铁石结

构($La_{2/3}Sr_{1/3}MnO_{2.5}$),此时 LMSO 由低阻态转变为高阻态,从而实现信息的第一级存储;随着电压的进一步增加,LSMO 中的氧空位进一步运动,导致钙铁石结构的 $La_{2/3}Sr_{1/3}MnO_{2.5}$ 中的有序氧空位变为无序,形成无序氧空位的钙钛矿相,整体晶格膨胀,此时 LSMO 由高阻态转变为中间阻态,实现信息的第二级存储。

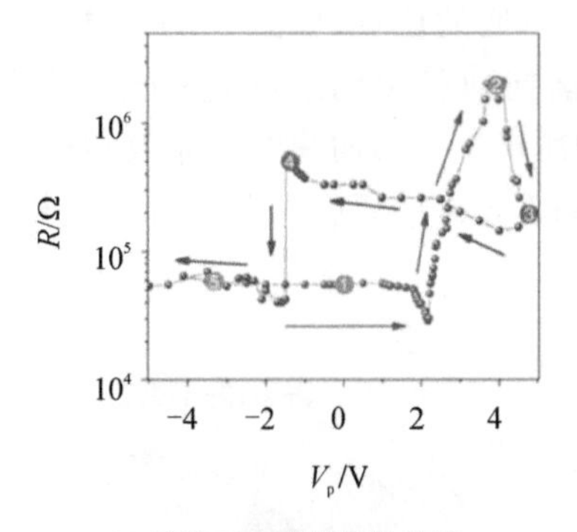

(a) 原位TEM电阻转换曲线

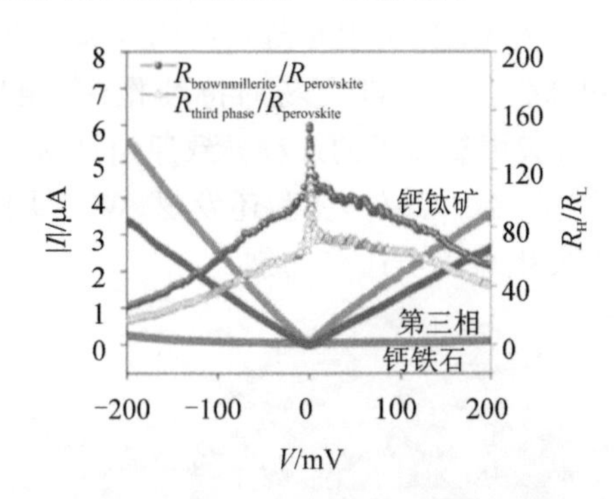

(b) 在低阻态(橙色)、高阻态(绿色)和中间组态(粉色)所测试的I–V曲线,蓝色是两个电感应结构相相对于生长的LSMO的电阻比

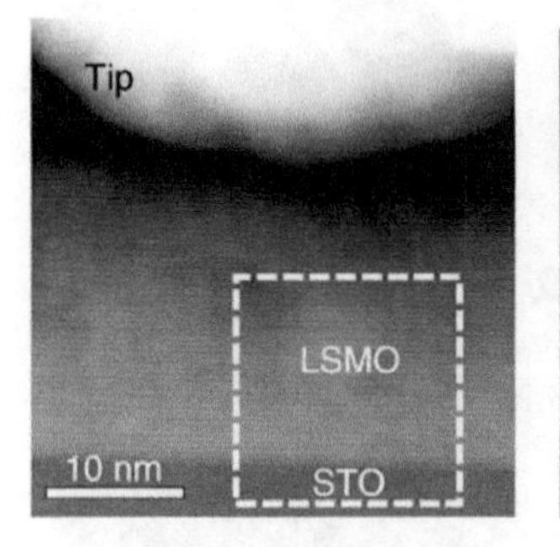

(c) 探针与LSMO薄膜之间接触的横截面的STEM照片

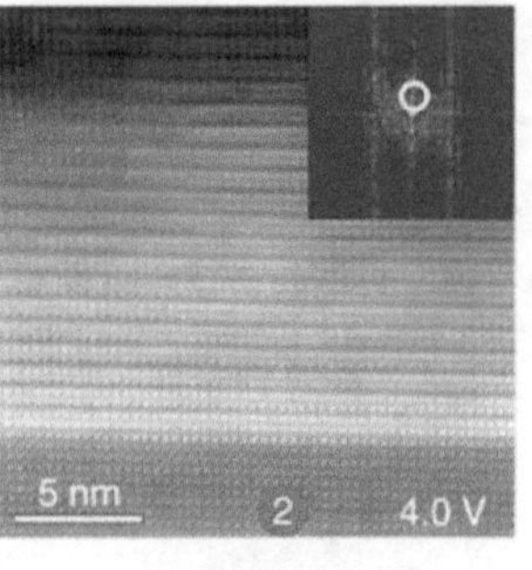

(d) 图(a)中状态2的HAADF照片

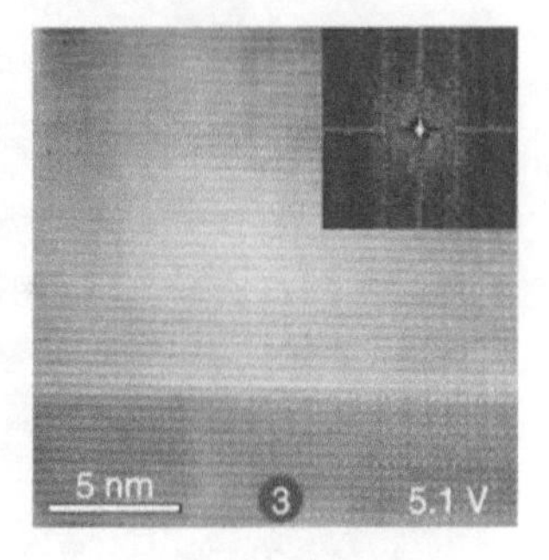

(e) 图(a)中状态3的HAADF照片

图 4-15　电脉冲增加导致电阻态切换的原位 TEM 研究[35]

钛矿氧化物的性质会受到氧空位的含量和分布的影响,尤其是非化学计量的钙钛矿氧化物,可以调控氧空位进而影响邻近过渡金属的配位环境和电荷,从而改善其性质。$LaCoO_3$ 中不同的氧空位分布使其具有丰富的结构、对称性和磁性。探索 $LaCoO_3$ 在这些不同结构之间的晶格自由度,调控 $LaCoO_3$ 中氧的化学计量,进而改变氧化态、摩尔体积以及晶胞参数等,可以实现对其物理和电化学性质的人为调控,为氧化物材料开发新功能提供重要的手段和途径。许多研究结果显示,氧化物在室温和强电场作用下氧空位会发生可逆的形成和修复。如图 4-16 所示,Zhu 等人在透射电镜中搭建了一种原位电学装置,以 W 针尖为正极,NSTO 衬底为负极,并在衬底上生长 $LaCoO_3$ 薄膜。在电场及应力场耦合条件下原位观察氧离子的迁移问题[36]。研究人员通过给 $LaCoO_3$ 施加+2 V 的电压,调节 W 针尖与 NSTO 衬底的

相对位置施加应变场，在电、力耦合场下，原位观察钙钛矿结构 $LaCoO_3$ 向钙铁石结构$LaCoO_{2.5}$ 转变的动态演化过程。如图 4－17 所示，在施加电场的同时，将 W 针尖与施加力场 NSTO 衬底的距离由 21.1 nm 减小至 17.9 nm。结果显示：$LaCoO_3$ 薄膜中的氧离子逐渐从两侧脱出迁移，导致横向生长的钙铁石结构 $LaCoO_{2.5}$ 相（H－BM 相）最先出现在薄膜两侧且靠近 NSTO 衬底的位置，如图 4－17 中黄色虚线标记部分。随着耦合场的持续作用，相界逐渐向薄膜中间迁移，整个过程耗时 43 s。薄膜中氧离子的迁移导致原始钙钛矿相和所产生的横向超结构条纹相中氧离子浓度不一致。此外，实验还发现，W 针尖附近的 $LaCoO_3$ 薄膜处并没有发生相变，即没有发生氧离子迁移现象。

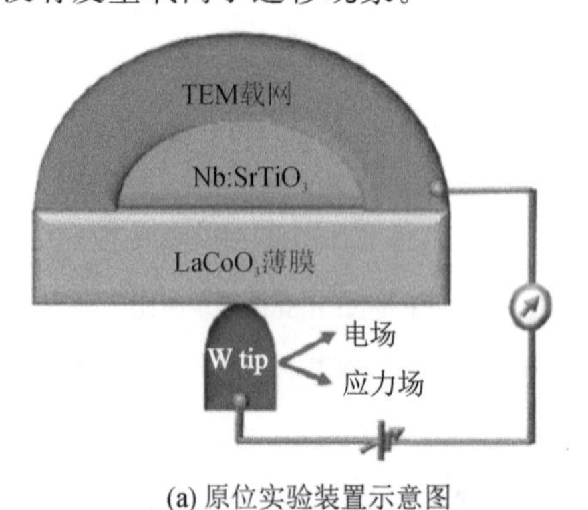

(a) 原位实验装置示意图

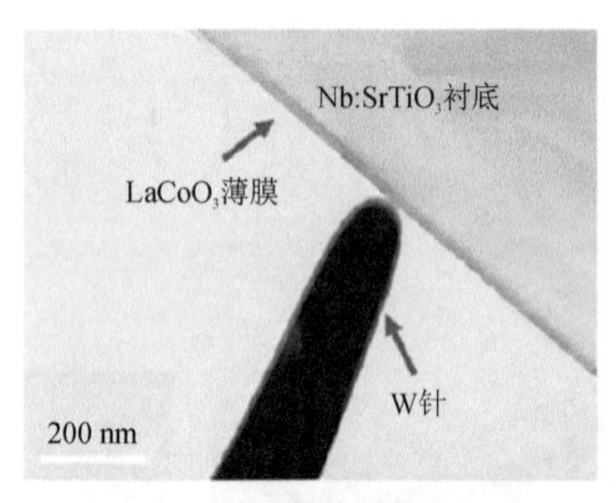

(b) 三明治结构的低倍透射电镜照片

图 4－16　力电耦合原位电学装置[36]

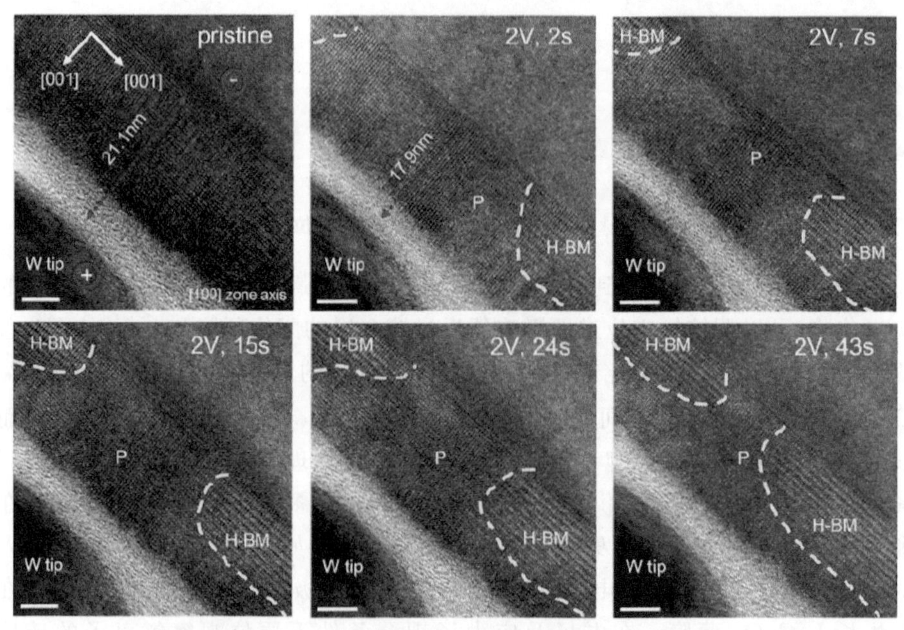

图 4－17　电、力耦合场作用下 $LaCoO_3$ 薄膜在[100]带轴下氧离子迁移动态过程的高分辨图像（比例尺：5 nm）

研究人员进一步调控耦合场，施加电场以及更小的应力场，再次进行原位观察，发现了如图 4-18 所示的不同的氧离子迁移现象。针尖正前方靠近衬底的区域首先出现了三倍周期结构的纵向超结构条纹。随着时间的推移，纵向超结构条纹在 NSTO 衬底附近逐渐变宽和长大，整个过程耗时约 80 s。施加更小的力场观察到了在针尖正前方且靠近衬底区域的位置优先产生纵向超结构的现象，针尖正前方靠近针尖侧薄膜仍然保持其原始的钙钛矿结构。由此，研究人员猜测应力场对氧离子的电迁移有较强的抑制作用。

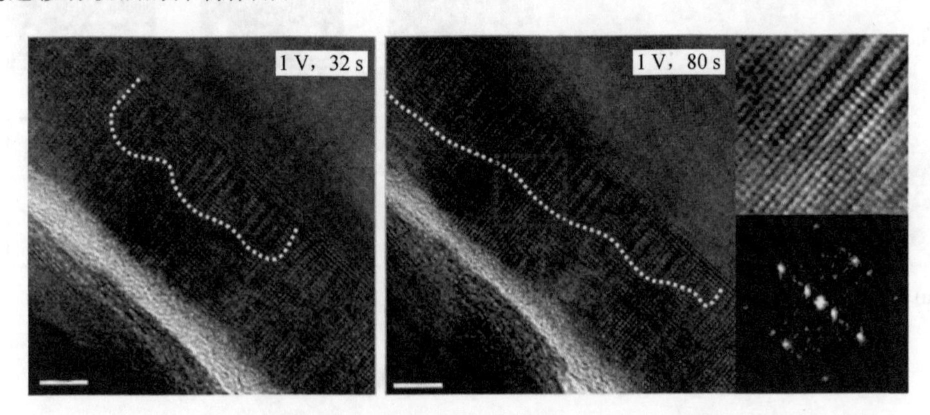

图 4-18　电场及小应力条件下 $LaCoO_3$ 薄膜在[100]带轴下氧空位电迁移的动态过程的高分辨图像(比例尺:5 nm)[36]

相变存储器(Phase-Change Heterostructure，PCH)具有速度快、寿命长等一系列优点。传统的相变存储器在相变过程中会产生蘑菇状的相变层，导致沿电流方向的元素迁移，使器件在多次循环之后失效。浙江大学田鹤等人利用原位电子显微学方法，结合理论计算，揭示了 $Sb_2Te_3/TiTe_2$ 相变异质结构在电脉冲驱动下的有序-无序相变微观过程[37]。图 4-19(a)展示的是相变材料(Phase Change Material，PCM)电脉冲驱动相变的原位 TEM 观察示意图。二维 PCH 样品具有层状形态，从图 4-19(b)中可以看出 $Sb_2Te_3/TiTe_2$ 的堆叠结构，通过弱耦合，即部分耦合和非纯范德华键将异质构件在 PCH 中构筑在一起。当晶体样品受到 RESET(3.5 V，30 ns)脉冲时，沿 C 轴的六方相 Sb_2Te_3 子层大部分发生非晶化，仅有一些局部区域保留了剩余的有序结构；然后施加 SET(2.0 V，300 ns)脉冲，可以再次使非晶化的 Sb_2Te_3 子层重新结晶，通过对比再次结晶后的选区电子衍射图与非晶化之前的选区电子衍射图，可以看出状态基本恢复。图 4-19(c)显示了 PCH 体系机构中的二维结晶过程。与三维块体 Sb_2Te_3 相比，二维 Sb_2Te_3 子层中的结构转变路径和动力学发生了较大的变化，导致非晶态弛豫明显受到抑制，结晶随机性大大降低，这对于快速准确的器件操作都是非常有帮助的。

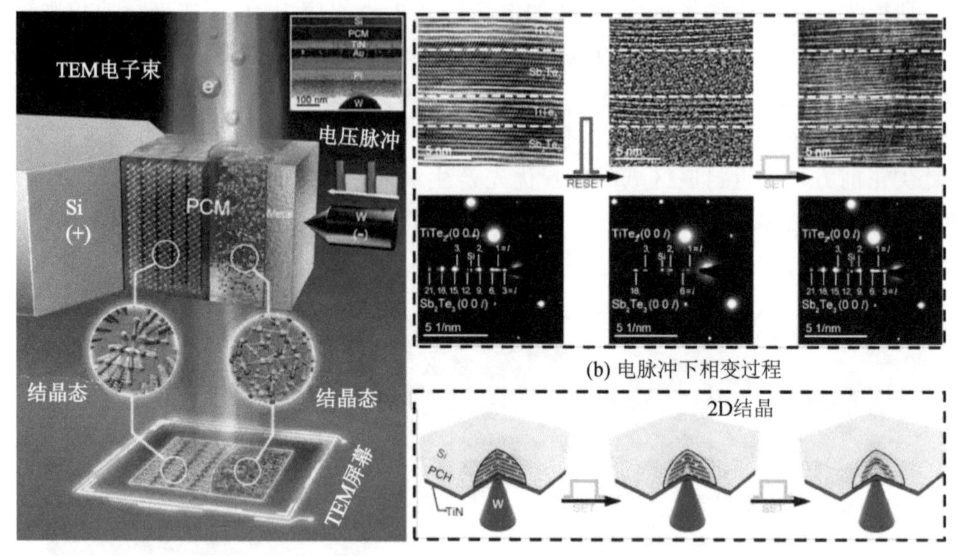

(a) 电脉冲驱动相变的原位TEM观察示意图

(b) 电脉冲下相变过程

(c) 二维结晶过程(红色、黄色区域分别表示无定形结构和六方相)

图 4-19　PCH 二维结晶的原位研究[37]

4.4　原位电学技术在铁电材料中的应用

铁电材料是一类具有非中心对称结构的材料，其晶体结构中存在正负电荷中心的偏移，从而导致材料具有自发的电极化性质。这种电极化可以在外加电场的作用下发生方向的转变，即材料具有可逆的极化特性。这种特性使得铁电材料在电子器件、传感器、存储器件等领域具有重要的应用价值。铁电材料一般具有双极性、介电性、压电性、热释电性等性质，如锆钛酸铅($Pb(Zr_{1-x}Ti_x)O_3$，PZT)铁电陶瓷等，被广泛应用于传感器、驱动器、滤波器和存储设备中。这些材料主要承受电载荷，但是在重复电场长时间驱动后，也会发生以稳定宏观裂纹扩展和微裂纹形式出现的机械损伤。由于畴翻转是铁电材料电行为的基本过程，所以普遍认为，铁电材料所出现的机械损伤过程可能与畴翻转密切相关。铁电体微观结构对外部电场的主要响应是通过畴壁运动进行极化切换的[38]。当外加电场足够高但低于介质击穿强度时，可触发相变。当用双极电场进行长时硬驱动时，铁电材料可能因晶界开裂而失去其物理完整性。通过 TEM 原位电学技术可以直观地展示铁电材料中纳米尺度畴的极化翻转、晶界空化、铁电单晶中畴壁的断裂以及反铁电材料中非公度调制的演化过程。

铁电材料的表面/界面对称性较差，往往存在束缚电荷或者应力，导致铁电材料在表面/界面的成核势垒低。而且，在原位实验过程中，表面与原位 TEM 的探针电极接触，铁电薄膜与电极的界面也是不对称的，这种不对称使得畴的正负电压翻转过程也极度不对称。如图 4-20 所示，Gao 等人原位研究了这种高度不对称的翻转过程[39]。在铁电/电极界面处形成的本征电场决定了铁电畴的成核位置和生长速率以及畴壁的取向和迁移率，而位错对畴壁运动施加了较弱的钉扎力。通过在钨表面探针和 $SrRuO_3$（SRO）底电极之间施加偏压（0.1 Hz, 18 V），实现 100 nm $PbZr_{0.2}Ti_{0.8}O_3$(PZTO)薄膜的原位铁电开关。由图 4-20 可以看出，向上极化畴的成核从表面开始，而向下极化畴的长大从界面开始，而且畴形成速度也不对称，向上极化畴形成的纵向速度大于向下极化畴的形成速度，而横向生长速度正好相反，这种现象是针尖施加的电场和铁电薄膜/电极的肖特基势垒相互作用导致的。PZT 薄膜可以做 P 型半导体，与底电极 SRO 形成的肖特基内建电场是向上的。因此，当施加正向偏压时，表面的电势最低，向下极化畴在表面成核。当向下极化畴接近界面时，会受到界面肖特基势的阻碍，形成速度慢。相反，当施加负电压时，界面处正向电场最大，向上极化畴容易在界面成核，移动速度快，针尖会造成非均匀电场而产生影响。为此，通过设计 PZTO/SRO 电容结构，选用 Ni 顶电极，使针尖施加均匀电场[40]。然而，畴翻转的过程仍然是不对称的，上下极化成核点与之前的现象类似，但是生长速度出现差异，向下极化畴的纵向生长速度较慢，但是当新生长的畴到达底电极时，会

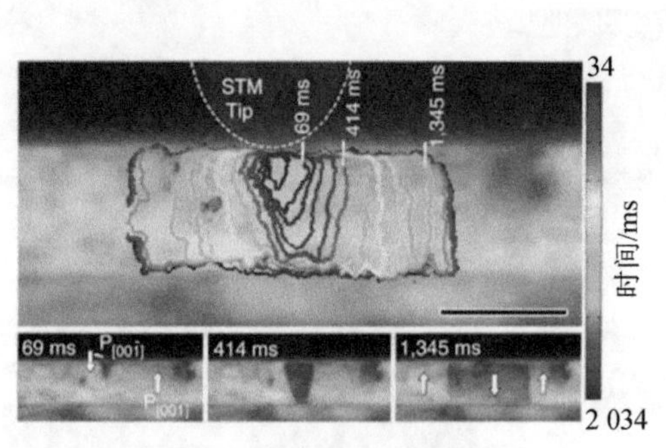

(a) 负分支上结构域在顶表面成核并扩展至~250 nm的宽度

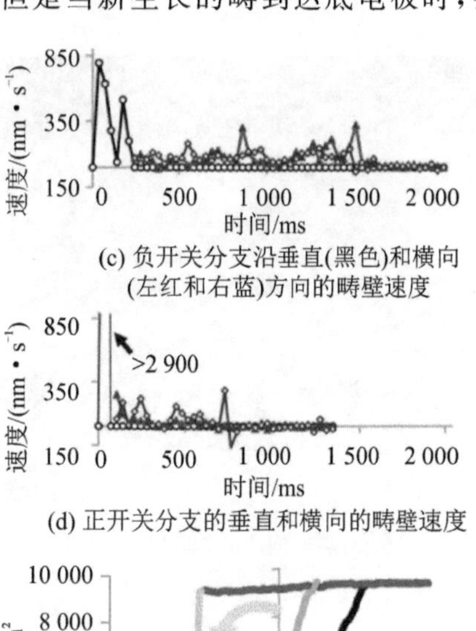

(c) 负开关分支沿垂直(黑色)和横向(左红和右蓝)方向的畴壁速度

(d) 正开关分支的垂直和横向的畴壁速度

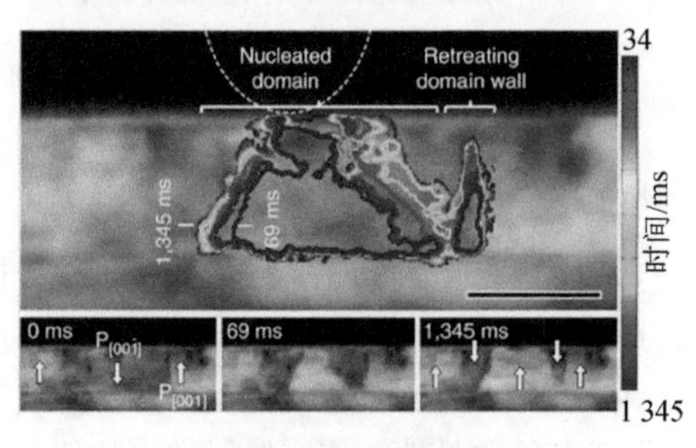

(b) 正分支上结构域在底部界面成核，并在单个时间步长内扩展至膜上

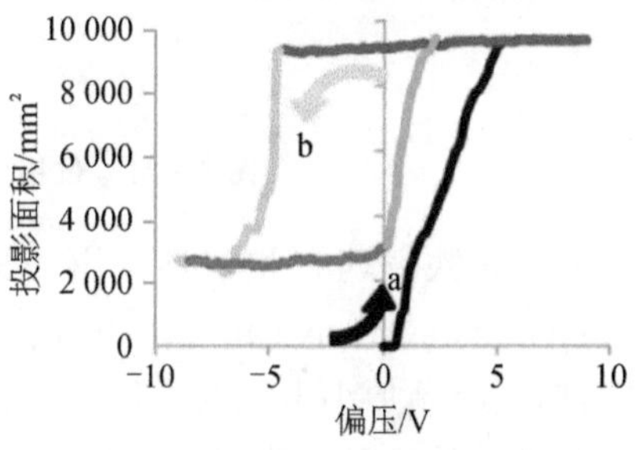

(e) 包含图(a)和图(b)的开关周期的投影面积和偏压的铁电磁滞回线

图 4-20　正、负电压下翻转过程的不对称性研究[39]

快速横向生长。向上极化畴的形成在纵向与其他畴融合，其横向速度很慢，最后到达Ni顶电极时，横向生长停止，使体系存在带电畴壁。Han等人所报道的Pt/Au/PZT/Nb-$SrTiO_3$体系在原位TEM中观察到的畴翻转过程又不一样[41]。当施加负电压时，向下极化畴虽然会向界面生长，但是无法完全到达界面处，即在界面处无法翻转。这种界面不翻转层的形成可能是因为内建电场或者挠曲电效应(flexoelectric effect)。

缺陷是薄膜材料中常见的结构，其种类多样，包括位错和杂质缺陷等。缺陷会引起局域电荷或应力的变化，从而影响畴的翻转过程。缺陷对畴翻转的影响比较常见的是钉扎作用(pinning effect)。通过原位电镜，很容易直观地表征缺陷的种类以及缺陷对畴翻转的影响。一般情况下，铁弹畴被认为受到衬底钳制和缺陷钉扎而不能转变[39,42]。如图4-21所示，当翻转畴壁接近线缺陷时，其速度峰值为300 nm/s，而当畴壁穿过缺陷时，其速度不会超过50 nm/s。这种现象直接证明了缺陷对畴的钉扎作用。此外，Chu等人研究发现在$Pb(Zr_{0.52}Ti_{0.48})O_3$纳米岛与STO界面上发现的失配位错同样具有钉扎畴壁的作用，且可以减弱铁电极化作用[42]。

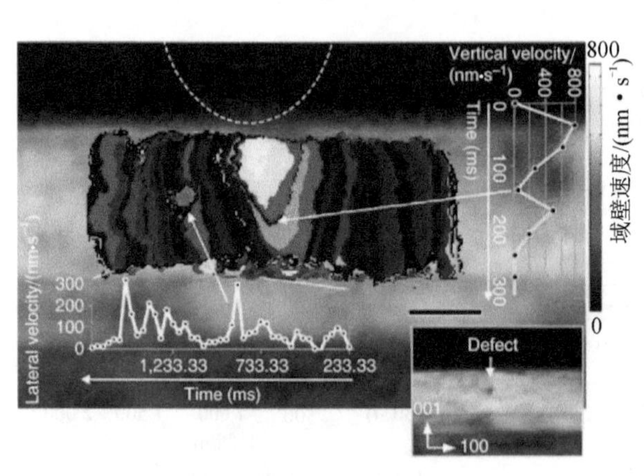

(a) 各时间步的域轮廓等高线图(颜色与域壁速度相对应，比例尺：50 nm)

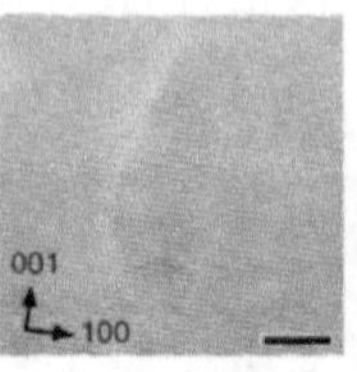

(b) 图(a)中缺陷的高分辨HAADF图(比例尺：5 nm)

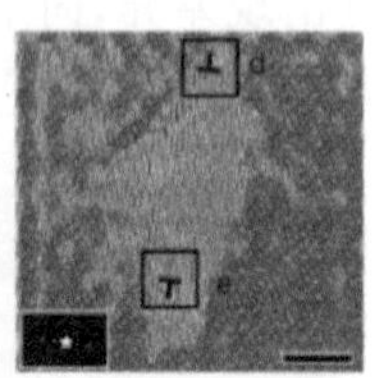

(c) 图(b)通过(h00)晶格平面频率过滤后的图像(比例尺：5 nm)

(d) 图(c)中标记区域d的放大图形(比例尺：1 nm)

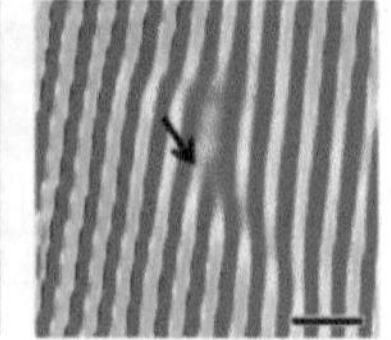

(e) 图(c)中标记区域e的放大图形(比例尺：1 nm)

图4-21 位错对畴翻转有弱的钉扎作用[39]

铁电和铁磁具有相似性。由于非中心对称材料中的自旋-轨道耦合作用，即Dzyaloshinskii-Moriya相互作用，铁磁材料中会形成斯格明子拓扑结构，具有较高的稳定性，同时施加小电流就可以驱动其进行移动，而不会消失。因此，斯格明子被广泛认为是一种具有高速度、高密度、低能耗等特点的非易性自旋存储器件中的信息载体。但是，用电场直接控制涡旋畴或环电极矩(electric toroid)是非常困难的，这是因为环电极矩并不是直接与电场耦合，而是与电场的旋度耦合。根据麦克斯韦方程：

$$-\frac{\mathrm{d}B}{\mathrm{d}t}=\nabla\times E \tag{4-3}$$

可知,变化的磁场产生带旋度的电场。要直接获得翻转涡旋畴的磁场强度是不切实际的,而且即使可以达到如此大的磁场强度,也很难在纳米级尺寸的材料上获得应用。为此,利用哈密顿方法,模拟旋转电场实现涡旋畴手性翻转,Ivan I. Naumov 等人发现 $Pb(ZrTi)O_3$ 纳米颗粒 z 方向涡旋畴的翻转,会使 y 方向出现暂时的涡旋态[43];并且若在施加电场旋度的同时,再施加一个均匀的电场,能极大地减小产生涡旋所需的电场旋度强度,增加其可行性。此外,通过设计特殊的纳米结构,可以实现以均匀电场来控制涡旋畴手性的目的。例如,Prosandeev 等人利用非对称的圆环结构,可以实现均匀电场下涡旋手性的翻转[44]。目前对于涡旋畴的电学翻转及其手性控制还处于初步研究阶段,通过 AFM 对涡旋畴的研究并不能给出其是否移动的结论。因此,选用透射电镜原位电学技术,可以在施加电场的同时实现原子级的分辨率,从而可以准确表征涡旋畴在电场作用下的动力学行为。

白雪冬团队利用可移动的 W 针尖和导电的 $SrRuO_3$ 充当电极,施加电场,用导电银胶将样品 $PbTiO_3/SrTiO_3$ 粘贴在钼环上,形成回路,并逐步增加电压[45]。针尖所施加的电场实际是非常不均匀的,取决于针尖的形状和样品等因素。如图 4-22 所示,当针尖电压施加到 6 V 时,针尖下方红色虚线所示的区域转变成均匀的衬度,而在红色虚线外围,暗衬度缩小成斜条状的衬度,如图中黄色区域所示。当电压继续增加时,衬度均匀区域和斜条状区域的面积增加。撤去电场,衬度恢复原状。分析此现象有如下结论:涡旋畴转变与电场强度有很大关系;涡旋畴不是直接转变,而是先转变成斜条状衬度的畴,当电场足够强时,最终转变成均匀衬度。

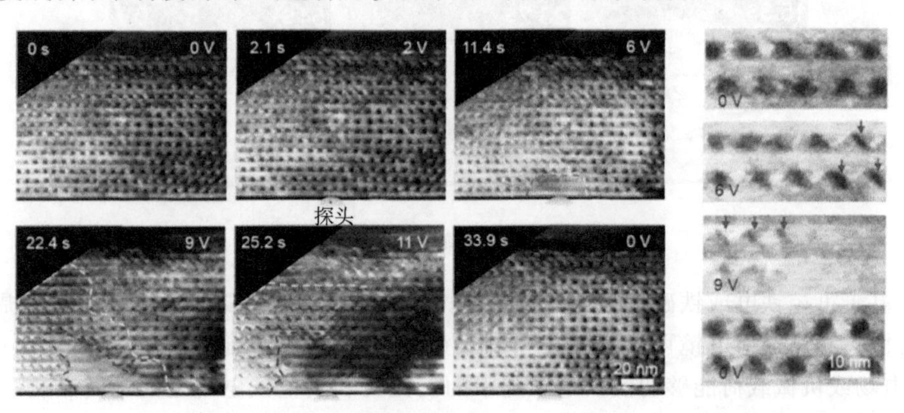

(a) 电场作用下TEM暗场像照片　　(b) 放大的TEM暗场像照片

图 4-22　正压下涡旋畴的电学转变[45]

涡旋畴的转变强烈依赖于电场强度。超晶格中的电场分布是非常不均匀的,这导致涡旋畴转变的区域也表现出不均匀性。这种不均匀性体现在转变区域靠近针尖最大,远离针尖减小,并且转变区域的边界呈现出锯齿状。在离针尖更远的区域,由于电场减弱，不足以使涡旋畴完全转变，因此涡旋畴转变成斜条状的衬度。在远离针尖的区域，电场强度持续减弱，不足以使涡旋畴发生任何转变。涡旋畴完全转变是在电压高于 5 V 时才能发生的；在 5～9 V 时，涡旋畴转变迅速；在 9～11 V 时，涡旋畴转变速度放缓。了解涡旋畴在电压下的转变特点，对其应用具有重要意义。

如图 4-23 所示，当电压达到 −4 V 时，涡旋畴明暗相间衬度转变成斜条状衬度；当电压达到 −6 V 时，靠近针尖附近的区域转变成均匀的衬度，稍远的区域同样有斜条状衬度产生；当电压达到 −9 V 时，更多的区域转变成均匀的衬度。从现象上看，正负电压下涡旋畴的转变行为非常类似，但是涡旋畴转变的面积有很大差异。当施加正电压达到 11 V 时，转变的区域面积只有 3 000 nm^2，并且电压超过 9 V，转变速率开始下降；而当施加负电压到 −10 V 时，涡旋畴转变的面积已达到 6 500 nm^2。施加的电压值在数值上比正电压还小，而转变的面积却是施加正电压时的两倍多，由此可以看出，当施加正向电场时，需要较大的电场来克服内建电场使涡旋畴发生转变。因此，内建电场虽然不会使转变的过程产生不对称性，但会使转变的速度产生不对称性。通过原位电镜研究发现，正负电压作用下涡旋畴转变过程一致，即先转变为 c/a 畴，最后再转变为 c 畴。

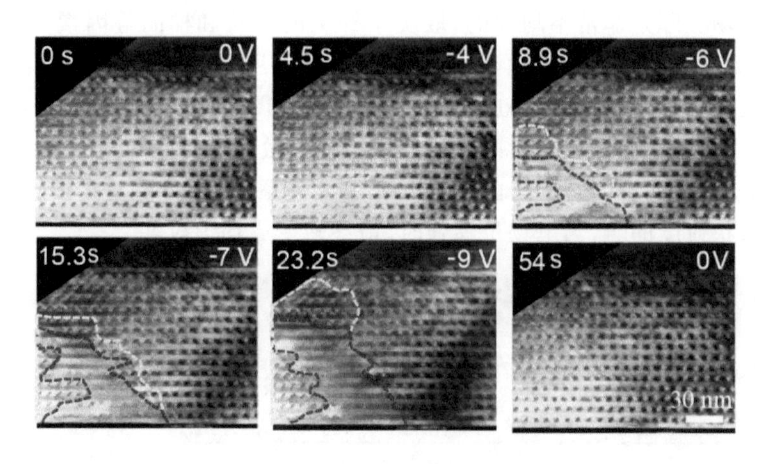

图 4-23　负压下涡旋畴的电学转变[45]

基于可控铁电或铁磁畴结构的拓扑结构为开发高密度存储器等微电子器件提供了可能。利用透射电镜可以对铁电材料的各种域结构（如极旋、极波、极涡）进行研究，电场或机械载荷能够切换铁电系统中的涡流畴和其他铁电畴之间的畴结构。除此之外，透射电镜原位电学技术为极性结构拓扑变换的操纵及其潜在机制的全面理解提供了帮助。田鹤团队在原子尺度下系统研究了 $PbTiO_3/SrTiO_3$（PTO/STO）多层膜极性结构的实时拓扑变换机制[46]。如图 4-24(a)所示，以具有旋涡结构的 PTO 层为研究对象，通过原位非接触偏压技术，利用外加电场驱动旋涡演化，进行原子尺度下的实时观察研究。如图 4-24(b)～(d)所示，随着外加电压的增加，涡核的排列首先呈现锯齿状，然后在到达 PTO/STO 界面时转变为波浪状态，最终演变为极化下降状态。通过施加中间电场，铁电系统倾向于具有较少平面外极化的波浪状结构，而不是形成均匀极化状态。相场计算结果显示，这是由电能、朗道能、梯度能和弹性能之间的竞争驱动所导致的。在较高的电场下，演化驱动力主要来自电能的大幅下降。

如图 4－24(e)所示，2 V 电压下波结构中的平面外应变略大于 0 V 涡流结构中的平面外应变。在 5 V 极性下降状态下，应变排列形状呈现出轻微的变形，对于平面内应变，应变模式和强度几乎保持不变，这说明除应变外，电荷等其他因素可能在偏压下的相变过程中起着更重要的作用。通过电子能量损失谱(EELS)分析探索了电子结构的伴随变化，证明平面外极化区内的极化屏蔽是通过负极性界面上氧空位的存在和正极性界面上电子的聚集来实现的。

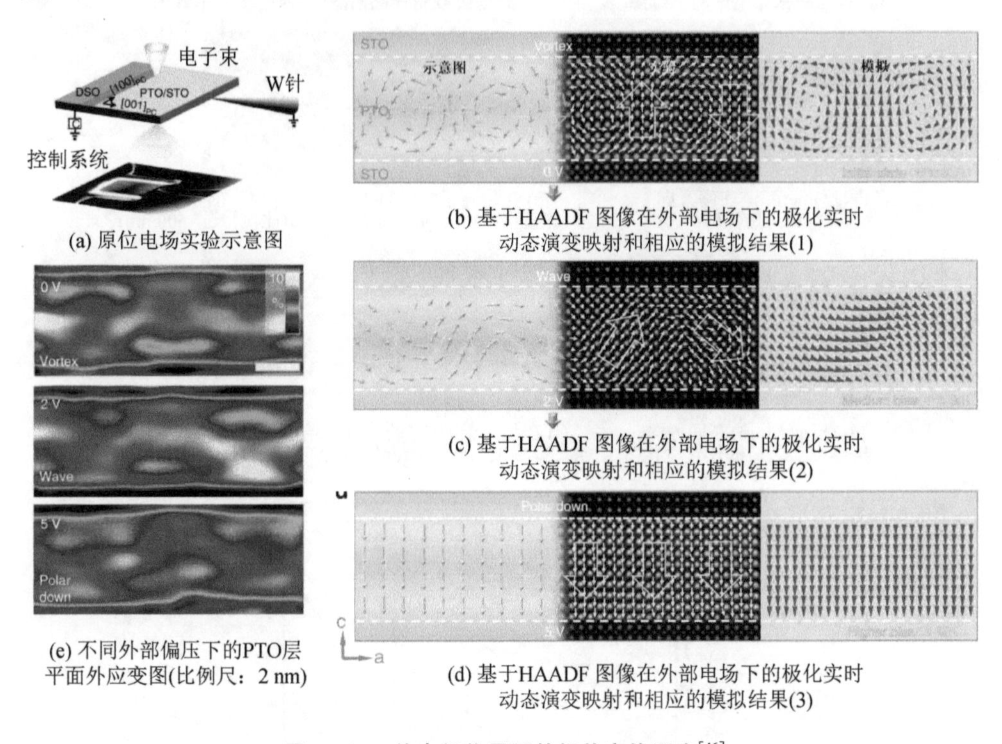

(a) 原位电场实验示意图

(b) 基于HAADF 图像在外部电场下的极化实时动态演变映射和相应的模拟结果(1)

(c) 基于HAADF 图像在外部电场下的极化实时动态演变映射和相应的模拟结果(2)

(d) 基于HAADF 图像在外部电场下的极化实时动态演变映射和相应的模拟结果(3)

(e) 不同外部偏压下的PTO层平面外应变图(比例尺：2 nm)

图 4－24　外电场作用下的拓扑变换研究[46]

含有拓扑结构的二维铁磁材料在自旋电子信息存储器件等领域具有重要的应用前景。中国科学院张颖团队借助低温原位 TEM－STM 样品杆，在低温下实现了对二维铁电材料的原位电学调控，研究了畴壁(反)meron 链在[110]轴附近的电压和磁场(分别如图 4－25(a)和(b)所示)等刺激下的稳定性和动态行为[47]。在 200 K 的温度下施加 5 V 电压后，meron 链沿相同方向移动，间隔距离从最初的 1.4 μm(见图 4－25(c))变为 1.1 μm(见图 4－25(d))，这可能是由相同拓扑数对 meron 链施加的拓扑 Magnus 力引起的。c 轴磁场比通过电刺激更容易引发畴壁(反)meron 链的集体运动,如图 4-25(e)和(f)所示。图 4-25(g)总结了倾斜角度的总体距离依赖性。畴壁(反)meron 链可以在达到最小距离(约 200 nm)之前来回调节,当小于 200 nm 时,meron 链相互碰撞并湮灭。

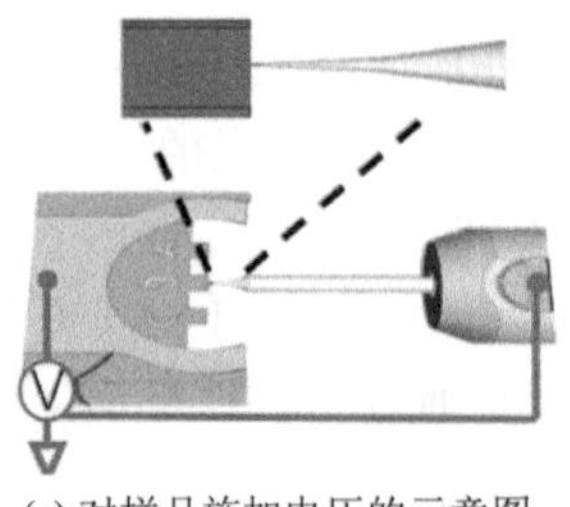

(a) 对样品施加电压的示意图

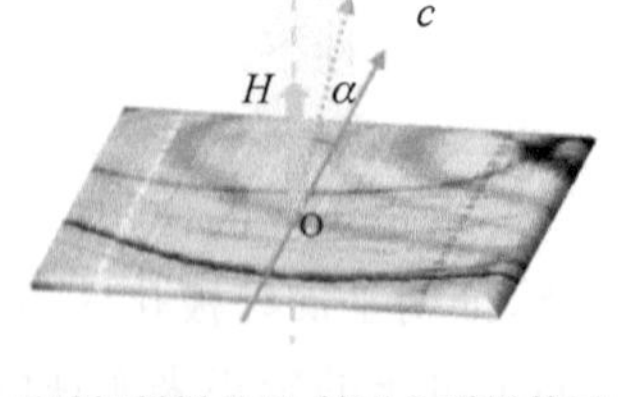

(b) 通过倾斜样品沿c轴引入磁场的示意图

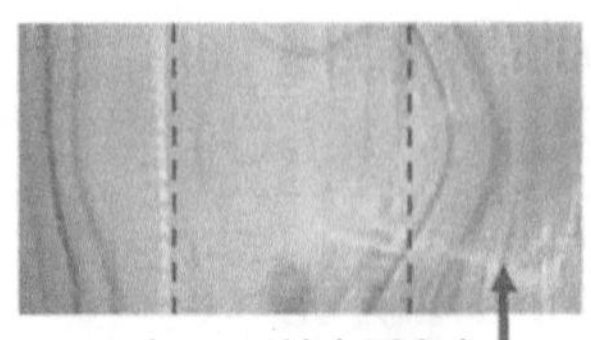

(c) (反)meron链在同方向向集体运动之前的位置变化

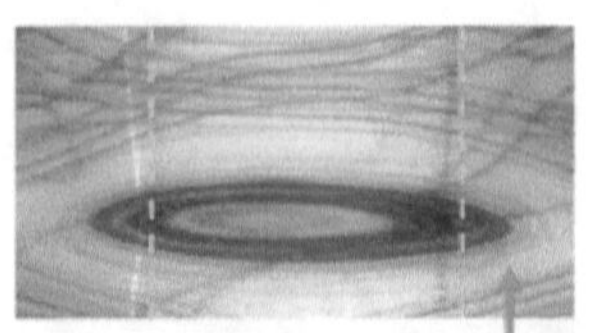

(e) 在相对于0.02 T的垂直磁场以4° 的角度集体畴壁移位后(反)meron链的分布(比例尺:500 nm)

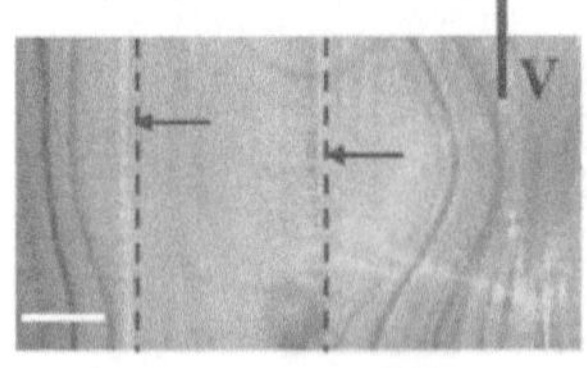

(d) (反)meron链在同方向向集体运动之后的位置变化

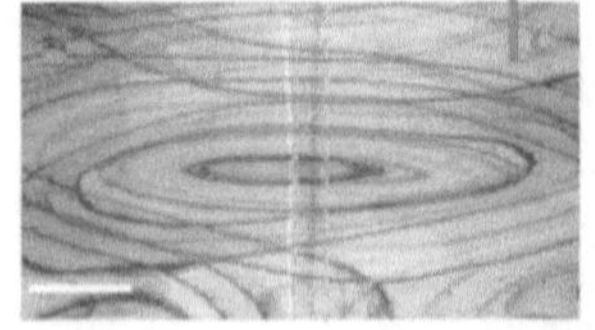

(f) 在相对于0.02 T的垂直磁场以-12° 的角度集体畴壁移位后(反)meron链的分布(比例尺:500 nm)

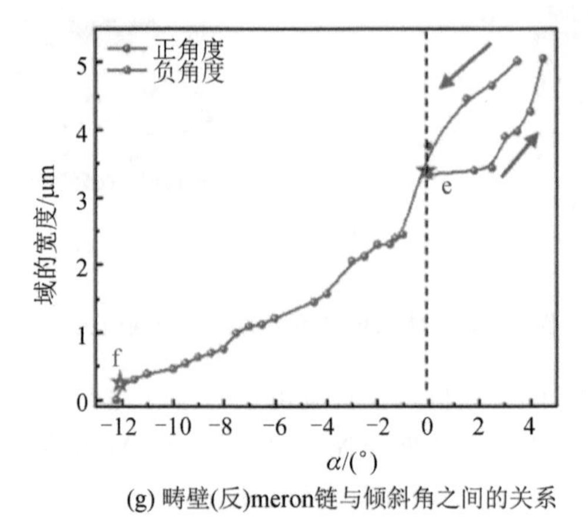

(g) 畴壁(反)meron链与倾斜角之间的关系

图 4-25 meron 链的动力学行为研究[47]

4.5　原位电学技术在其他材料中的应用

热电材料可以实现热能和电能的直接转换，有望在余热回收和发电领域得到广泛应用。近年来，微型热电器件(或热电微型器件)因其在连续发电和制冷等各种应用中的巨大潜力而备受关注。微型单晶半导体的电传输特性在器件的热电性能方面起着重要作用。然而，由于晶体尺寸的限制，探索具有合适晶体尺寸和高热电性能的理想单晶热电材料是非常具有挑战性的。北京工业大学郑坤等人借助透射电子显微技术，探究了掺杂 Cu 的 SnSe 微尺度单晶样品在力-电耦合场下的电传输特性[48]。如图 4-26 所示，用 W 针尖、样品和 Au 线组成通电回路。对不同的 Cu 掺杂量的 SnSe 样品进行电学性能测试，利用压电驱动系统驱动 W 针尖对样品施加应力，进而评估应变负载下的电传输性能。结果显示，Cu 的掺杂可以提高 SnSe 的电导率，同时在压缩应变和激光辐照后，其电导率可以进一步提高。这是由于 Cu 掺杂后降低了费米能级并产生了大量空穴，同时施加 1% 的应变可以进一步减小带隙，增强空穴释放能力，从而显著改善电输运性能。

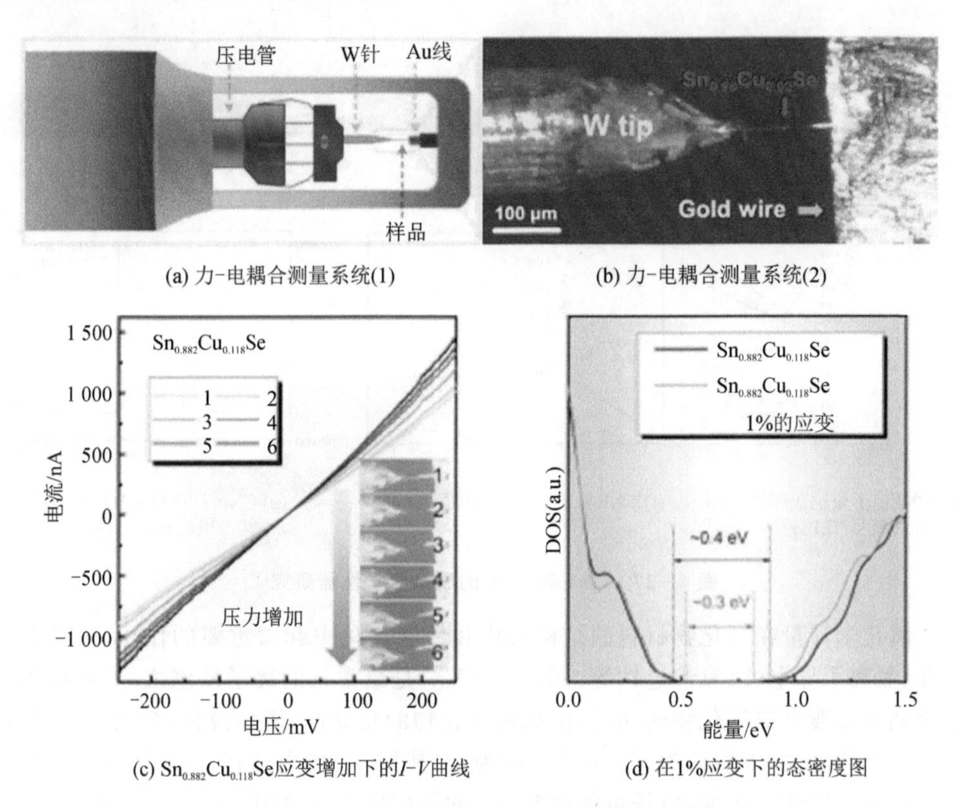

(a) 力-电耦合测量系统(1)　　(b) 力-电耦合测量系统(2)

(c) $Sn_{0.882}Cu_{0.118}Se$应变增加下的I-V曲线　　(d) 在1%应变下的态密度图

图 4-26　电气测量系统及电传输性能评价[48]

对于碳基纳米材料，由于其独特的性质和各种潜在的应用价值，在最近几十年中引起广泛的研究兴趣。碳纳米材料被认为是纳米器件中的优秀材料，其优异的电学性能对拓展其潜在的应用非常重要。原位电学测量中最重要的步骤是在纳米物体和电极之间建立电接触。苏州大学孙旭辉团队利用电子束辐照来减小接触电阻，如图 4 - 27(a)所示，向前移动 W 电极，使碳纳米管(Carbon Nanotube, CNT)紧密地连接在 W 探针与 Au 丝之间[49]。将电子束会聚在 CNT 与 W 探针的接触点上辐照 1 min，辐照前后的 $I-V$ 曲线(见图 4 - 27(f))显示：电子束辐照焊接可以有效地减小接触电阻。施加电压后在导电通路中会产生焦耳热，造成 CNT 的断裂，如图 4 - 27(b)所示。相同的现象可以在碳纳米纤维(Carbon Nanofiber, CNF)中观察到，但是 CNF 的电流密度小于 CNT(见图 4 - 27(g))。这是由于 CNF 的管壁比 CNT 厚，不致密，且电子结构的差异导致了电学性能的差异。一维碳纳米材料的电学性能与其形貌结构和电子结构密切相关。

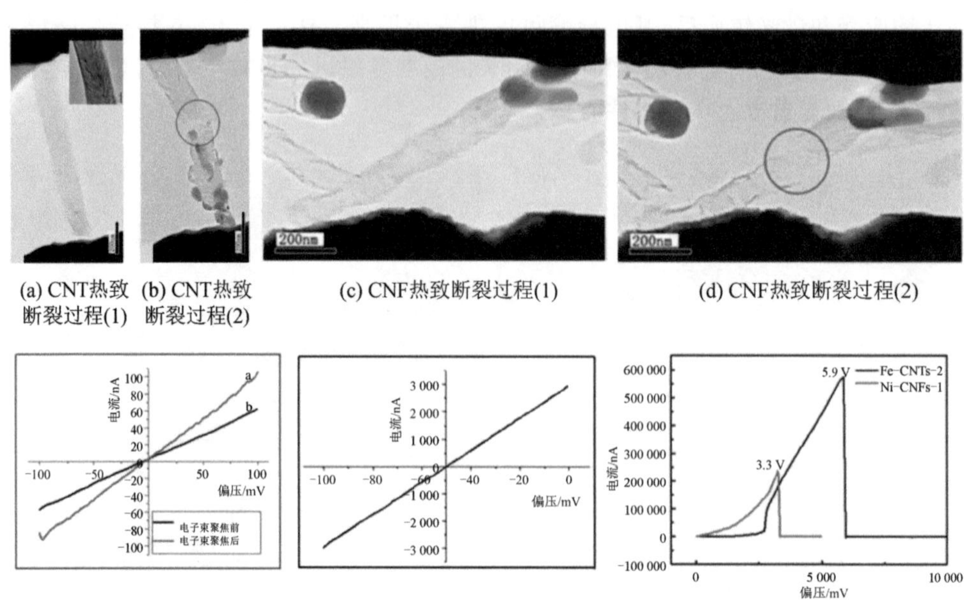

(a) CNT热致断裂过程(1)　(b) CNT热致断裂过程(2)　(c) CNF热致断裂过程(1)　(d) CNF热致断裂过程(2)

(e) CNF电子束辐照焊接前(黑色)和焊接后(红色)的I-V曲线　(f) CNF电子束辐照焊接后I-V曲线　(g) CNF(红色)和CNT(黑色)的电流密度曲线

图 4 - 27　CNT 和 CNF 的原位电学性能研究[49]

氧化学计量在氧化物材料的结构演化和性能优化中起着重要的作用，包括催化活性、氧离子导电性、氧渗透性等。氧空位(V_O)是最常见的离子缺陷之一，可以用于有效调节过渡金属氧化物的功能，例如铜氧化物的超导性、诱导极化、金属-绝缘体转变等。具体来说，人们认为 V_O 的动态行为，尤其是 V_O 的电迁移，决定了氧化物基电阻存储器的性能。例如，电场可能改变 V_O 的浓度以及晶格中氧原子的分布，导致结构不稳定，从而改变过渡金属氧化物的晶体对称性和功能性，比如电阻开关正式应用了此种性能。然而，在实验上表征氧等化学元素的迁移，以及在电场下晶体结构的演化过程都是非常具有挑战性的。

二氧化铈（CeO_2）为萤石结构，晶格氧活性较高，容易迁移形成氧空位。如图 4－28 所示，中国科学院物理所白雪冬团队在透射电镜中对其加电后的结构变化进行了研究[50]。图 4－28(b)展示了施加电场前单晶 CeO_2 薄膜的 HRTEM 图，图 4－28(c)所示为施加 6 V 偏压后对应的 HRTEM 图。氧阴离子由于与阳离子的不对称相互作用而具有较低的结合能。当电场施加到 CeO_2 晶体时，表面的氧阴离子将被吸引到正极并被赶出表面。同样，存在于薄膜内部的阴离子也会被吸引并移向表面。这意味着将形成氧空位并向相反的方向扩散，传播到晶体内部。当原始氧阴离子离开晶格时，这些氧空位将导致两个相邻的阳离子填充层起皱。这将吸引其他带负电的氧阴离子朝向空位，并导致一系列迁移，因为空位处的局部正电荷被相邻的氧阴离子补偿。因此，氧迁移过程可以看作是阴离子的连续扩散。

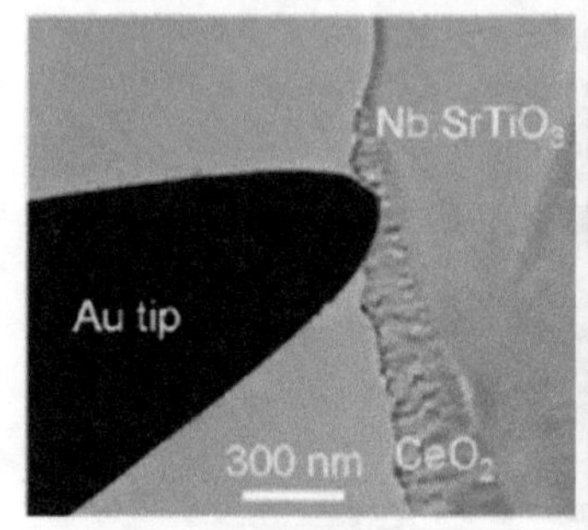

(a) CeO_2薄膜导电基底结构的原位HRTEM图

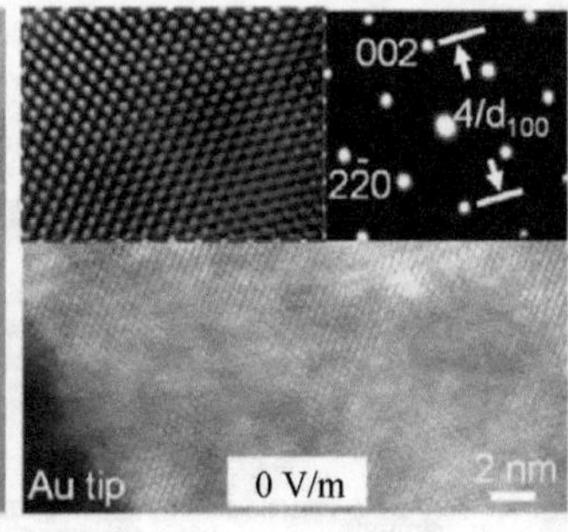

(b) 施加电场前单晶CeO_2薄膜的HRTEM图

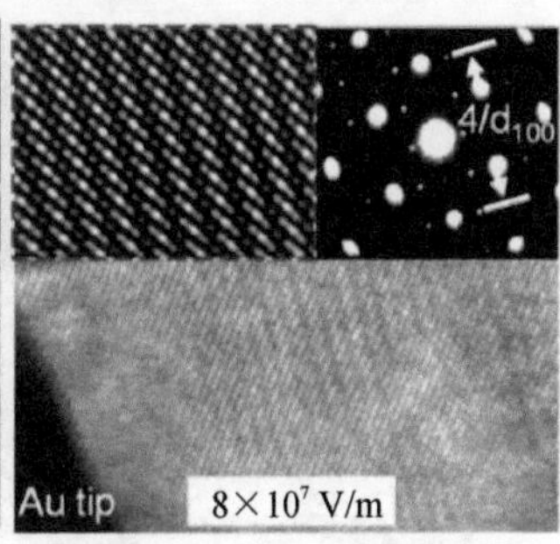

(c) 施加6 V偏压后对应的HRTEM图

图 4－28　CeO_2 薄膜在电场作用下的原位研究[50]

快离子导体具有固液双重特性，理论预测其在外电场的作用下，类液态的阳离子能够脱离刚性阴离子亚晶格的束缚而析出，去除外电场后，析出的金属阳离子能够自发的回吸，恢复到其初始状态，上述现象被称为赝电弹性。通过原位透射技术，东南大学孙立涛团队首次观察到了单晶硫化亚铜纳米线动态的赝电弹性伸缩过程[1]。如图 4－29(a)所示，该团队在透射电镜中构建了一个闭路电化学系统，在 Au 网和 W 针尖之间是单晶相的 Cu_2S 纳米线，施加偏压以诱导其发生赝电弹性。如图 4－29(b)所示，根据电流-时间和长度-时间曲线，整个反应可分为四个过程，即初始状态(c—d)、电化学提取(d—g)、动态平衡(g—h)和反向合并(h—l)过程。如图 4－29(c)所示，在初始状态下，纳米线不变，回路电流接近于零。在最初的 26.0 s 后，电化学萃取(铜相的形成)迅速发生，形成的铜纳米线的长度在 30.0 s 时达到最大值。之后，纳米线系统转变为动态平衡状态，直到 60.0 s 撤去电压后，电化学形成的 Cu 突起以自诱导的方式自发地溶解回纳米线。同时，Cu 纳米线与 W 针尖分离，电路自动切断。Cu 溶解速率随时间的推移而降低，最后几乎完全溶解，Cu_2S 纳米线的形状和结构恢复到其初始状态。图 4－29(d)展示了动态过程中的不同阶段。透射电镜中的原位观测展示了 Cu_2S 的赝电弹性行为，可以直接将电能转化为机械能。通过高分辨透射电镜观察以及第一性原理计算揭示了电化学动力学的更多细节，包括 Cu_2S 相变、Cu^+ 离子的迁移和阻塞、成核、生长以及 Cu 突起的自发收缩行为。Cu^+ 离子的萃取是由外部电场驱动的，阳离子扩散势垒是由焦耳热控制的，而 Cu 在无偏压情况下的氧化和再嵌入是由化学电位差所引起的。

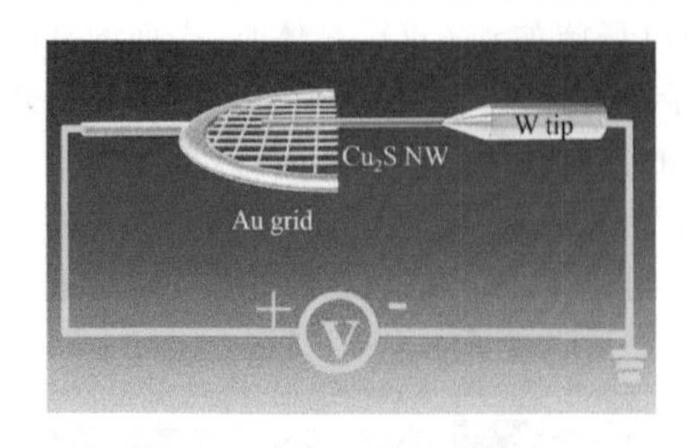

(a) 原位实验设置的结构示意图

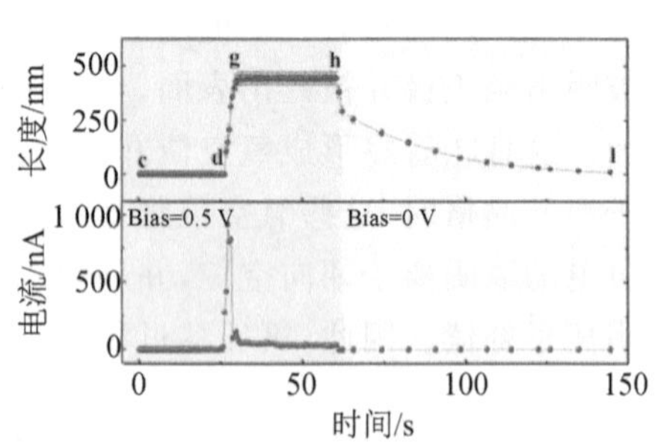

(b) 赝电弹性伸缩过程中实时的电流-时间和长度-时间曲线

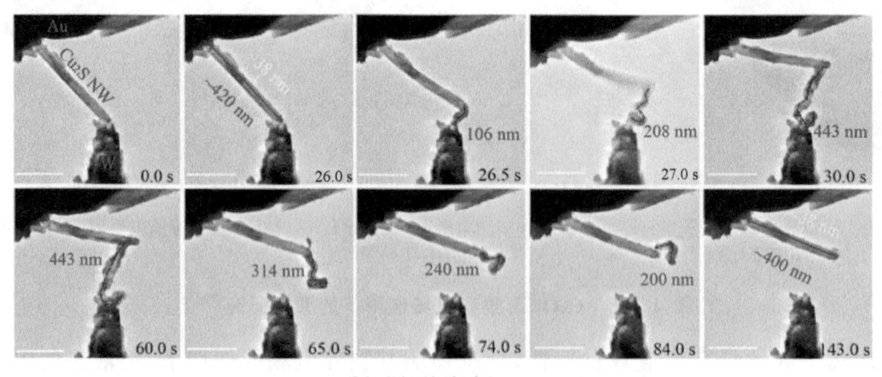

(c) 赝电弹性伸缩过程TEM照片

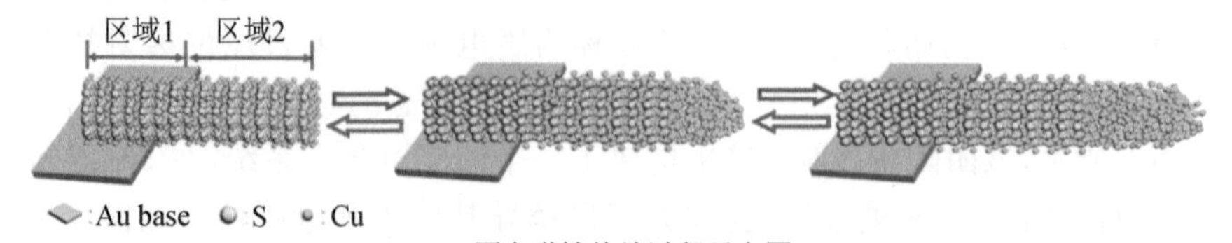

(d) 赝电弹性伸缩过程示意图

图 4－29　Cu_2S 动态赝电弹性性能的原位研究[1]

4.6　小　结

近年来，随着原位电镜技术的快速发展，在电镜中原位施加电场，甚至电-力、电-热等耦合场已经得到广泛应用。透射电镜可以实现原子级动态观察，但是其研究样品的尺寸受到很大的限制。扫描电镜具有样品室空间大、真空度要求低等特点，可以与电化学工作站等设备进行联用，实现中尺寸甚至大尺寸样品的原位电学研究，但缺点是不能获得原子级分辨的结构动态演化信息。本章系统介绍了原位电学技术在电化学领域、存储器件、铁电材料等领域的研究案例，可以根据测试需求，在透射电镜中选择探针式或是芯片式电学测试方法，自行搭建导电回路，施加正/反向偏压脉冲信号，观察材料在电场作用下所发生的结构演化、离子迁移、相变、反应动力学等问题，也可以通过调节电场实现对铁电材料涡旋畴的动态研究。选择使用扫描电镜进行原位观察时，可以自行搭建实验设备与电化学工作站或者与其他设备进行联用，对施加电场后样品的形貌、尺寸、裂纹扩展、失效机制等进行观察。透射电镜原位电学技术和扫描电镜原位电学技术耦合则可以构建多尺度的原位电学动态表征平台，可以为材料深层次电学相关机理研究提供更好的助力，为设计更加稳定的电学器件提供实验和理论指导。

参考文献

[1] Zhang Q B, Shi Z, Yin K B, et al. Spring-like pseudoelectroelasticity of monocrystalline Cu_2S nanowire[J]. Nano Letters, 2018, 18(8): 5070-5077.

[2] Wu X, Luo C, Hao P, et al. Probing and manipulating the interfacial defects of InGaAs dual-layer metal oxides at the atomic scale[J]. Advanced Materials, 2018, 30(2): 1703025.

[3] Nelson C T, Gao P, Jokisaari J R, et al. Domain dynamics during ferroelectric switching[J]. Science, 2011, 334(6058): 968-971.

[4] Huang J Y, Zhong L, Wang C M, et al. In situ observation of the electrochemical lithiation of a single SnO_2 nanowire electrode[J]. Science, 2010, 330(6010): 1515-1520.

[5] Manthiram A, Knight J C, Myung S T, et al. Nickel-rich and lithium-rich layered oxide cathodes: progress and perspectives[J]. Advanced Energy Materials, 2016, 6(1): 1501010.

[6] Nomura Y, Yamamoto K, Hirayama T, et al. Visualization of lithium transfer resistance in secondary particle cathodes of bulk-type solid-state batteries[J]. ACS Energy Letters, 2020, 5(6): 2098-2105.

[7] Liu H, Kloepsch R, Wang J, et al. Truncated octahedral $LiNi_{0.5}Mn_{1.5}O_4$ cathode material for ultralong-life lithium-ion battery: positive (100) surfaces in high-voltage spinel system[J]. Journal of Power Sources, 2015, 300: 430-437.

[8] Gong Y, Chen Y Y, Zhang Q H, et al. Three-dimensional atomic-scale observation of structural evolution of cathode material in a working all-solid-state

battery[J]. Nature Communications, 2018, 9(1): 3341.

[9] Wang J L, Sun M H, Liu Y, et al. Unraveling nanoscale electrochemical dynamics of graphite fluoride by in situ electron microscopy: key difference between lithiation and sodiation[J]. Journal of Materials Chemistry A, 2020, 8(12): 6105-6111.

[10] Oishi Y, Kamei Y, Akiyama M, et al. Self-diffusion coefficient of lithium in lithium oxide[J]. Journal of Nuclear Materials, 1979, 87(2-3): 341-344.

[11] Ji X L, Lee K T, Nazar L F. A highly ordered nanostructured carbon-sulphur cathode for lithium-sulphur batteries[J]. Nature Materials, 2009, 8(6): 500-506.

[12] Ji X L, Nazar L F. Advances in Li-S batteries[J]. Journal of Materials Chemistry, 2010, 20(44): 9821-9826.

[13] Abouimrane A, Dambournet D, Chapman K W, et al. A new class of lithium and sodium rechargeable batteries based on selenium and selenium-sulfur as a positive electrode[J]. Journal of the American Chemical Society, 2012, 134(10): 4505-4508.

[14] Li Y H, Lu J X, Cheng X P, et al. Interfacial lithiation induced leapfrog phase transformation in carbon coated Se cathode observed by in-situ TEM[J]. Nano Energy, 2018, 48: 441-447.

[15] Li Q Q, Liu H G, Yao Z P, et al. Electrochemistry of selenium with sodium and lithium: kinetics and reaction mechanism[J]. ACS Nano, 2016, 10(9): 8788-8795.

[16] Reimers J N, Dahn J R. Electrochemical and in situ X-ray diffraction studies of lithium intercalation in Li_xCoO_2[J]. Journal of the Electrochemical Society, 1992, 139(8): 2091-2097.

[17] Krueger S, Kloepsch R, Li J, et al. How do reactions at the anode/electrolyte interface determine the cathode performance in lithium-ion batteries[J]. Journal of the Electrochemical Society, 2013, 160(4): A542-A548.

[18] Gong Y, Zhang J N, Jiang L W, et al. In situ atomic-scale observation of electrochemical delithiation induced structure evolution of $LiCoO_2$ cathode in a working all-solid-state battery[J]. Journal of the American Chemical Society, 2017, 139(12): 4274-4277.

[19] Delacourt C, Laffont L, Bouchet R, et al. Toward understanding of electrical limitations (electronic, ionic) in $LiMPO_4$ (M=Fe, Mn) electrode materials[J]. Journal of the Electrochemical Society, 2005, 152(5): A913-A921.

[20] Islam M S, Driscoll D J, Fisher C A J, et al. Atomic-scale investigation of

defects, dopants, and lithium transport in the $LiFePO_4$ olivine-type battery material[J]. Chemistry of Materials, 2005, 17(20): 5085-5092.

[21] Zhu Y J, Wang J W, Liu Y, et al. In situ atomic-scale imaging of phase boundary migration in $FePO_4$ microparticles during electrochemical lithiation [J]. Advanced Materials, 2013, 25(38): 5461-5466.

[22] Kim J, Lee D J, Jung H G, et al. An advanced lithium-sulfur battery[J]. Advanced Functional Materials, 2013, 23(8): 1076-1080.

[23] Pan H, Chen J, Cao R, et al. Non-encapsulation approach for high-performance Li-S batteries through controlled nucleation and growth[J]. Nature Energy, 2017, 2: 813-820.

[24] Cheng Q, Xu W H, Qin S Y, et al. Full dissolution of the whole lithium sulfide family (Li_2S_8 to Li_2S) in a safe eutectic solvent for rechargeable lithium-sulfur batteries[J]. Angewandte Chemie International Edition, 2019, 58: 5557-5561.

[25] Cheng X P, Li Y H, Cao T C, et al. Real-time observation of chemomechanical breakdown in a layered nickel-rich oxide cathode realized by in situ scanning electron microscopy[J]. ACS Energy Letters, 2021, 6(5): 1703-1710.

[26] Zhao J, Tang Y F, Dai Q S, et al. In situ observation of Li deposition-induced cracking in garnet solid electrolytes[J]. Energy & Environmental Materials, 2022, 5(2): 524-532.

[27] 白雪冬. 电致电阻效应及其机理研究[J]. 现代物理知识, 2012(1): 47-50.

[28] Viola G, Ning H, Reece M J, et al. Reversibility in electric field-induced transitions and energy storage properties of bismuth-based perovskite ceramics[J]. Journal of Physics D Applied Physics, 2012, 45(35): 355302.

[29] Suntivich J, May K J, Gasteiger H A, et al. A perovskite oxide optimized for oxygen evolution catalysis from molecular orbital principles[J]. Science, 2011, 334: 1383-1385.

[30] Adler S B. Factors governing oxygen reduction in solid oxide fuel cell cathodes [J]. Chemical Reviews, 2004, 104(50): 4791-4843.

[31] Jonker G H, Santen J H V. Ferromagnetic compounds of manganese with perovskite structure[J]. Physica, 1950, 16(3): 337-349.

[32] Eerenstein W, Mathur N D, Scott J F. Multiferroic and magnetoelectric materials[J]. Nature, 2006, 442(7104): 759-765.

[33] Cohen R E. Origin of ferroelectricity in perovskite oxides[J]. Nature, 1992, 358(6382): 136-138.

[34] Maeno Y, Hashimoto H, Yoshida K, et al. Superconductivity in a layered

perovskite without copper[J]. Nature, 1994, 372(6506): 532-534.

[35] Yao L D, Inkinen S, Dijken S V. Direct observation of oxygen vacancy-driven structural and resistive phase transitions in $La_{2/3}Sr_{1/3}MnO_3$[J]. Nature Communications, 2017, 8(1): 14544.

[36] Zhu L, Chen S L, Zhang H, et al. Strain-inhibited electromigration of oxygen vacancies in $LaCoO_3$[J]. ACS Applied Materials & Interfaces, 2019,11(40): 36800-36806.

[37] Wang X, Ding K Y, Shi M C, et al. Unusual phase transitions in two-dimensional telluride heterostructures[J]. Materials Today, 2022, 54: 52-62.

[38] Pan W Y, Zhang Q M, Bhalla A, et al. Field-forced antiferroelectric-to-ferroelectric switching in modified lead zirconate titanate stannate ceramics[J]. Journal of the American Ceramic Society, 1989, 72(4): 571-578.

[39] Gao P, Nelson C T, Jokisaari J R, et al. Revealing the role of defects in ferroelectric switching with atomic resolution[J]. Nature Communications, 2011, 2: 591.

[40] Lee J K, Shin G Y, Song K, et al. Direct observation of asymmetric domain wall motion in a ferroelectric capacitor[J]. Acta Materialia, 2013, 61(18): 6765-6777.

[41] Han M G, Marshall M S J, Wu L J, et al. Interface-induced nonswitchable domains in ferroelectric thin films[J]. Nature Communications, 2014, 5: 4693.

[42] Chu M W, Szafraniak I, Scholz R, et al. Impact of misfit dislocations on the polarization instability of epitaxial nanostructured ferroelectric perovskites [J]. Nature Materials, 2004, 3:87-90.

[43] Naumov I I, Fu H X. Cooperative response of $Pb(ZrTi)O_3$ nanoparticles to curled electric fields[J]. Physical Review Letters, 2008, 101:197601.

[44] Prosandeev S, Ponomareva I, Kornev I, et al. Control of vortices by homogeneous fields in asymmetric ferroelectric and ferromagnetic rings[J]. Physical Review Letters, 2008, 100: 047201.

[45] Chen P, Wang L F, Li X M, et al. Electrically driven motion, destruction, and chirality change of polar vortices in oxide superlattices[J]. Science China Physics, Mechanics & Astronomy, 2022, 65(3): 237011.

[46] Du K, Zhang M, Dai C, et al. Manipulating topological transformations of polar structures through real-time observation of the dynamic polarization evolution[J]. Nature Communications, 2019, 10(1): 4864.

[47] Gao Y, Yin Q W, Wang Q, et al. Spontaneous (Anti) meron chains in the

domain walls of Van Der Waals ferromagnetic $Fe_{5-x}GeTe_2$[J]. Advanced Materials，2020，32(48)：2005228.

[48] Zheng Y，Shi X L，Yuan H，et al. A synergy of strain loading and laser radiation in determining the high-performing electrical transports in the single Cu-doped SnSe microbelt[J]. Materials Today Physics，2020，13：100198.

[49] Gao J，Ji Y J，Li Y Y，et al. The morphological effect on electronic structure and electrical transport properties of one-dimensional carbon nanostructures [J]. RSC Advances，2017，7(34)：21079-21084.

[50] Gao P，Kang Z C，Fu W Y，et al. Electrically driven redox process in cerium oxides[J]. Journal of the American Chemical Society，2010，132(12)：4197-4201.

第5章　原位电子显微学在材料液相反应研究中的应用

5.1　引　言

在化学、物理和生物等学科中，许多反应都发生在溶液中。从基于溶液的合成到能量转换、催化、材料腐蚀保护和水分离等各种应用都跟液相反应息息相关。原位液体透射电镜是一种新兴的技术，它为溶液中动态过程的直接和实时可视化观测提供了新的机遇[1-2]。经过近百年的电镜技术开发，人们已经成功地把透射电镜的分辨率从最初的 50 nm 左右推进到了 0.05 nm，而且透射电镜在高分辨和高衬度成像两方面所取得的巨大进步也为原位液体透射电镜观察提供了可能性。

绝大多数的液体，包括水和其他有机溶剂，具有较大的饱和蒸气压，无法在透射电镜的高真空环境中存在，因此在研究液体环境中材料的行为时，需要构建液体存放单元，将液体与电镜的高真空环境隔离开。经过研究人员不断开发新的方法和工艺，最终形成了能有效实现真空与液体环境共存的三种方法。第一种方法是对电镜进行改造设计，构筑新型差分泵真空系统，将液体挥发时产生的气体通过多个真空系统尽快抽走，确保电镜整个光路的高真空度。这种方法的缺点比较明显，保持透射电镜的高真空度需要加装庞大的真空系统，液体挥发产生的气体对电镜极靴也容易产生损伤，样品制备同样要求苛刻，从而限制了它的应用。第二种方法是对样品进行特殊的处理，将原本液相的样品处理成半固态的离子液体，前面章节中介绍到的原位研究锂离子电池充放电过程中的半固态锂源就是利用了这种方法，但是这种方法极大地受限于样品种类和反应类型，不能满足多数实验中涉及的复杂的有机、无机液体反应体系。第三种是使用密闭的腔室将液体密闭在一个狭小的空间内，用薄膜将液体与真空隔开，然后将液体池固定在普通样品杆或者专用液体样品杆头部，放入电镜进行原位动态观察。1934 年，比利时布鲁塞尔自由大学的 Morton 就利用两片铝箔包裹样品首次尝试活体生物样品的透射电子显微学动态研究，但是由于当时铝片及液体层较厚，其分辨率仅能达到微米量级[3]。

近年来，得益于微纳加工技术以及微流控技术的发展，液体池的制备和应用实现了突破性进展，通过对液体池的合理设计已经可以实现透射电镜下液体反应的原位观察。同时，经过技术的发展和迭代，在透射电镜和扫描电镜中引入液体池技术不仅可以实现静态液体反应的观测，而且可以实现动态液体反应的原位观测；引入电镜中的液体环境不再局限于封闭环境，可以是跟外部反应液体联通的一整套液体回路系统。基于上述技术，可以对很多化学、物理和生物反应过程进行直接动态观察，对于深入理解纳米粒子生长、催化表界面反应等过程都具有重要意义。

5.2　液体池的种类

借助电子显微镜实现液态环境中样品表征的技术方法主要分为三类。如图 5－1 所示，一类是通过改装电镜，构建差分泵真空系统，在样品台附近允许一定量的液体存在[4]；另一类是将液体制备成具有较低蒸气压的半固态离子液体；还有一类是将液体密封在两层薄膜窗口之间形成密闭腔室，将液体与电镜中高真空环境隔离开[5]。相对而言，密闭液体腔技术价格便宜、适用性广，是目前应用最多的方式。

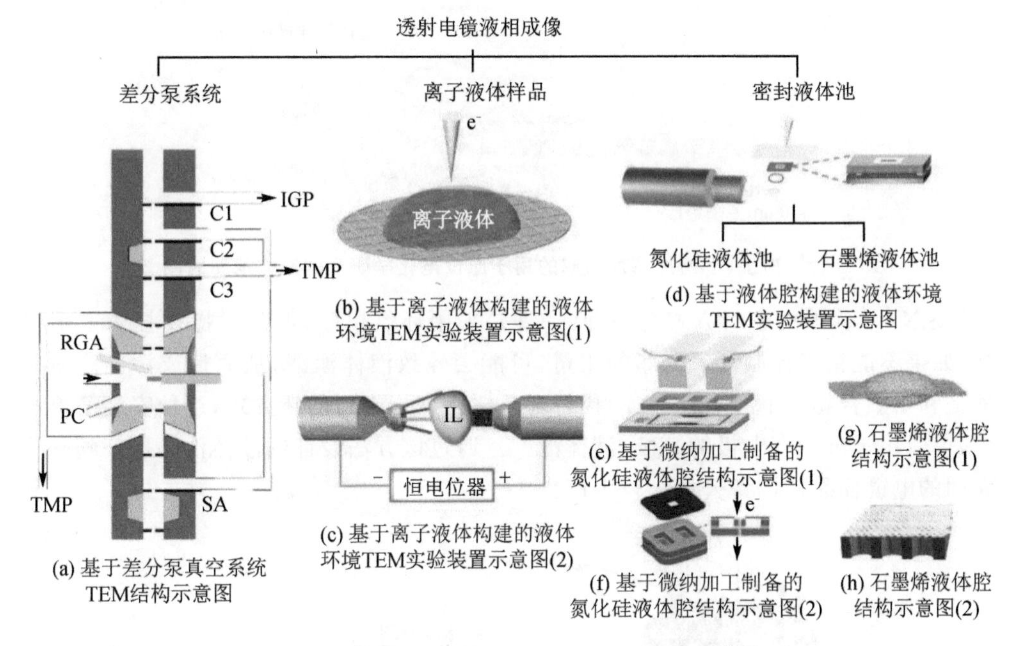

图 5－1　三类液体环境 TEM 实现方式示意图[4-5]

5.2.1　氮化硅液体池

由于 SiN_x 液体池中 SiN_x 薄膜厚度仅为 25 nm，为了确保薄膜能够承受高真空，SiN_x 窗口的尺寸设计为 1 μm × 50 μm，并使用铟的粘性金属层作为底部和顶部芯片之间的间隔物，最终获得 100 nm 的液体层，空间分辨率可达亚纳米。这种薄的 SiN_x 液体池能够研究单个纳米颗粒的生长轨迹，揭示纳米颗粒的生长机制。在此基础上，对超薄 SiN_x 窗口液体池技术进行优化，将 SiN_x 薄膜厚度进一步减小至 10 nm 左右，能够实现原子分辨级成像[6]。

2003 年美国弗吉尼亚大学 Williamson[5] 等人首先使用了氮化硅作为窗口的芯片，用上、下两片芯片形成腔室，然后观察了 Cu 的原位电解生长。虽然他们使用的低应力氮化硅薄膜只有几十纳米厚，却能够抵抗内外较大的压强差，具有较高的机械强度,对电子束透明,并且具有较高的空间分辨率,所以是一种非常好的液体池材料。图 5-2 所示为该芯片的示意图,它由上、下两片芯片构成,芯片中心是氮化硅窗口,由芯片边缘引出电极。作为此类芯片的先驱,后续很多芯片模型均由该模型演变而来。

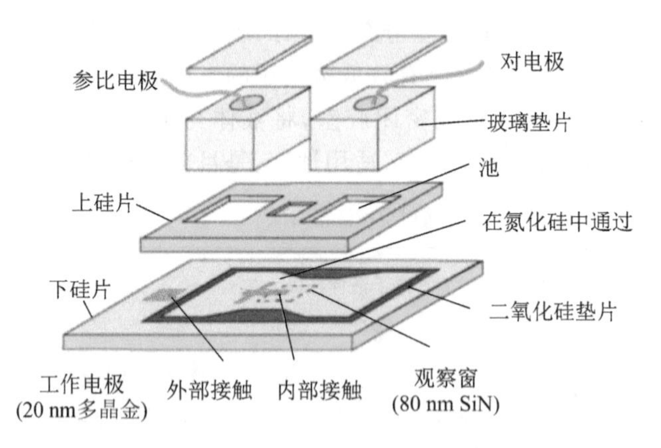

图 5-2　由上、下两片芯片组成的用于原位电化学研究的液体池示意图[5]

SiN_x 液体池的密封方式有两种:一种是采用环氧树脂,但其对操作技术要求很高,如果不能精确控制环氧树脂的用量,可能会导致液体泄漏,从而造成污染。另一种是利用聚合物 O 圈(见图 5-3)代替环氧树脂进行密封的新方式,这种安装简单可控,也适用于沉积有电极的 SiN_x 液体池[7]。通过该方法设计的液体池已推广到一些商用的电镜样品杆设备公司进行生产。

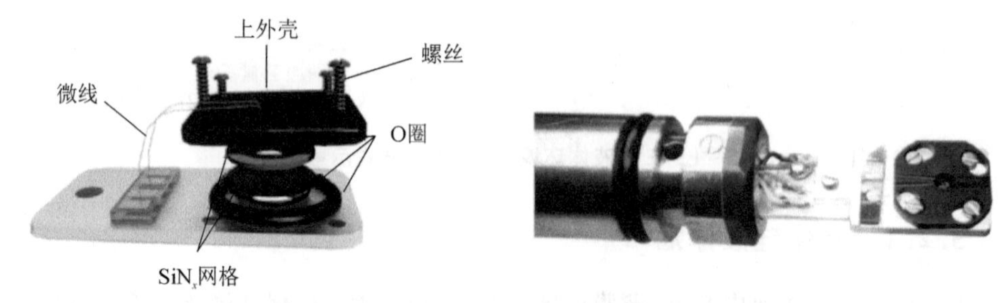

(a) 用O圈密封的液体样品芯片的示意图　　(b) 样品杆前端的光学显微镜照片

图 5-3　SiN_x 液体池[7]

在普通液体池的基础上,可以对液体池及样品杆进行改造,对反应液体加载电场、冷/热温度场等外场作用,极大地拓展了原位电子显微学在液体反应中的研究范围。在氮化硅液体池中,将电极蒸镀到氮化硅芯片上,再引入对电极和参比电极,使用时将液体注入,通过毛细作用流入观察窗口,然后将液体池密封,放入电镜中观察。通过对氮化硅液体池的简单设计可以实现电化学实验的原位观察[7]。此外,还可以将液体池芯片装载在集成加热或冷冻的样品杆中,实现对液体反应温度的精确控制。

此外,前面也已经提到,还有一类液体池为流动式液体池,不同于静态液体池,这一类动态流动式液体池使用外部管道和注射泵在液体池的两个氮化硅膜之间形成流动液体。利用流动式液体池可以实现对瞬时混合溶剂的反应进行研究,但由于液体流动引起的样品漂移、膜破裂和潜在污染等因素导致氮化硅液体池的应用受到限制。

5.2.2　石墨烯液体池

石墨烯厚度薄且具有超强的机械特性和良好的导电、导热特性,是理想的液体池窗口材料。由于石墨烯是厚度非常薄的材料,石墨烯液体池可以将小液滴封闭在两个石墨烯片之间,实现前所未有的高分辨率成像[8]。但是,石墨烯液体池较难控制液膜厚度且不易实现多功能化。目前,石墨烯液体池只在一些专门做液体反应原位研究的课题组内部使用,其商业化进程由于操作难度和功能的单一性受到了很大的限制。

传统的氮化硅液体池的分辨率虽然比不上石墨烯液体池,但是由于氮化硅机械强度比较高且相对惰性,成像对比度也较低。此外,氮化硅液体池为多功能检测提供了出色的开发平台,能够实现与电压、冷/热温度场等多场的耦合。因此,氮化硅液体池仍然是商用主流液体池。然而,氮化硅膜上的压力差会导致它们向外弯曲,形成更厚的液体层,可以通过小区域内减薄较厚的膜并减小膜窗口的总尺寸使窗口弯曲最小化。通常,在液体池实验中,将液体溶液加载到池中,并将液体池放置在常规的 TEM 样品架或商业液体台上,在装入显微镜之前需要对其进行真空测试以避免可能的泄漏。在实际应用中,人们也发现电子束在诸如纳米材料原位生长的过程中可以起到类似驱动反应能源的角色,在对电化学过程的研究或对许多其他液体样品进行成像时,甚至需要控制或尽可能地避免电子束效应的影响。因此,全面了解电子束与物质的相互作用并实施低剂量成像技术至关重要。

5.3　电子束-水溶液相互作用

在液体池内的成像过程中,电子束可以诱发许多“鬼像”或者称为“伪影”,干扰正常的实验现象观察。涉及的干扰类型包括位移损伤、溅射、充电、加热、电离损伤等。无论是弹性散射电子还是非弹性散射电子都会造成电子辐照损伤,但是原位液体实验环境中主要为含液相样品,因此这种损伤不像其他样品类型那样显著,可以通过适当降低实验中的电子束剂量来尽量减少电子束的辐照损伤作用。因此,了解电子束与溶液之间的相互作用有助于正确解释原位液相电镜实验中观察到的实验现象。

在液体池内,电荷会在绝缘氮化硅膜上集聚造成充电现象(charging),由于在固-液界面处形成的电子剂量局部增强,从而导致表面电子集聚恶化。该界面由于散射而充当二次电子源[9]。这种表面电荷的集聚不仅会干扰入射光束,还会由于排斥作用引起液体中粒子的运动。为避免由充电现象造成的干扰,可以尝试使用高能量电子束。高能量电子束具有更大的平均散射自由程,当样品较薄时,大部分电子束将穿过样品而不产生二次电子。

原位液相电镜实验所使用的电子束剂量一般都比较高，由此引起的加热效应是另一种类型的电子束损伤，其中部分动能转化为热能。液体池内相对较大的液体体积和液体流动系统具有良好的热交换作用，可以防止局部加热。但是，生物细胞通常在没有液体流动的封闭池内进行表征，对局部加热非常敏感，由电子束引起的加热效应会导致其损伤。

辐射反应是液体 TEM 实验中最关键的电子束损伤机制。辐射分解（辐解）会导致气泡的形成和膨胀，以及其他的副反应。高能电子产生初级和次级辐解产物。这些产物迅速在电子束照射的区域达到平衡浓度。纯水的辐解产物包括氢气、氢离子和水合电子。如果产生的氢气稳态浓度高于溶解度极限，就会产生气泡[10]，如图 5-4 所示。电子束辐解产生氢离子可以改变所观察液体池中溶液的 pH 值，从而改变溶液中其他物质的稳定性。电子束辐照在液体中形成的自由基物质和水合电子等会引起粒子形状变化、离子液体的凝胶化等“伪影”。这些自由基和水合电子是强还原物质，会与含水负电离子反应并诱导或加速反应。除了使用较低的剂量外，还可以通过降低温度和添加清除剂分子来减少自由基，从而减少辐解。在利用 TEM 原

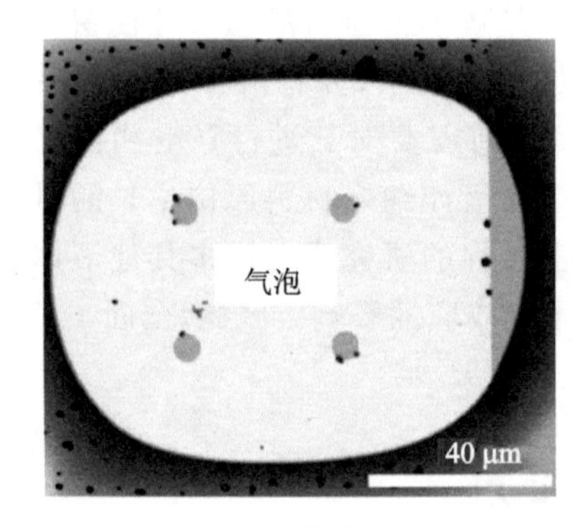

(a) 实验中形成的气泡

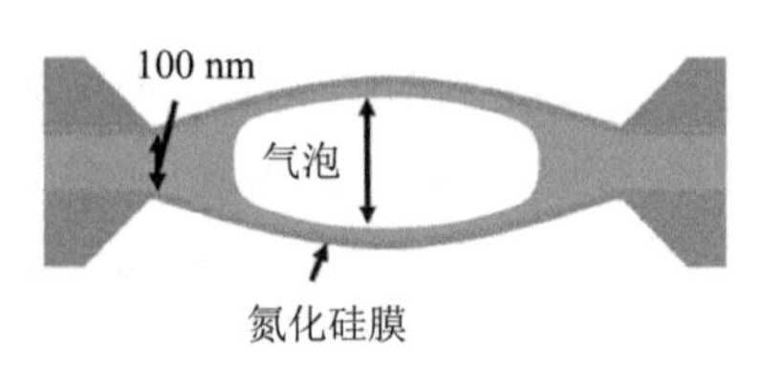

(b) 实验中形成气泡的液体池截面示意图

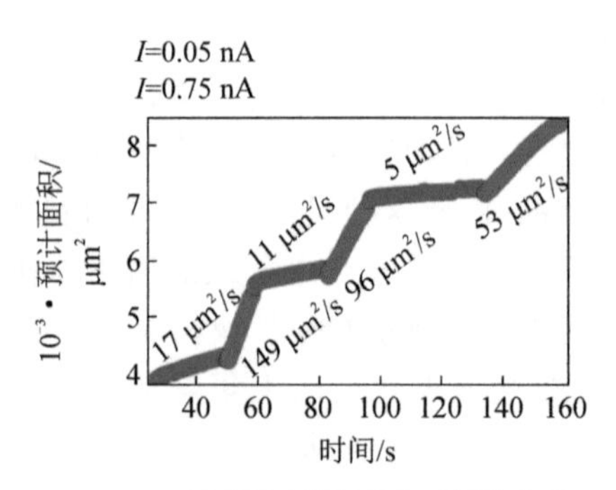

(c) 液体池中的气泡与时间的关系

图 5-4　辐解产生气泡[10]

位液体反应研究纳米粒子的生长时，通常使用电子束作为触发反应的能源。高能电子束可以诱导液体或前驱体分解，当电子束辐照的剂量达到阈值以上时就会诱导纳米粒子生长。但是，在足够高的剂量下，水溶液中会产生气泡，从而发生副反应。

一般来说，为了尽量减少电子束损伤，可以考虑降低加速电压或降低电子剂量，也可以通过溶剂化电子、键断裂和局部加热等策略来限制电子束损伤。由于所有电子束效应都与剂量有关，因此低剂量成像是减少所有系统中电子束损伤的有效方法。

5.4　透射电镜原位液体反应技术的应用

5.4.1　纳米晶体的原位生长

随着纳米材料合成研究的迅速发展，目前已能够合成出形貌、尺寸可控且均一性较好的金属、半导体以及绝缘体等丰富多样的纳米结构材料。在形貌控制上，通过调节表面活性剂、反应物浓度、反应温度等参数，可以合成球状、棒状、枝晶状、空心等多种晶体结构[11-12]。前期的研究多是来源于对生长过程的经验性总结，缺乏对纳米颗粒生长过程的原位观察。因此，利用 TEM 原位液体反应技术，原位观察纳米颗粒在溶液中的生长过程，可以更深入地认识材料的生长机理及其相关的影响因素，为控制材料的结构、形貌甚至性能提供更好的指导。

液相中纳米晶体的成核机制一直饱受争议。传统吉布斯成核理论认为，结晶成核时存在一个临界尺寸，小于该尺寸的纳米晶体趋于溶解，大于该尺寸的晶核则稳定生长[12]。然而，该成核理论并没有明确指出最终的稳定相是直接从溶液中成核还是通过多步多相演化而成。利用 TEM 原位液体反应技术并结合理论计算可以揭示纳米晶体在过饱和水溶液中成核的过程，该过程可以分为三个步骤：首先，过饱和溶液中出现富溶质相；其次，在富溶质相中形成无定型纳米团簇；最后，这些非晶态团簇结晶化形成晶体结构。

常见的纳米晶 Aggregative Growth 理论生长机制指出，纳米颗粒之间可以通过直接融合的方式形成大粒子。Aggregative Growth 理论提出后很长一段时间内，由于无法直接观察到粒子生长方式，并没有直接的证据支持。目前，利用 TEM 下的原位液体反应技术可以观察纳米颗粒成核和生长的过程，一些一直存在争议的问题，例如纳米颗粒液相生长过程中主导机制是单体附加还是颗粒融合，将得到实验验证。

美国劳伦斯伯克利国家实验室 Zheng 课题组[6]使用透射电镜原位液体反应技术研究了铂纳米晶在溶液中的生长机制。如图 5 - 5 所示，通过简单生长形成的颗粒显示出尺寸不断增大并保持接近球形的形状。此外，观察到颗粒内大部分均匀的衍射衬度，表明整个生长过程中的单晶特征。然而，聚结的颗粒显示出形状变化和不同的衍射衬度，表明聚结后颗粒内形成多晶特征，经过间断生长最终形成一个近乎球形的单晶颗粒。在生长过程中，聚结粒子在结构松弛期间聚结后暂停，这些停顿促成了由稳定的简单生长过程形成的粒子“赶上”的情况，从而使两种类型的粒子显示出相似的最终尺寸。此外，颗粒附着的生长机制也可能在具有更复杂形状的纳米晶体的合成中发挥重要作用。透射电镜原位液体反应技术能够以亚纳米分辨率对溶液中的单个纳米颗粒进行可视化观察，这为解决材料科学、化学和其他学科领域的许多基本问题提供了新的技术手段和方法。

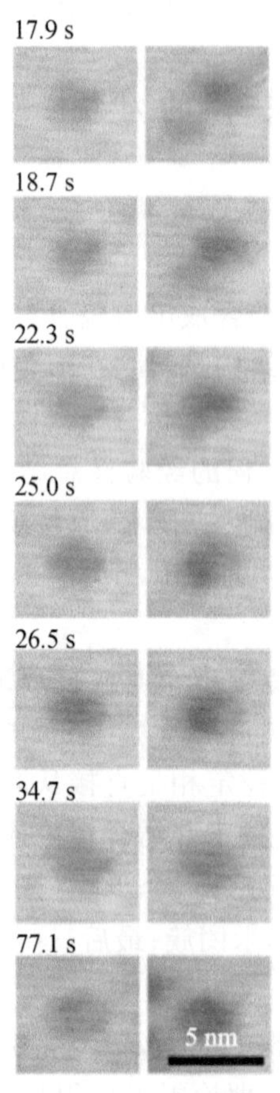

(a) 通过单体(左)或聚结(右)进行的简单生长，粒子是从相同的视野中选择的

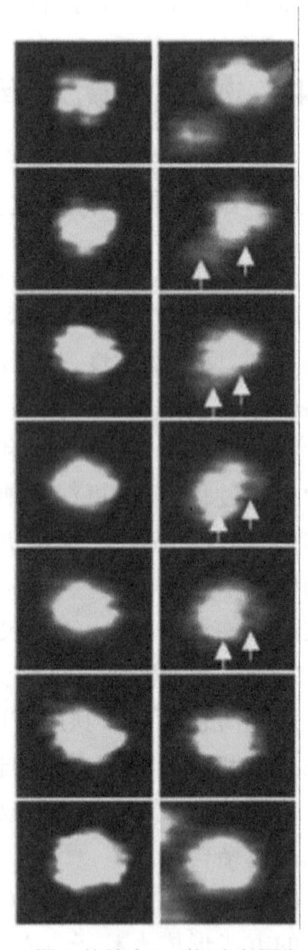

(b) 图(a)的放大(1.5倍)彩色图像

图 5-5　不同生长轨迹的比较[6]

在晶体生长过程中，由高能前驱体生长而成的晶体一般不会直接形成热力学稳定的基态结构，而是先形成亚稳态结构。随后，在晶体的进一步生长过程中通常会经历一系列从亚稳相到稳定相的相转变过程，有的亚稳相具有优越的物化特性，因此，新亚稳相的发现和合成是材料科学创新的突破口。然而，目前亚稳相的发现主要还是依赖于经验法则，所以通过合理设计实验去发现新的亚稳相是非常必要的。韩国科学技术院高级分析中心 Hong 课题组[13]利用透射电镜原位液体反应技术观察了

亚稳态密排六方(Hexagonal Close Packed，HCP)氢化钯(PdH_x)纳米粒子的生长过程。

在该项研究中，通过使用石墨烯液体池将 Pd 前驱体溶液封装在两个多层石墨烯层之间，并且由电子束产生的水合电子引发了纳米粒子的成核和生长。由于纳米粒子在液体中自由旋转，从而获得了具有不同晶体学取向的衍射图案，最终确定了其晶体结构。图 5-6(a)和(b)分别为通过单体附着生长和聚结生长的亚稳态 HCP 相 Pd 纳米晶，在生长过程中没有观察到从面心立方(Face Centered Cubic，FCC)到 HCP 的相变。低折射率平面的晶面间距值在生长过程中几乎保持不变，表明结构的稳定性好。

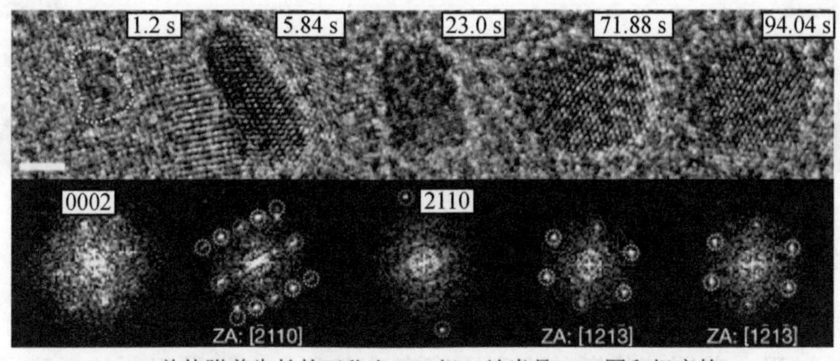

(a) 单体附着生长的亚稳态HCP相Pd纳米晶TEM图和相应的快速傅里叶变换(Fast Fourier Transform，FFT)图

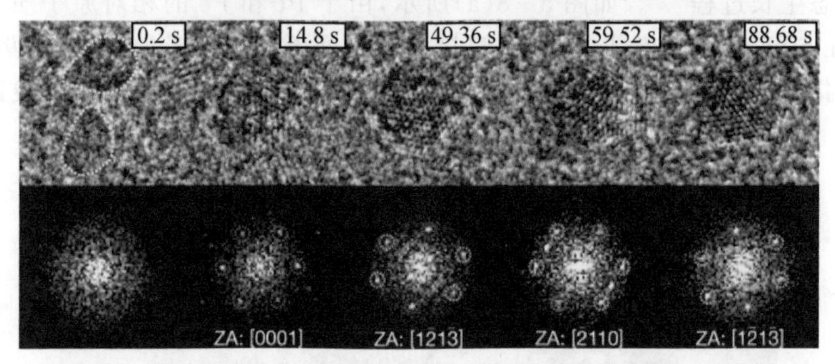

(b) 聚结生长的亚稳态HCP相Pd纳米晶TEM图和相应的快速傅里叶变换图

图 5-6　石墨烯液体池中亚稳态 HCP 相 Pd 纳米晶的 TEM 分析[13]

在亚稳态 HCP 相 PdH_x 的合成中，液体池提供了有限的钯前驱体和不断补充的氢，促成了 PdH_x 的形成(见图 5-7)[13]。模拟结果显示，纳米尺度 HCP 相 PdH_x 稳定存在的关键是间隙氢原子的不规则分布。此外，结合原位液相实验和原子电子层析成像结果可知，较高的电子剂量和较低的钯浓度导致多步合成的生长途径，从而保持了亚稳相的完整性，足量的氢也有利于 HCP 相在亚纳米尺度上的结构稳定。相比 FCC 相的 PdH_x，亚稳态 HCP 相的 PdH_x 具有更强的储氢能力和与氢的结合力，并且亚稳态 HCP 相的 PdH_x 晶体结构可以通过调节电镜液体池中氢和钯的浓度来

调控，这些发现从动力学角度为发现新亚稳相提供了新的工程策略，为新型储能材料的设计和合成提供了一条新途径。

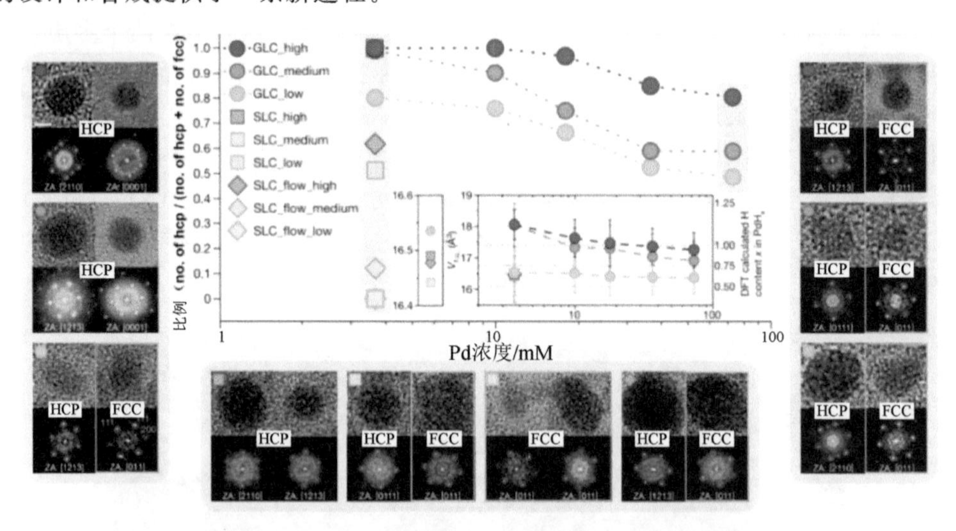

图 5-7　电子剂量、钯溶液浓度和液体池种类对纳米颗粒结构的影响[13]

除了原位观察纳米晶的生长外，利用透射电镜原位液体反应技术还可以观察纳米线的生长过程。美国劳伦斯伯克利国家实验室 Zheng 课题组原位观察了 Pt_3Fe 纳米棒的动态生长过程[14]。如图 5-8(a)所示，由于 Pt 和 Fe 的相对原子质量差距明显，因此在 STEM 成像模式下，可以直接判断衬度更低的位置为 Fe 的富集区（图中白色箭头指向的黑点）。图 5-8(b)展示了在液体环境中铁纳米颗粒组成链过程中

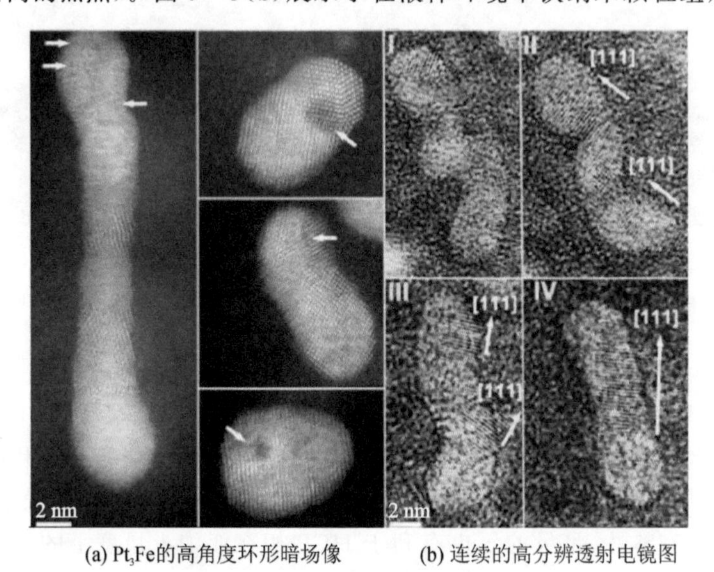

(a) Pt_3Fe的高角度环形暗场像　　(b) 连续的高分辨透射电镜图

图 5-8　原位观察 Pt_3Fe 纳米棒的生长过程[14]

晶体形貌的动态演变过程。由此可以看出，纳米棒的生长并不是一个连续的过程，首先，纳米粒子首尾相互连接，形成不规则纳米链；紧接着，扭曲纳米链自我校正后最终形成具有相同晶面取向的纳米棒。该研究工作通过透射电镜原位液体池技术，对 Pt_3Fe 纳米棒的形成过程进行了实时动态观察，为纳米晶体在表面活性剂作用下生长的动态过程提供了原子级的成像分析，获得了表面活性剂如何影响纳米晶体形态演变的直接证据。

了解纳米材料的熟化机制对于深入理解纳米颗粒的可控合成和应用具有重要意义，尤其是直接观察到纳米结构在溶液中熟化的原子途径。美国劳伦斯伯克利国家实验室 Zhang 等人[15]报告了缺陷介导的 Cd - $CdCl_2$ 核壳纳米粒子的熟化机制。使用自制的碳膜液体池将几个纳米颗粒限制在薄液膜(厚度为 10～50 nm)中。Cd - $CdCl_2$ 核壳纳米晶是在电子束照射辅助下原位形成的，电子束作为成像源和还原剂将 Cd 离子还原为 Cd 原子。如图 5 - 9 所示，从侧视和俯视两个角度对Cd - $CdCl_2$ 核壳颗粒进行成像。由图 5 - 9(d)、(f)和(g)中所选矩形区域的放大图像确认了界面的结晶度和取向，Cd 核为六方结构，而 $CdCl_2$ 壳为三角相。图 5 - 10 显示了两个 Cd - $CdCl_2$ 核壳纳米粒子在熟化过程中沿[0001]带轴观察到的演化过程。在整个熟化过程中，纳米颗粒 P1 以牺牲纳米颗粒 P2 为代价生长，直到获得一个更大的纳米颗粒，如图 5 - 10(a)所示。

如图 5 - 10(b)所示，在熟化过程中，首先发生不完整的 $CdCl_2$ 壳的溶解，随后暴露于溶液内的 Cd 核开始被刻蚀。其他纳米粒子的生长是通过在壳上形成裂纹缺陷，实现粒子一侧或多侧的定向生长，从而改变粒子的形状，随后离子发生扩散，生成

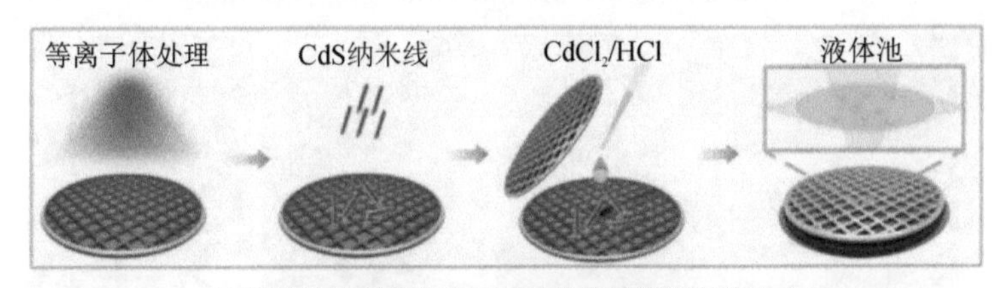

(a) 液体池的制备和Cd-$CdCl_2$核壳纳米颗粒的形成

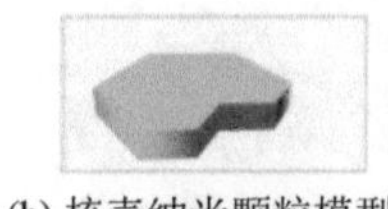

(b) 核壳纳米颗粒模型

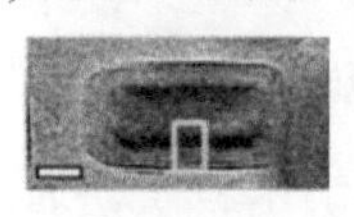

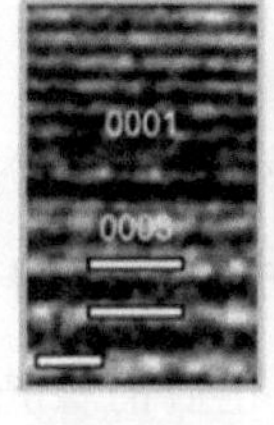

(c) 从侧面观察的透射电镜图像(标尺：5 nm)　(d) 图(c)中选定区域的HRTEM图像(比例尺：1 nm)　(e) 俯视图中的电镜图像(标尺：5 nm)　(f) 图(e)中选定区域的HRTEM图像(比例尺：1 nm)(1)

图 5 - 9　Cd - $CdCl_2$ 核壳纳米结构合成的实验装置[15]

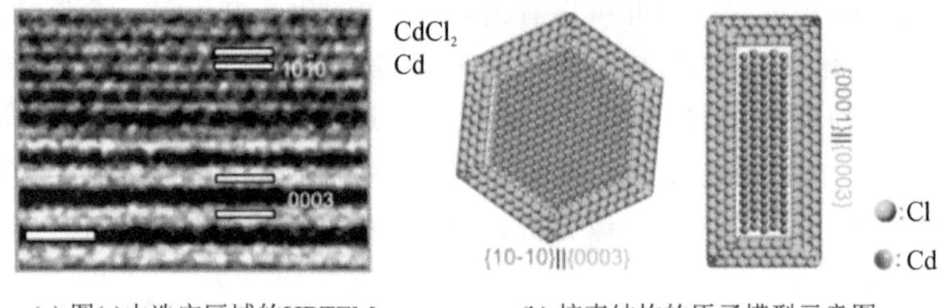

(g) 图(e)中选定区域的HRTEM图像(比例尺：1 nm)(2)

(h) 核壳结构的原子模型示意图

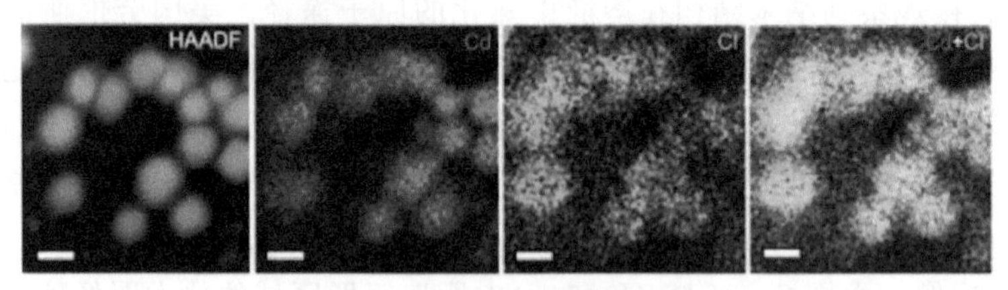

(i) 核壳纳米颗粒元素面分布图

图 5-9　Cd-$CdCl_2$ 核壳纳米结构合成的实验装置[15]（续）

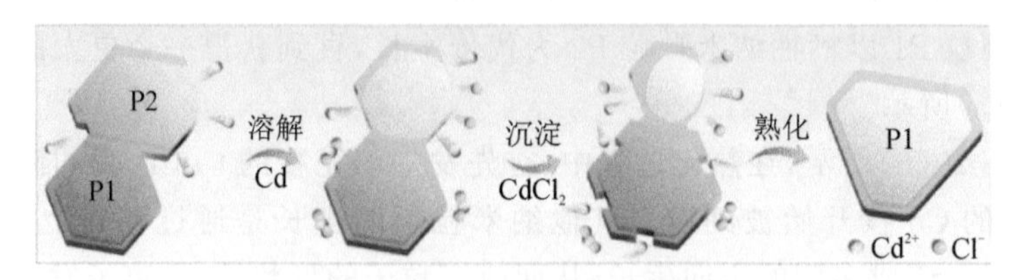

(a) Cd-$CdCl_2$核壳纳米结构的演化路径示意图

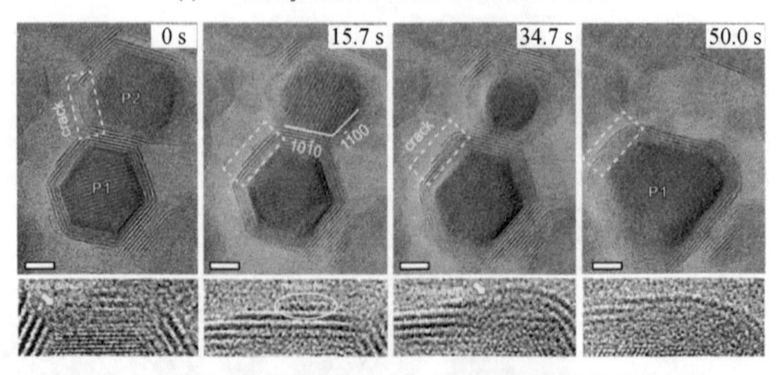

(b) 两个Cd-$CdCl_2$核壳粒子连接后的熟化过程(P1和P2标出两个粒子，比例尺：5 nm)

图 5-10　Cd-$CdCl_2$ 核壳纳米粒子的缺陷介导熟化过程[15]

新的纳米粒子。通过裂纹缺陷的愈合，得到晶化后的核壳纳米粒子。通过 $CdCl_2$ 壳中裂纹缺陷的生成与愈合，伴随着壳结构的畸变和晶化，实现了 Cd-$CdCl_2$ 核壳纳米粒子的熟化。利用高分辨率透射电镜原位液体反应技术直接揭示了 Cd-$CdCl_2$ 核壳纳米颗粒在原子尺度上缺陷介导的熟化机制，对正确理解纳米材料的生长过程意义重大。

在设计和合成形貌可控的纳米颗粒方面，理解纳米颗粒生长过程中的晶面演化机理非常重要。然而，由于缺乏直接的实验证据，关于纳米晶的晶面生长途径仍然是未知的。东南大学卫伟等人在对 Pb_3O_4 纳米晶体的原位生长研究中发现，当改变生长途径时，Pb_3O_4 纳米晶体的生长遵循不同的轨迹[16]。图 5-11(a)展示的是在 TEM 中原位观测 Pb_3O_4 纳米晶体生长的液体反应池示意图，用一个碳支持膜铜网支撑 Pb^{2+} 前驱体溶液，用一个微栅铜网封装。当电子穿过液体池时，液体分子可以与电子束相互作用，产生中间物种，如 O_2、H_2、H^+、OH^-、H_2O_2、H_3O^+ 和 e_{aq}^- 等(见图 5-11(b))，Pb^{2+} 前驱体在电子束照射下被还原，然后与这些辐解产物相互作用，由此可以观察到 Pb_3O_4 纳米晶体的成核和生长过程。

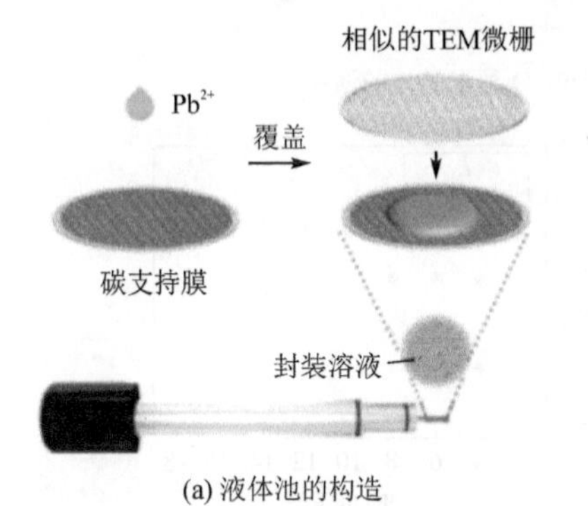

(a) 液体池的构造

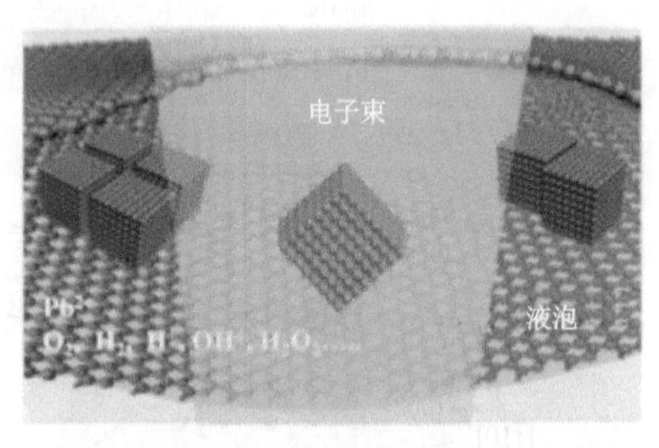

(b) Pb_3O_4纳米晶体的TEM成像过程中的液穴示意图

图 5-11　Pb_3O_4 纳米晶体的液体池 TEM 观察示意图[16]

实验发现，Pb_3O_4 纳米晶体的生长具有三种途径，即 Pb_3O_4 纳米晶体的单体生长、Pb_3O_4 纳米晶体的聚结生长、Pb_3O_4 纳米晶体的定向附着生长。单分散的 Pb_3O_4 纳米晶体主要是通过单体生长和聚结生长来实现的。如图 5-12 所示，晶面优先沿[002]方向生长，单体生长的生长速率比聚结过程的生长速率慢。图 5-13 展示的是定向附着生长的过程，两个 Pb_3O_4 纳米晶体经过短暂的平移和旋转，最后彼此结合并生长在一起。可以看出，开始时两个 Pb_3O_4 纳米晶体在{002}面上的取向是不同的，随后发生了平移和旋转，直到它们的面在[002]方向上完全对准。一旦建立了晶面的匹配，就可以通过瞬间跳跃来完成定向附着生长。

对于纳米晶体液相生长理论，长期以来都认为是表面活性改变了晶面的表面能，从而影响整个晶体的晶面生长速度，控制纳米晶体的形貌，但是透射电镜下的原位液相反应研究表明，上述理论在纳米尺度并不适用。美国劳伦斯伯克利国家实验室 Liao 等人研究了 Pt 纳米立方体在液相中的成核生长过程[17]。如图 5-14 所示，沿[001]方向观察了 Pt 纳米立方体成核生长过程中四个不同晶面的生长过程，通过测量从晶体中心到每个面边缘的距离发现四个晶面的生长速率各不相同：(110)晶面比$(\bar{1}\bar{1}0)$、$(1\bar{1}0)$和$(\bar{1}10)$晶面生长得慢，生长缓慢的(110)晶面最终还是能够赶上其他晶面，形成对称的立方纳米晶体。该工作为纳米晶体生长的理论认知提供了实验证明。

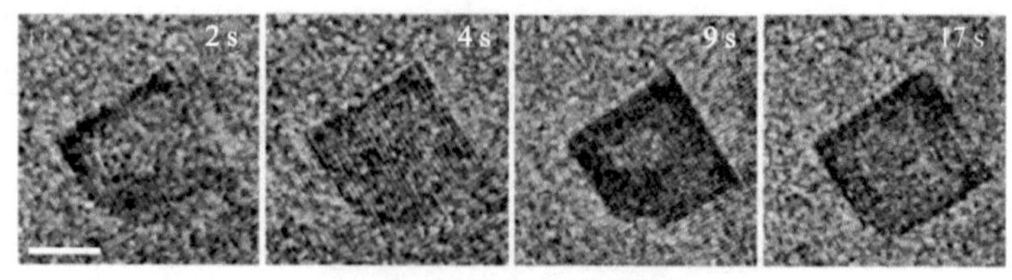

(a) Pb_3O_4纳米晶体的单体生长

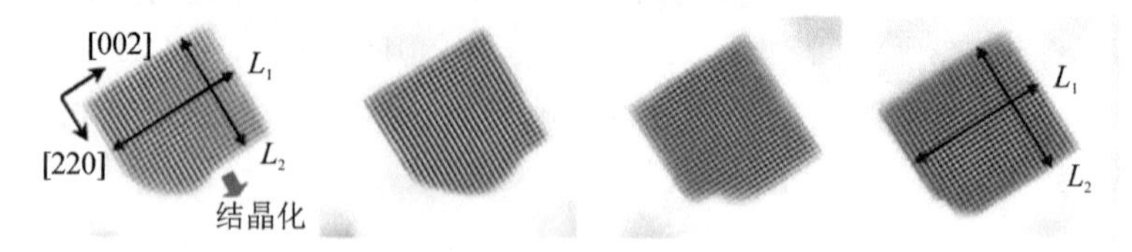

(b) 与图(a)相应的滤波图像，单个Pb_3O_4纳米晶体的演化

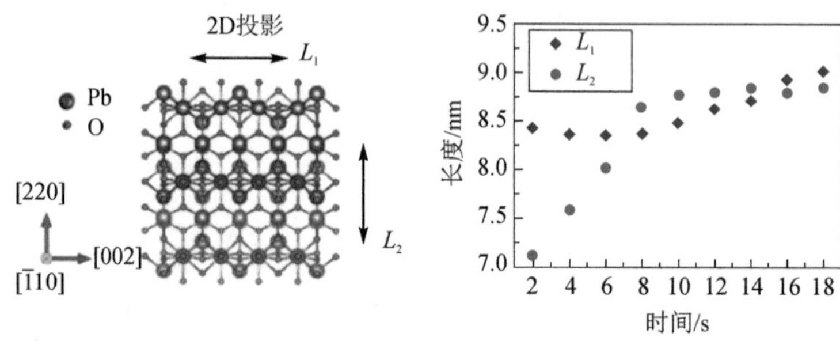

(c) Pb_3O_4沿[$\bar{1}$10]视区轴的2D投影

(d) Pb_3O_4纳米晶体的尺寸演变(L_1和L_2分别是Pb_3O_4纳米晶体沿[002]和[220]的长度，比例尺：5 nm)

图 5-12 单个 Pb_3O_4 纳米晶体的生长过程[16]

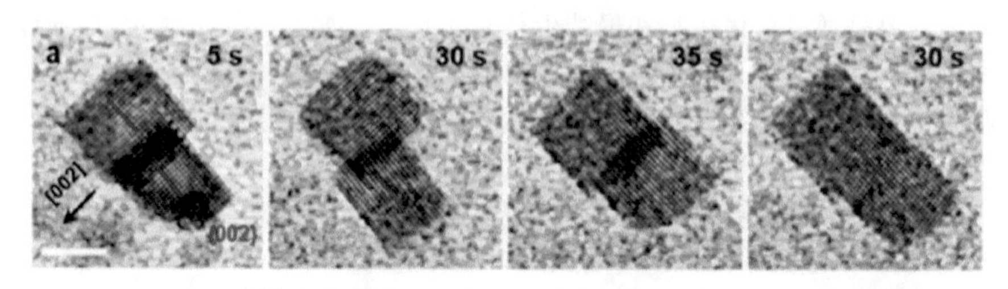

(a) TEM图像(红线表示{002}晶面，黑箭头表示[002]方向，比例尺：5 nm)

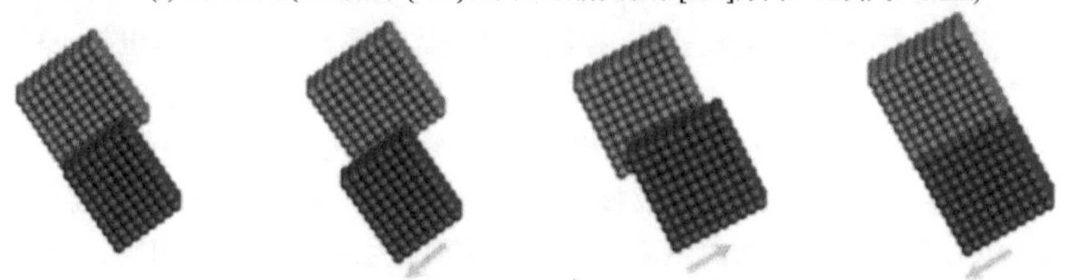

(b) 定向附着生长示意图(黄色箭头表示纳米晶体的平移方向)

图 5-13 Pb_3O_4 纳米晶体在[002]方向上的定向附着生长过程[16]

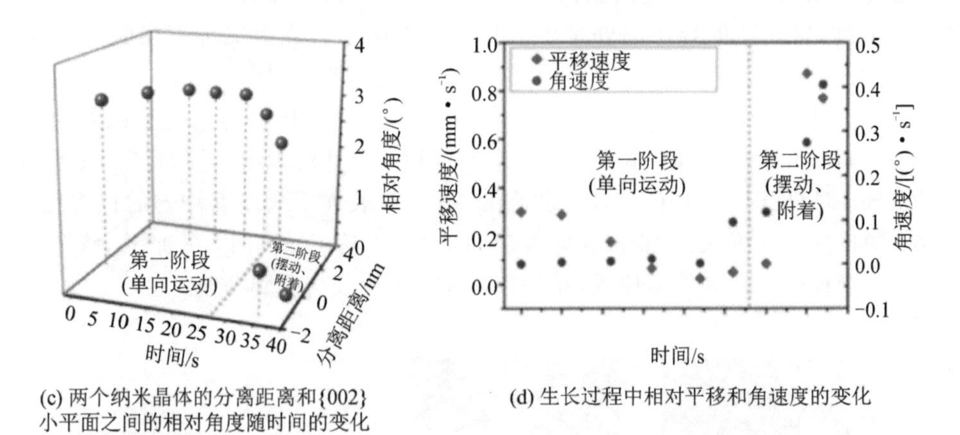

(c) 两个纳米晶体的分离距离和{002}小平面之间的相对角度随时间的变化

(d) 生长过程中相对平移和角速度的变化

图 5-13　Pb_3O_4 纳米晶体在[002]方向上的定向附着生长过程[16]（续）

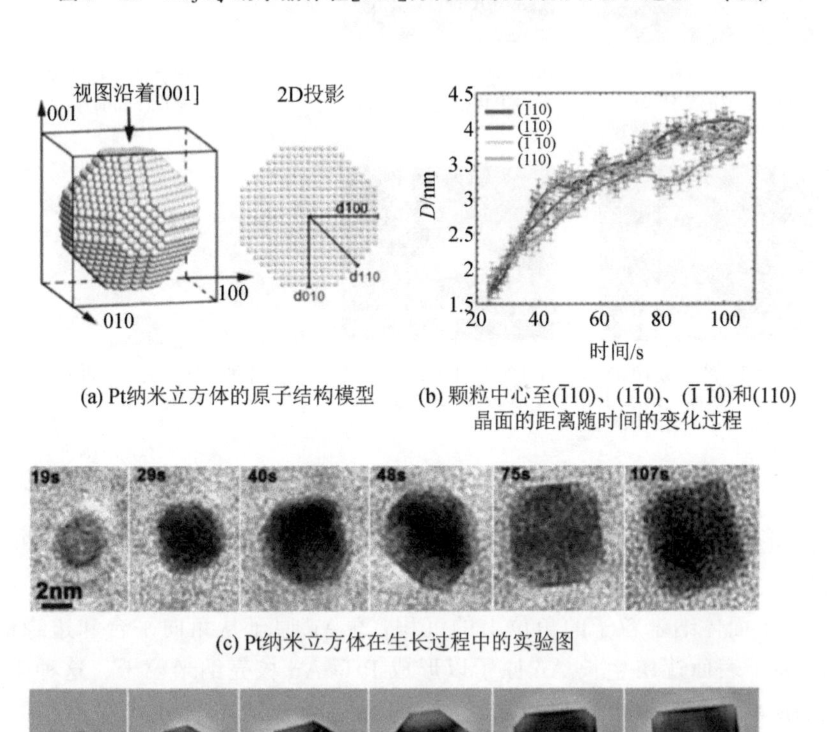

(a) Pt纳米立方体的原子结构模型

(b) 颗粒中心至$(\bar{1}10)$、$(1\bar{1}0)$、$(\bar{1}\,\bar{1}0)$和(110)晶面的距离随时间的变化过程

(c) Pt纳米立方体在生长过程中的实验图

(d) 图(c)中各阶段Pt纳米颗粒对应的模拟图

图 5-14　从[001]晶带轴观察 Pt 纳米立方体生长过程中晶面的变化[17]

除了观察纳米颗粒的直接生长过程之外，也可以提前在液体中放入预先合成好的纳米晶种，研究其他异质的外延生长过程。美国布鲁克海文国家实验室 Jungjohann 等人研究了 Au 纳米颗粒表面沉积 Pd 原子的过程(见图 5－15)[18]。溶液中电子束诱导产生水合电子(e_{aq}^{-})，水合电子将氯钯酸盐络合物中的钯离子还原为 Pd^0。研究发现，Pd 元素的异质生长受到 Au 颗粒形貌和尺寸的影响。例如，当 Au 颗粒尺寸为 5 nm 时(见图 5－15(a))，Pd 原子在 Au 颗粒表面形成厚度均匀的包覆层。而当 Au 颗粒的尺寸增大到 15 nm(见图 5－15(d))甚至 30 nm 时，Pd 原子会倾向于沉积在 Au 颗粒的顶角和棱部位置，在平整晶面上的生长会受到抑制。

(a) 在$PdCl_2$含量为10 μM的前驱体溶液中的尺寸为5 nm的Au纳米颗粒

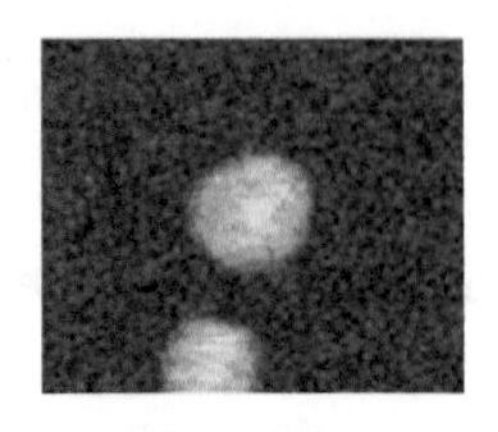

(b) 经过84 s生长之后的Au@Pd纳米颗粒(5 nm)

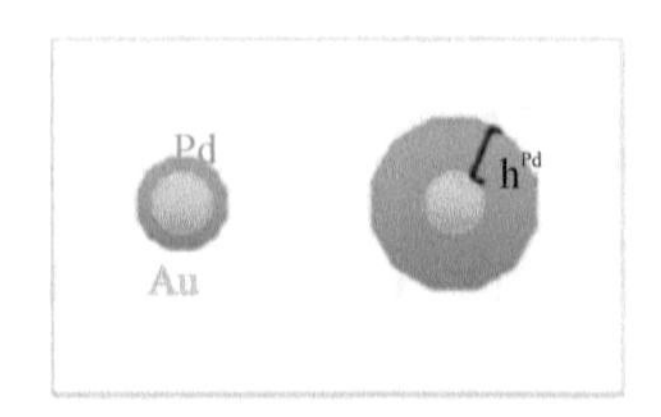

(c) 纳米颗粒的生长过程示意图(5 nm)

(d) 在$PdCl_2$含量为10 μM的前驱体溶液中的尺寸为15 nm的Au纳米颗粒

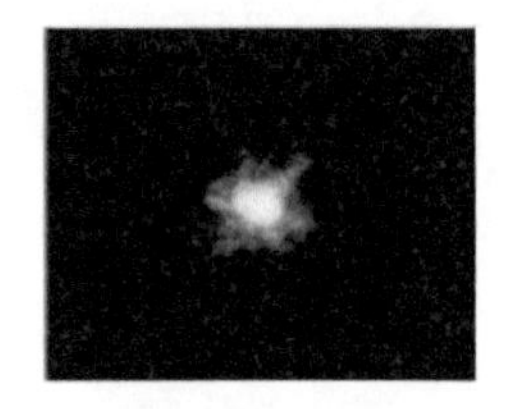

(e) 经过84 s生长之后的Au@Pd纳米颗粒(15 nm)

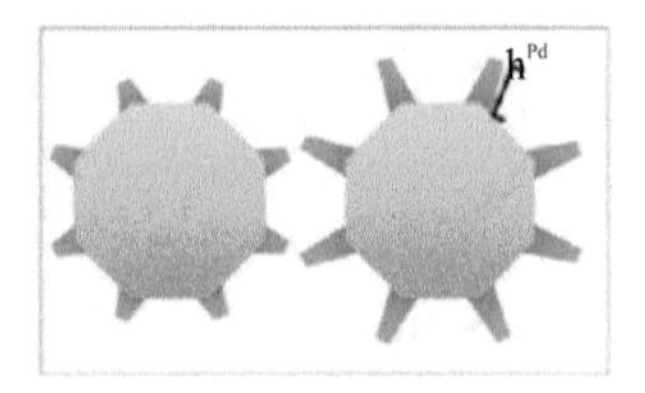

(f) 纳米颗粒的生长过程示意图(15 nm)

图 5－15　在尺寸分别为 5 nm 和 15 nm 的 Au 颗粒上 Pd 原子的异质生长过程[18]

美国伊利诺伊大学厄巴纳-香槟分校 Wu 等人原位研究了 Au 原子在 Pt 二十面体上的生长过程(见图 5－16)，提出了新的核壳结构纳米颗粒生长模型[19]：① Au 原子在 Pt 二十面体纳米粒子的角位上的沉积；② Au 原子从角向平台和边缘的扩散；③ 在 Pt 原子表面逐层生长 Au 原子以形成 Pt@Au 核壳纳米粒子。这种生长模型与现存的层状生长、岛状生长和岛状-浸润层相结合的生长方式都不相同。原位 TEM 结果表明，Au 原子从角岛扩散到平台和边缘是一种动力学控制的生长，通过原位电镜定量研究成核和生长动力学，可以为异质纳米结构的设计和精确控制提供新的见解。

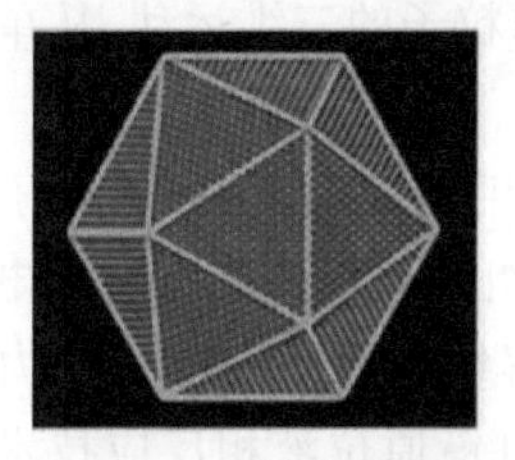
(a) Pt二十面体的3D模型

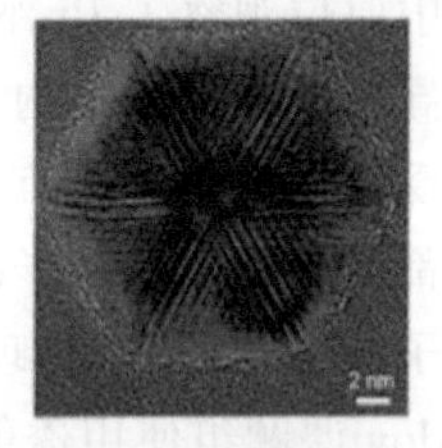

(b) Pt二十面体的球差校正TEM图像

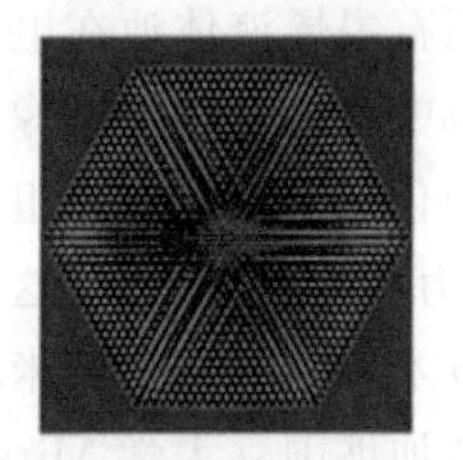
(c) 图(b)的TEM模拟像

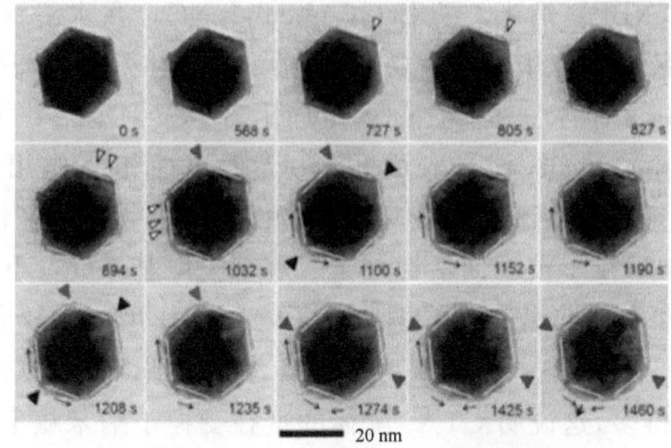

(d) Au原子在Pt颗粒表面的生长过程图

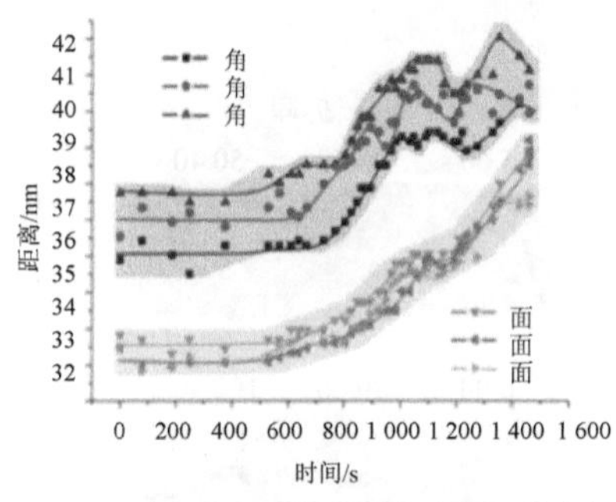

(e) 对角线和对角面距离随时间的变化

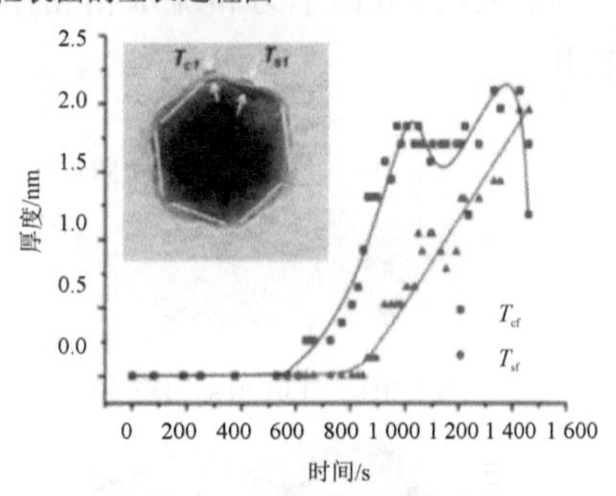

(f) Pt颗粒平面位置和顶角位置所增加的厚度随时间的变化

图 5-16　Au 原子在 Pt 二十面体上的生长过程[19]

5.4.2　纳米颗粒的运动和自组装

近年来，通过纳米粒子运动或自组装形成纳米结构材料的成像研究正在蓬勃发展[20-21]。纳米粒子在生长溶液中的运动来源于布朗运动、液体流动、电子束效应或化学反应引起的局部环境变化等[22-24]。Zheng 等人[25]直接观察到球形和棒状(5 nm×10 nm)Au 纳米晶体在水-15%甘油薄膜中的实时扩散过程，揭示了无机纳米粒子在流体蒸发时的运动过程，这为通过颗粒扩散或自组装来制备功能性纳米粒子阵列提供了基础。此外，纳米粒子运动也可用于纳米粒子的三维重建。美国加州大学 Park

等人利用石墨烯液体池在电镜中原位观察了 Pt 纳米粒子的三维运动，从单个纳米粒子在溶液中自由旋转的图像推导出了其三维结构[26]。

溶剂化纳米粒子的自组装受许多竞争性相互作用的控制，例如偶极子-偶极、氢键、静电力和范德华力等，这些都会影响纳米粒子的组装过程产物。透射电镜原位液相反应技术可实时观察纳米粒子的组装过程，为理解纳米粒子自组装动力学提供了可能。新加坡国立大学 Mirsaidov 课题组使用透射电镜原位液相反应技术研究了不同形貌的 Au 纳米粒子（纳米球（Nanosphere，NS），纳米棒（Nanorod，NR），纳米锥（Nanobypiramid，NBP），纳米立方体（Nanocube，NC））在水溶液中的组装过程[27]。球形纳米粒子组装以范德华力为主要作用；纳米立方体的形成与疏水相互作用相关，这些相互作用促进了纳米立方体之间的定向附着。根据纳米粒子的形状和大小（见图 5－17（a）和（b））可知，相对表面积越大，疏水性相互作用的相关性越强，如图 5－17（c）所示，有机纳米粒子（NP）成对接触后永久附着的可能性排序为 NC>NS>NBP>NR。Au 纳米粒子被表面活性剂十六烷基三甲基铵（Cetyltrimethylammonium，CTA^+）吸附，由于其他形貌的 Au 纳米粒子之间的作用力比较弱，一旦附着接触就会马上分开。图 5－17（d）中的分子动态模拟表明，纳米球形 CTA^+ 重叠比纳米立方体 CTA^+ 重叠少得多，这说明 CTA^+ 配体的重叠受控于纳米粒子的大小和形状。原位实验结果表明，范德华力和疏水相互作用分别对纳米球和纳米立方体的组装起着关键作用。

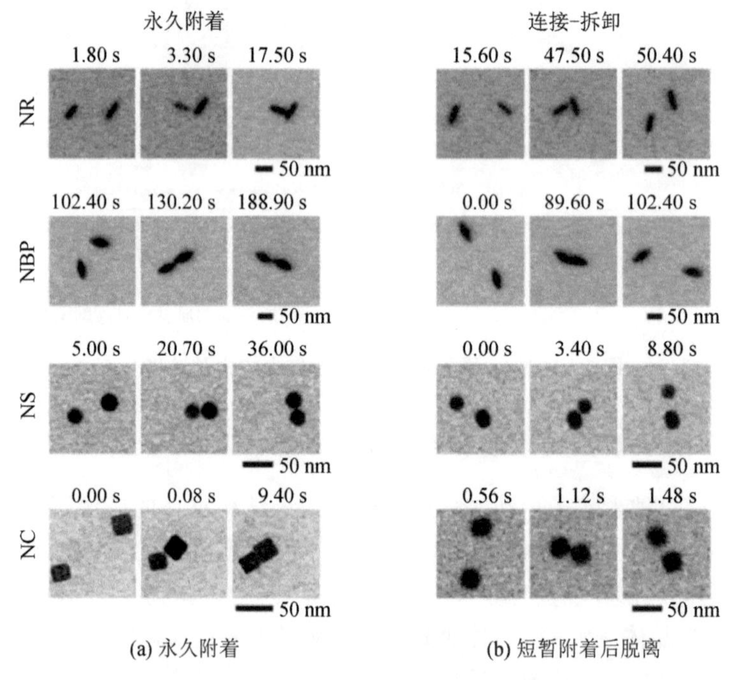

图 5－17　不同形状纳米粒子间的相互作用动力学[27]

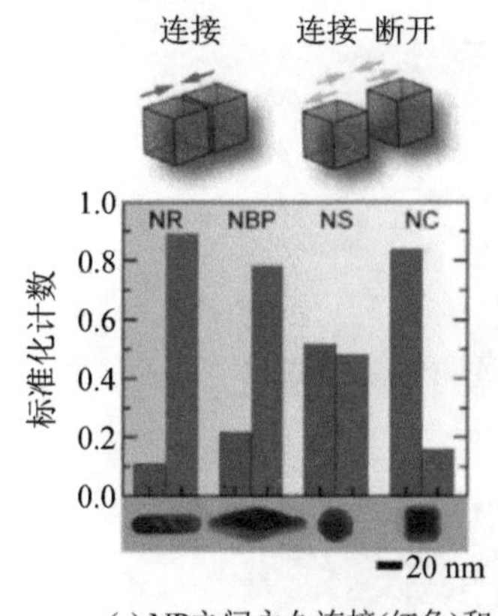

(c) NP之间永久连接(红色)和连接后分离(绿色)

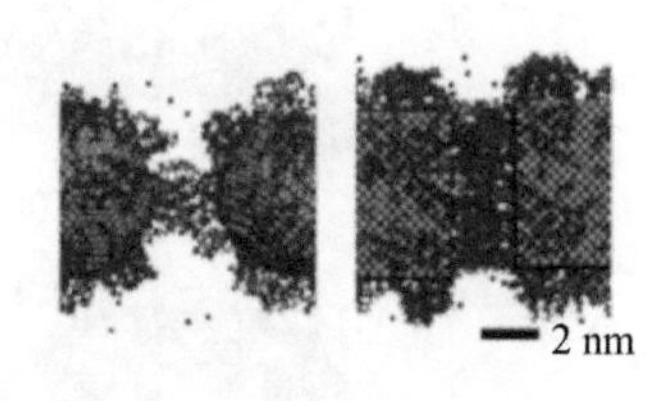

(d) 纳米球粒子和纳米立方体粒子的分子动力学模拟

图 5-17　不同形状纳米粒子间的相互作用动力学[27](续)

5.4.3　纳米晶体的刻蚀与溶解

氧化刻蚀作为一种调控贵金属纳米晶体结构、尺寸与形貌的重要手段,其相关的研究已经取得一些不错的进展,但是其中很多复杂的行为与机理还没有得到很好的解释,例如氧化刻蚀对不同结构贵金属纳米晶的具体作用,以及各向异性的氧化刻蚀过程中特殊位点的选择性等。其中最主要的原因是贵金属纳米晶体的尺寸一般在几纳米到几百纳米之间,氧化刻蚀过程不能直接被观察到。贵金属纳米晶体氧化刻蚀行为研究的传统方法一般是通过溶液的颜色以及吸收光谱的变化,或者非原位观察反应过程中不同时间点分离出的样品的分析表征结果来实现[28-29]。但是,这些方法都有一定的局限性,缺乏直观的数据。电镜中原位液相反应技术的发展,为从纳米尺度甚至原子尺度实时地观察纳米材料的动态刻蚀过程提供了可能性[30-32]。

上海交通大学邬剑波等人用透射电镜原位液相反应技术动态观察了Pd@Pt 核壳结构在 NaBr 溶液的多种刻蚀过程[33]。如图 5-18(a)所示,Pd@Pt 核壳结构的刻蚀是缓慢的动力学置换过程,而对于有缺陷的 Pd@Pt 核壳结构的刻蚀(角缺陷或台阶位缺陷立方体,见图 5-18(b)和(c))则是通过 Br^- 诱导的快速动力学置换完成的。这两种刻蚀途径都表明最初和更快的刻蚀位置都是纳米立方体的拐角位置。此外,该团队用 $HAuCl_4$ 作为氧化剂,研究了 Pt 纳米立方体和二十面体刻蚀过程,如图 5-19(a)所示[34]。与最初的 Pt 纳米立方体和二十面体的边缘相比,当溶解发生时,同样也是角先开始变得圆滑,1 h 后,立方体完全溶解,而二十面体仍有少量残留。在 TEM 原位液体反应实验中,在无外加氧化剂条件下,仍然可以通过控制电子束的剂量来实现纳米晶体的生长和刻蚀。高电子束剂量会加快刻蚀过程,这是由于高电子束剂量下辐解水形成的氧化性基团迅速增加。图 5-19(b)和(c)展示了在 Br^- 离子辅助作用下,电子束诱导的 Pd 纳米立方体的刻蚀过程,该过程与在真实实验中同时引入 O_2 与 Br^- 离子对 Pd 的刻蚀过程是一致的[35]。

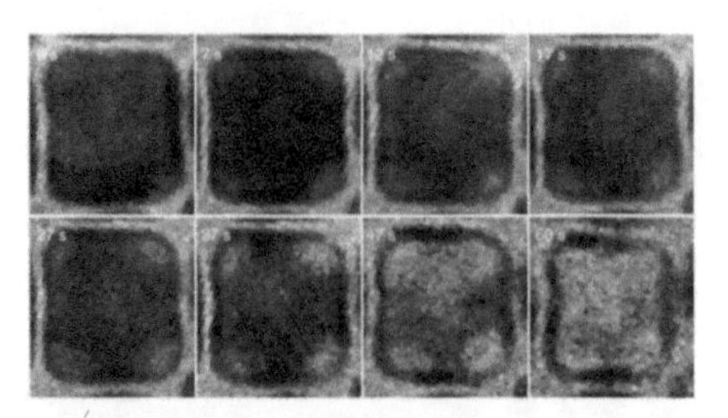

(a) 规则立方体

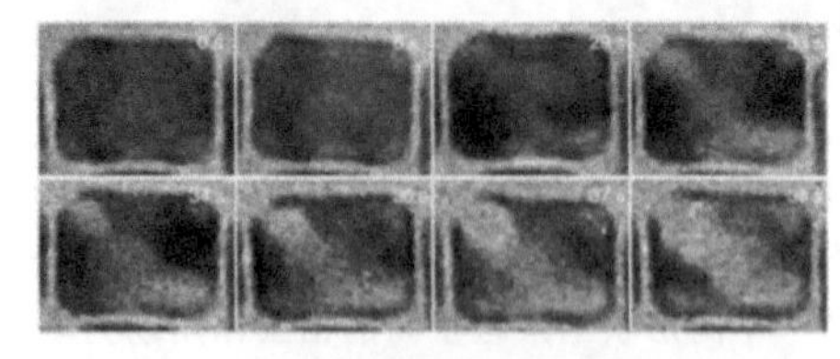

(b) 角缺陷立方体

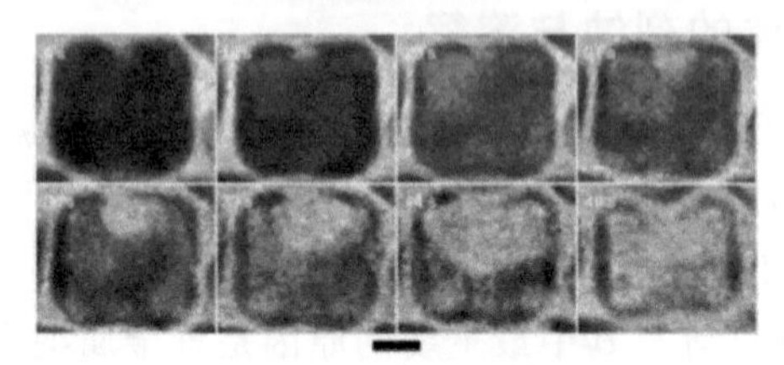

(c) 台阶位缺陷立方体

注：比例尺为 5 nm。

图 5-18　刻蚀过程[33]

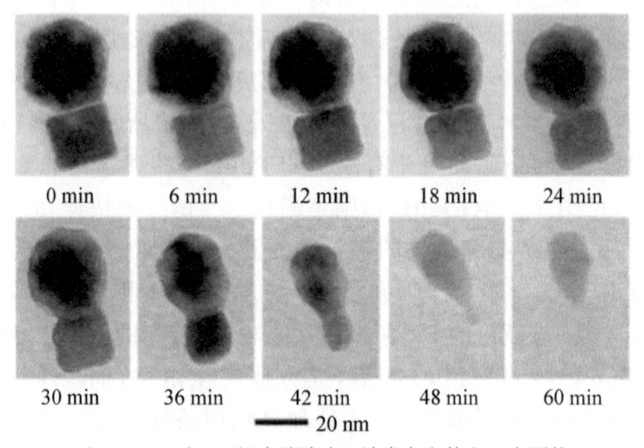

(a) $HAuCl_4$和KCl混合溶液中Pt纳米立方体和二十面体在1 h内的形态变化[34]

图 5-19　纳米晶体的刻蚀过程

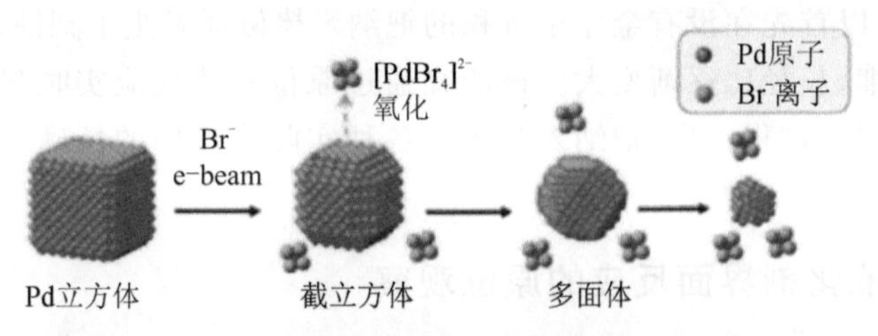

(b) 水溶液中Pd纳米立方体在Br⁻离子辅助作用下的表面刻蚀过程原子图示[35]

(c) 相应时间下的STEM图像[35]

图 5-19　纳米晶体的刻蚀过程(续)

在正常条件下,钯纳米棒各向异性的氧化行为是由于纳米棒端部具有较高的反应活性,氧化刻蚀会选择性地发生在纳米棒的端部。浙江大学金传洪等人[36]通过在钯纳米棒的表面原位沉积金来保护反应活性较高的端部,借助透射电镜原位液体反应技术研究了端部受保护的钯纳米棒的氧化刻蚀行为。图 5-20(a)所示为端部受保护的钯纳米棒在 $HAuCl_4$ 溶液中的氧化刻蚀过程。原位电镜实验结果显示:钯纳米棒的表面尤其是端部首先有物质沉积,在之后的氧化刻蚀过程中,钯纳米棒持续变细而没有明显的变短。图 5-20(b)～(d)所示为经过表面沉积的钯纳米棒电镜表征结果,金原子会被还原,然后富集在钯纳米棒的两端。由于金的氧化还原标准电极电

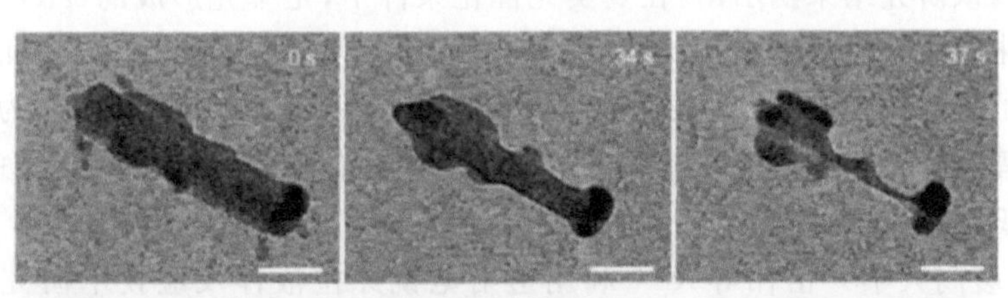

(a) 在$HAuCl_4$溶液中钯纳米棒氧化蚀刻过程的时间推移TEM图像(比例尺：20 nm)

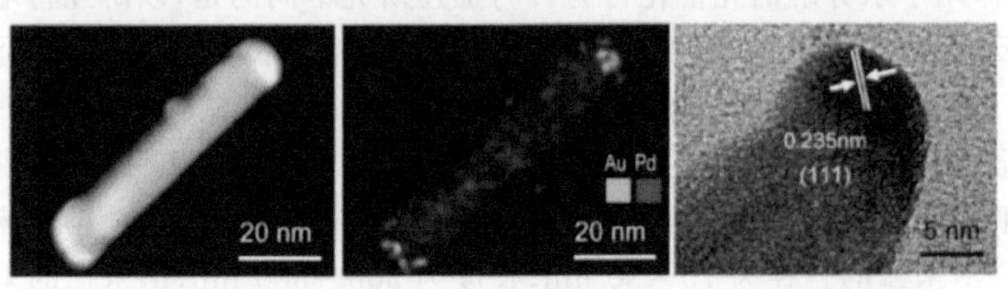

(b) STEM图像　　(c) 沉积了金的钯纳米棒的能谱图像　　(d) HRTEM图像

图 5-20　钯纳米棒在 $HAuCl_4$ 溶液中的原位氧化刻蚀[36]

势比钯的高，所以首先在没有金原子沉积的钯纳米棒侧面发生了刻蚀，从而观察到钯纳米棒逐渐变细，长径比逐渐变大。该研究通过原位液体反应实时观察了钯纳米晶体的受控氧化刻蚀过程，对于钯纳米晶体在各种实际应用中的精确结构调控具有重要意义。

5.4.4 催化剂界面反应的原位观察

通过各种原位技术来直接观察水与催化剂界面的化学变化过程，一直是当今化学界面催化研究领域的难点与热点。近年来，有些研究组试图利用 STEM 等直接观测技术，原位探索水与催化剂界面的界面化学相互作用，然而上述大多数实验和理论研究仅仅局限于在单分子水化学或者水蒸气环境条件下，这与实际的催化反应环境相差甚远。因此，如何发展一种新的科学实验技术手段，能够实现在接近真实化学反应条件下且在纳米甚至原子尺度下观察催化剂表面与溶液界面的化学变化过程，具有非常重要的科学价值和理论指导意义。

北京工业大学隋曼龄课题组[37]成功地将光纤引入透射电镜原位液体反应环境中，用于原位观察光催化水裂解产氢的反应过程。他们使用了自制的液体样品杆并在电镜的极靴之间引入光纤，实现了用于研究光催化反应的实验装置(见图 5－21(a))，将锐钛矿型 TiO_2 纳米颗粒分散在水中，然后注入液槽中，利用紫外线照射引发在 TiO_2 水溶液中的光催化反应。在 TiO_2 光催化水裂解过程中，氢原子会优先进入 TiO_2 晶格内部，导致 Ti^{4+} 向低价态的 Ti^{3+} 转变，进而在 TiO_2 表面形成纳米尺度的氢化层(见图 5－21(b)和(c))。氢化层会降低 H_2 在亚表面的形成能，显著加速 H_2 的形成；另外，氢化层还可以促使 TiO_2 表面的水分子处于裂解态，进而提高光催化产氢效率。该研究结果揭示出：在真实光催化条件下，是率先形成的 TiO_2 表面氢化层对光催化过程起到关键作用的，而并非传统理论所认为的纯 TiO_2 表面。该研究结果打破了传统认知中 TiO_2 表面本身决定 TiO_2 光催化效率的机理，并为理解实际光催化过程中材料表面成分和电子态结构(Ti^{3+})变化对光催化的作用机理，提供了全新的认识和理论支持。

此外，厦门大学尹祖伟等人[38]利用透射电镜原位液体反应技术研究了金红石 TiO_2 纳米棒用于水分解的光催化行为。与上述研究不同的是，该研究将电子束用作引发催化反应的“光源”。如图 5－22(a)所示，碳膜液体池由两个商业碳涂层 TEM 网格(膜厚 10 nm)封装液体薄膜制成。碳膜表面首先用臭氧等离子体活化，然后将一滴含有金红石 TiO_2 纳米棒的“盐包水”$LiN(SO_2CF_3)_2$(LiTFSI)溶液或纯水溶液滴到碳膜上并用第二层碳膜覆盖。随后水的蒸发和范德华力将少量溶液密封在两个碳膜之间。纳米棒的直径为 70～80 nm，长度为 500～600 nm，纳米棒的末端显示出尖锐的尖端。高分辨率图像证实了其金红石结构，并揭示了 TiO_2 纳米棒在其侧面暴露(110)面(见图 5－22(b)～(d))。在 9.3e/(Å^2·s)的低电子剂量辐照下，可以在 TiO_2 纳米棒的侧面发现气泡，但在尖端面没有气泡(见图 5－23(a))，即使延长反应

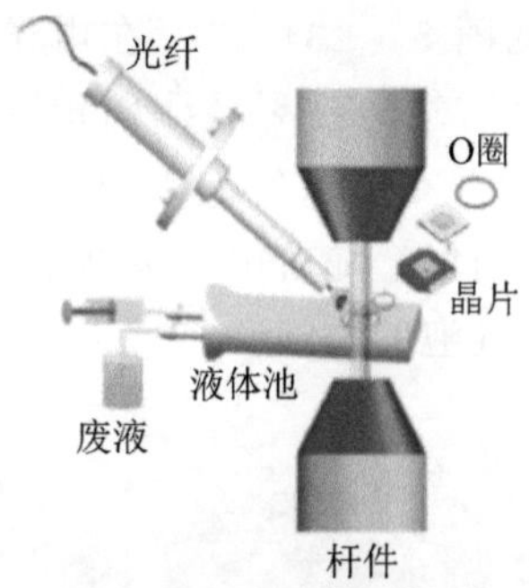

(a) 具有原位紫外照明功能的流体TEM支架的实验装置图

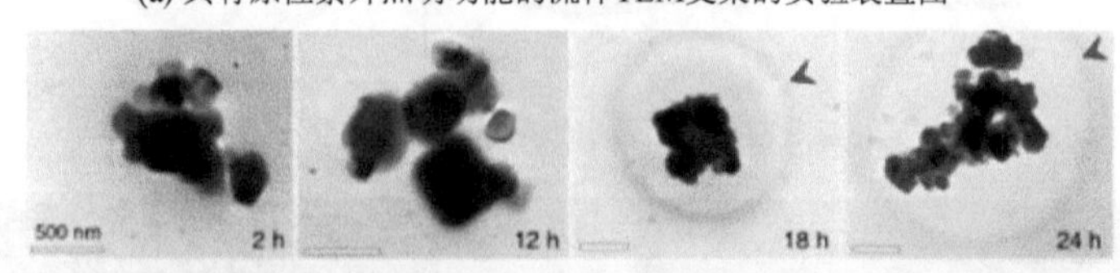

(b) 不同曝光时间的光催化实验(红色箭头表示TiO_2纳米颗粒周围的气泡)

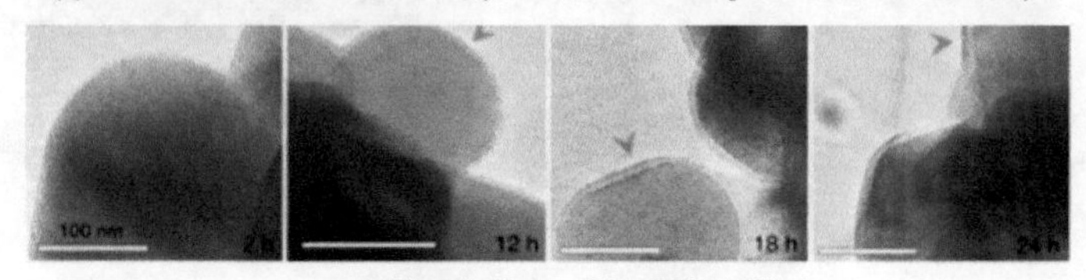

(c) 图(b)中的TEM图像的放大图

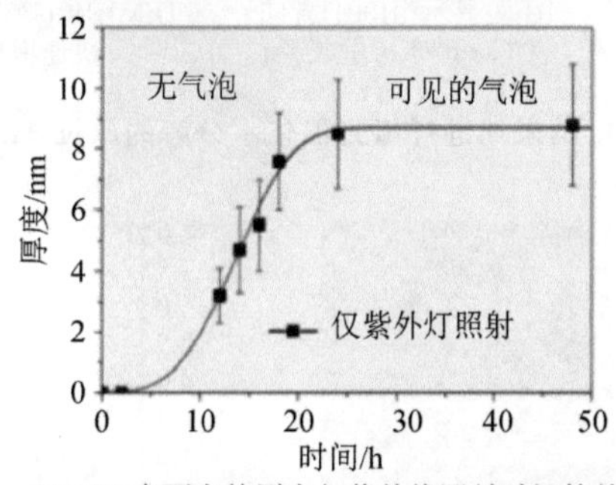

(d) TiO_2表面壳的厚度与紫外线照射时间的关系

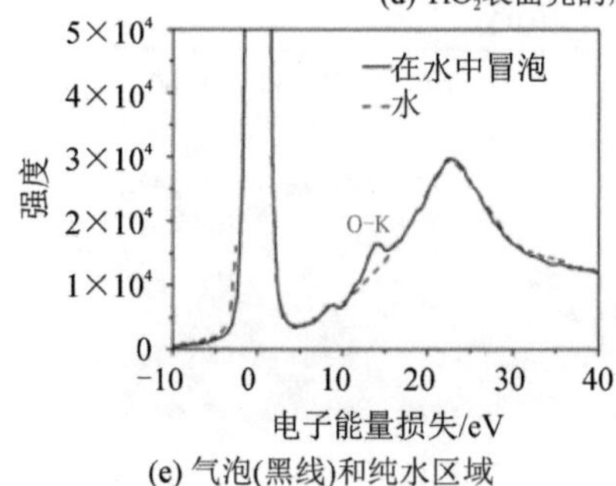

(e) 气泡(黑线)和纯水区域(蓝色虚线)的EELS光谱

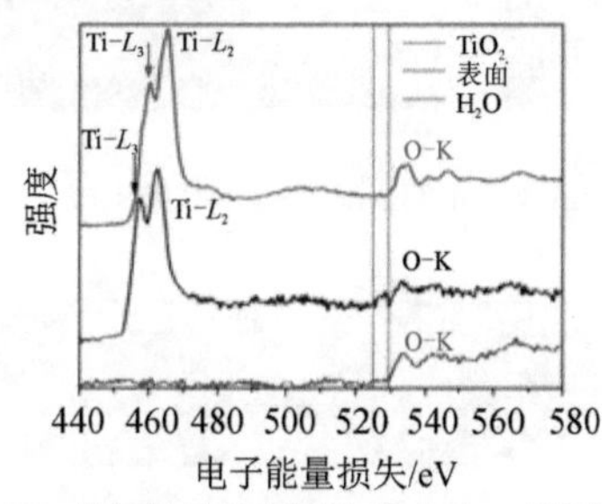

(f) TiO_2的初始结晶表面(红色曲线)、周围的水(蓝色曲线)和表面壳(黑色曲线)的EELS光谱

图 5-21　光催化水裂解产氢过程中 TiO_2 表面氢化层的演变[37]

时间至 70 s，结果也是如此（见图 5 - 23(c)）。在电子束曝光的最初 30 s 内（见图 5 - 23(b)），气泡面积增加，之后气泡破裂导致面积减小，这是由于在长时间的电子束照射期间，溶剂化电子增加，并在纳米气泡表面上累积，过多的负表面电荷使纳米气泡不稳定，并随时间延长而坍塌。随着电子束剂量率的显著增加，拟光催化水分解反应增强，气泡的生长克服了气泡的收缩。

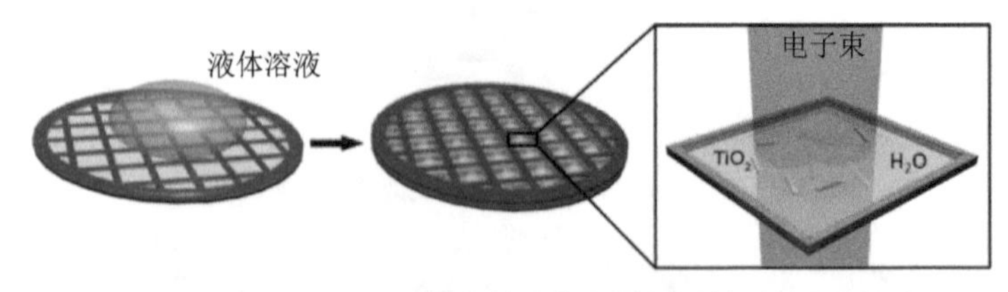

(a) 原位TEM成像的碳膜液体池的制备

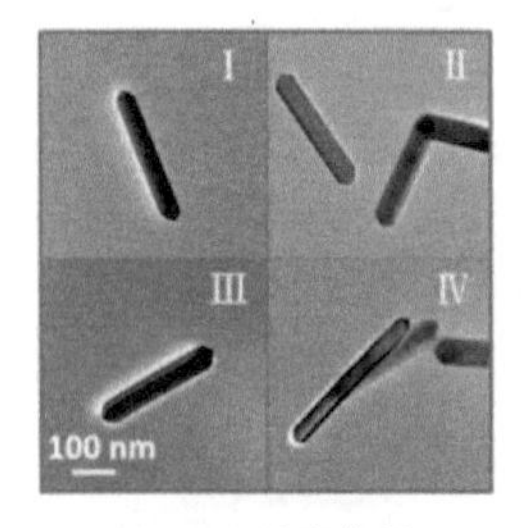

(b) TiO_2纳米棒的低倍TEM图像

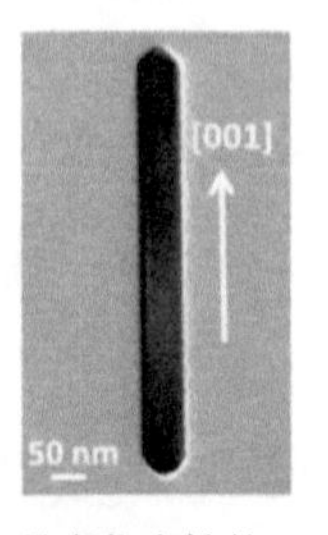

(c) 具有代表性的TEM图像(显示沿[001]方向的TiO_2纳米棒的长轴)

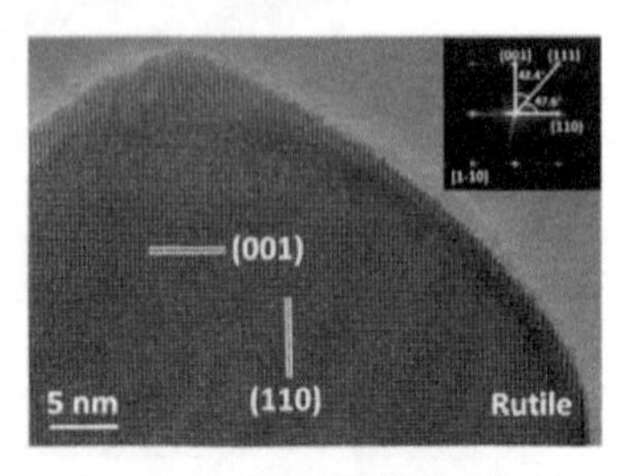

(d) TiO_2纳米棒尖端的高分辨率TEM图像(插图是金红石结构的快速傅里叶变换图)

图 5 - 22　用于通过 TiO_2 纳米棒进行拟光催化水分解的原位 TEM 成像的液体池[38]

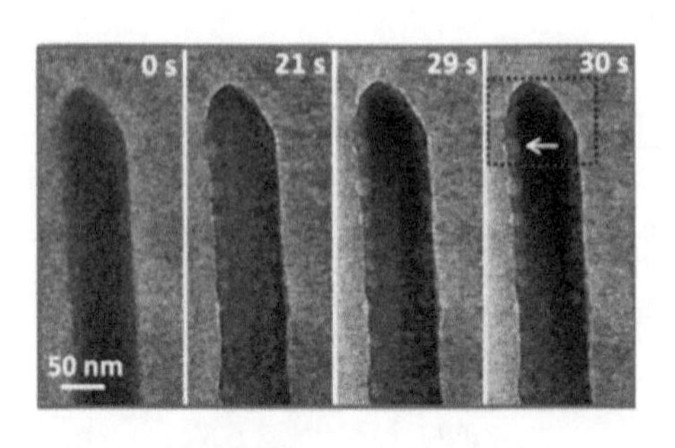

(a) 连续的TEM图像显示气泡生成依赖于面

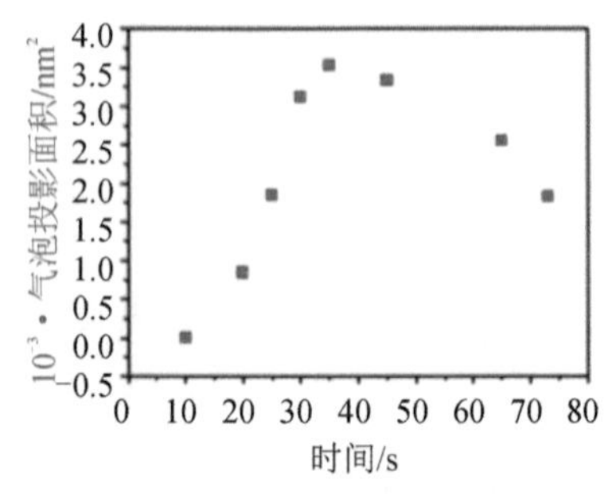

(b) 用气泡投影面积来测量气泡的量与时间的变化

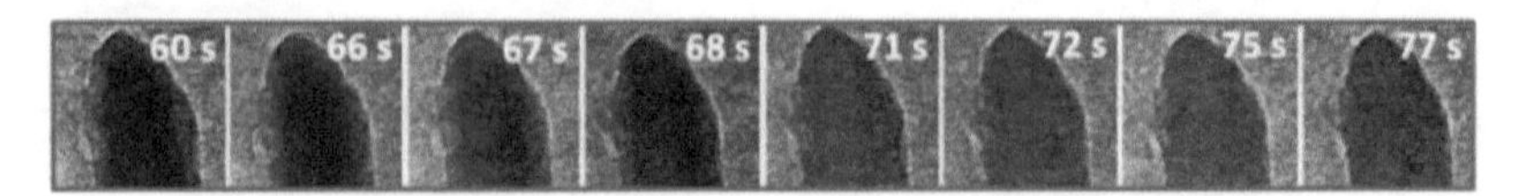

(c) 对应于图(a)中选定区域的连续TEM图像

图 5 - 23　实时观察气泡生成行为[38]

直径小于 10 nm 的氧纳米气泡对病毒和细菌等许多外来物质具有很强的预防能力，因此氧纳米气泡最有利于组织保存。在透射电镜中原位观察氧纳米气泡的产生过程也变得尤为重要。中国台湾国立清华大学陈福荣课题组[39]将 Pt 纳米催化剂均匀地涂覆在碳纳米管(CNT)上，并使用分配滴定管均匀分配在氮化硅液体池观察窗表面，用于原位观察 Pt/CNT 纳米复合材料上的 H_2O_2(0.025%)经化学分解产生氧纳米气泡的过程(见图 5-24)。由图 5-25 可以看出，氧纳米气泡通过与相邻纳米气泡合并而生长，由于液体中的气体扩散，较小的气泡易被较大的气泡吸收。由图 5-25(a)可以看出，氧纳米气泡在准二维液体系统中具有长期稳定性，这是来自氧分子的过饱和以及纳米气泡的紧凑排列。由图 5-25(b)可以看出，氧纳米气泡的

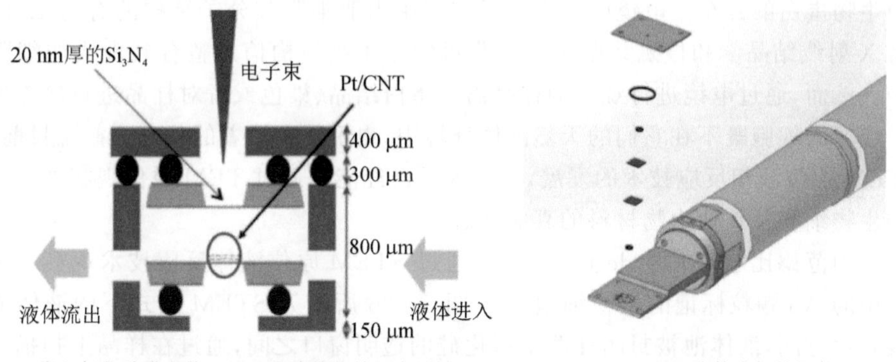

(a) 嵌入氮化硅膜上的Pt/CNT和液体池的观察区域　　(b) TEM液体支架的组装

图 5-24　透射电镜下观察 H_2O_2 原位分解液体池示意图[39]

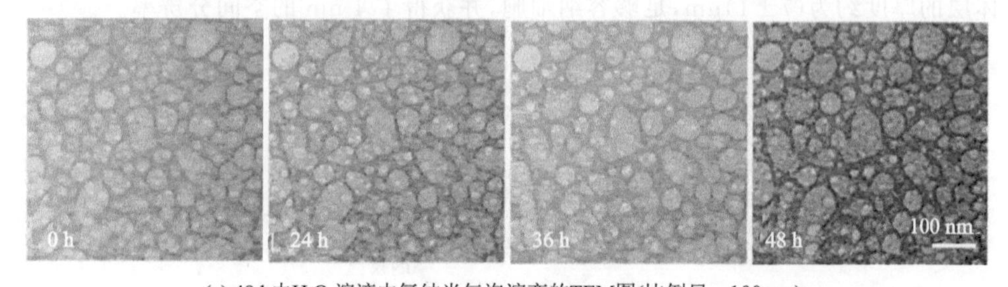

(a) 48 h内H_2O_2溶液中氧纳米气泡演变的TEM图(比例尺：100 nm)

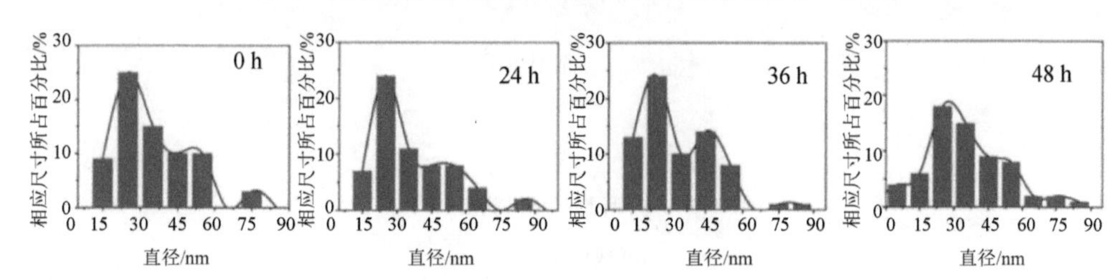

(b) 水溶液中氧纳米气泡的相应大小直方图

图 5-25　准二维液体系统氧纳米气泡的长期稳定性[39]

平均直径在 10～50 nm 之间，整体形态在 48 h 之后没有明显变化。该研究证实了化学合成的 Pt/CNT 作为催化剂与 H_2O_2 反应，从而产生氧纳米气泡。在水性介质中高效合成直径为 10～50 nm 且高度稳定的氧纳米气泡，可作为组织防腐剂的重要氧纳米气泡来源。

5.4.5 原位液相反应技术在生物领域中的应用

当前，通过在细胞中添加荧光标记的方法，可以在光学显微镜下观察细胞在液体中的活动，但光学显微镜的分辨率低，是制约其应用推广的关键因素。相比之下，电镜不仅具有更高的分辨率，而且可以用来观察分析单个生物蛋白的晶体结构以及细胞中生物蛋白的分布。电镜已经成为了解细胞内亚细胞和分子结构的有力工具，可以将 X 射线结晶学和核磁共振研究中获得的原子级结构信息整合到现实的细胞结构中。然而，通过电镜进行观察的样品需要蛋白结晶、染色或者对样品进行冷冻处理等。成像的细胞既不在它们的天然液体环境中，也不处于活着的状态。截至目前，随着 TEM 原位液相反应技术的发展，研究人员已经能够通过 TEM 原位观察处于液体中的生物细胞及其他生物材料的真实状态。

美国范德比尔特大学 de Jonge 等人通过 STEM 原位液体反应技术观察了在缓冲液中的 Au 颗粒标记的生物细胞[40]。图 5－26 所示为 STEM 模式下的液体池技术装置示意图，液体池被封闭在两个氮化硅的透明窗口之间，通过在样品上扫描聚焦电子束并用环形暗场检测器检测弹性散射电子来获得图像。图 5－27 所示为在 STEM 模式下用原位液体反应技术观察到的 Au 颗粒标记的 COS7 纤维原细胞。液体层的厚度约为$(7\pm1)\mu m$，足够容纳细胞，并获得了 4 nm 的空间分辨率。

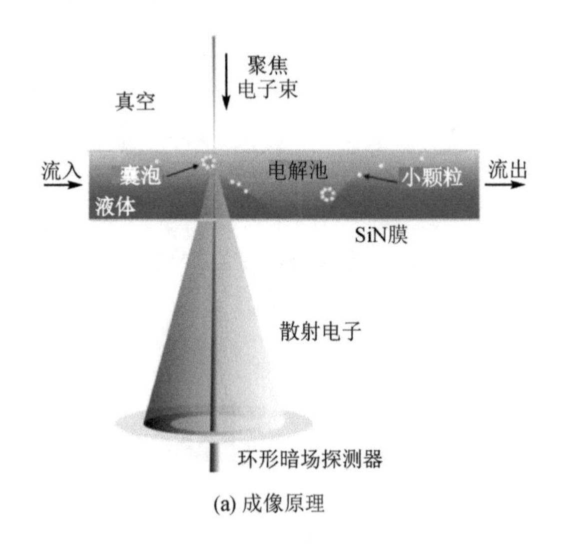

(a) 成像原理

图 5－26 STEM 模式下的液体池技术装置示意图[40]

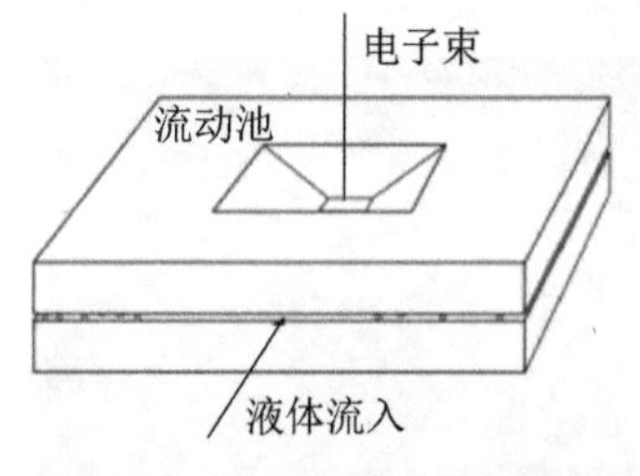

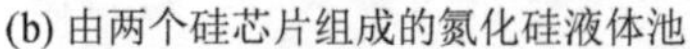
(b) 由两个硅芯片组成的氮化硅液体池

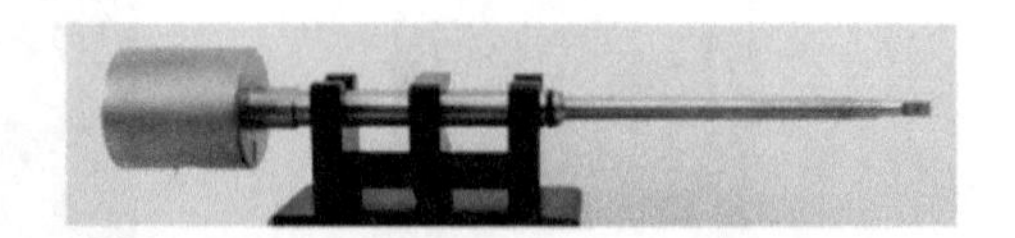
(c) 固定液体池的样品杆实物图

图 5-26　STEM 模式下的液体池技术装置示意图[40]（续）

(a) 在含有Au颗粒的溶液中浸泡5 min后的COS7纤维原细胞边缘图像(白色点是Au颗粒标记，深灰色背景中的浅灰色衬度为细胞)

(b) 在Au颗粒标记的溶液中浸泡10 min后又在缓冲液中浸泡15 min的COS7纤维原细胞图像

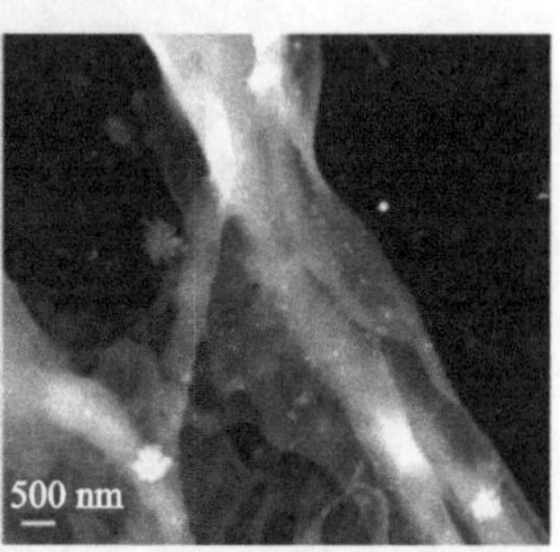

(c) 打开流动池并在空气中干燥样品后记录的样品的STEM图像

图 5-27　液体环境下观察 Au 颗粒标记的 COS7 纤维原细胞[40]

美国范德比尔特大学 Peckys 等人用透射电镜液体池观察到处于水溶液中的酵母细胞[41]。酵母细胞在环境温度下处于完全水合的正常生理状态，将其放置在一个充满盐水的氮化硅液体池中，在 STEM 模式下进行成像观察。在没有事先标记、固定或染色的情况下，研究了野生型酵母细胞和三个不同突变体的天然细胞结构。图 5-28(a)中的相位对比图像描绘了三个酵母细胞，其中两个刚刚分裂。图 5-28(b)中的荧光图像显示细胞内有明亮的红色斑点，这表明染料被运输到活细胞的液泡中，这一过程只有在活细胞中才可能发生。STEM 图像显示了根据形状、大小、位置和质量密度识别的各种细胞内成分。在该项研究中，获得的最大空间分辨率为 32 nm。相同样品的光学显微镜图像与对应的电镜图像可以相互关联起来，实现了光学显微镜和电镜功能之间的协同作用，可以用于研究不同生物样品的观测，提供更加精细的结构与形貌信息。这种用于细胞的液体透射电镜法现在正处于早期阶段，未来具有很大的改进潜力和广泛的应用前景。

电镜下的液体池技术在病毒的成像方面也已经取得巨大的进展。美国哈佛大学 Park 等人[42]研究了石墨烯液体池中封装的缓冲液中的 H_3N_2 流感病毒的结构细节，

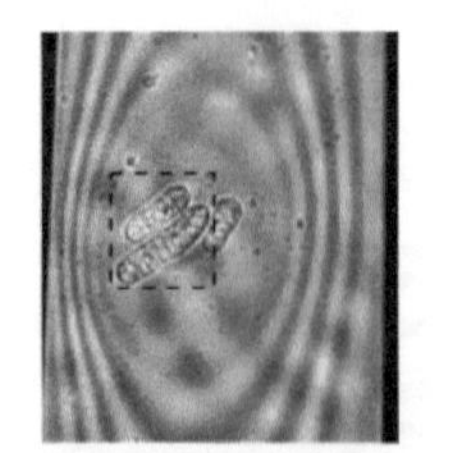

(a) 相衬图像显示微流控室观察窗的一部分细胞

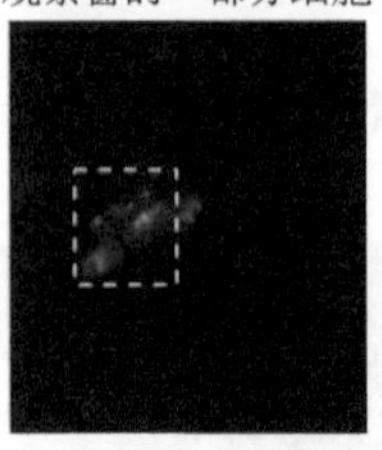

(b) 对应的荧光图像，所有细胞都积累了FUN-1染料并发出间断的红色荧光

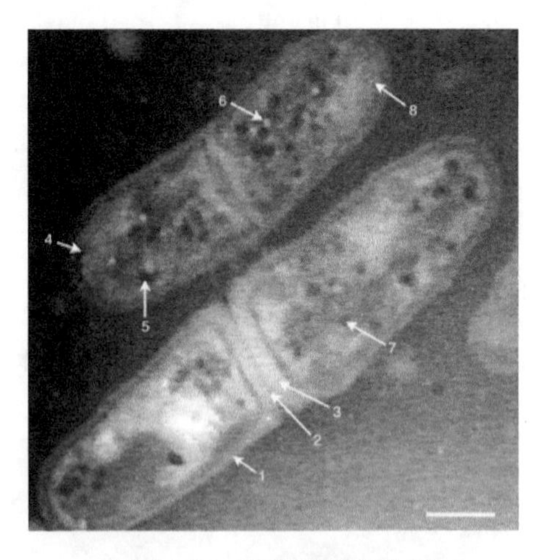

(c) 以图(a)和(b)所示相同原始酵母细胞完全水合状态记录液体STEM图像

图 5-28　水溶液中野生型酵母细胞的光学显微镜和液体 STEM 图像[41]

如图 5-29 所示。他们在室温下使用低剂量电子束实现了具有高对比度的纳米级空间分辨率，在室温下便可直接观察流感病毒在其天然缓冲溶液中的结构。综上可以看出，采用电镜下的原位液体池对生物系统观察的分辨率已经达到纳米级别，这为透射电镜观察生物样品开辟了一条新途径。

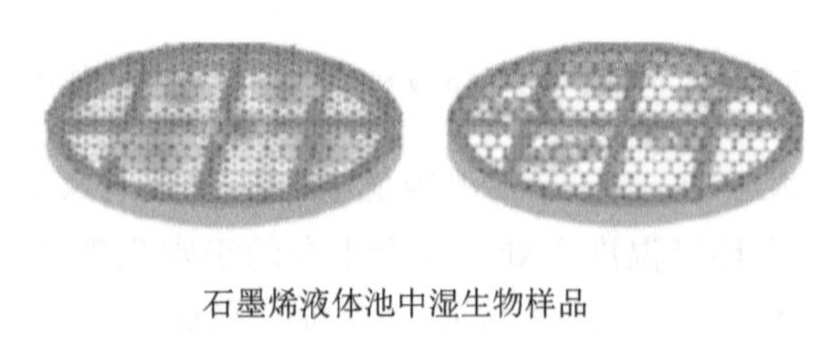

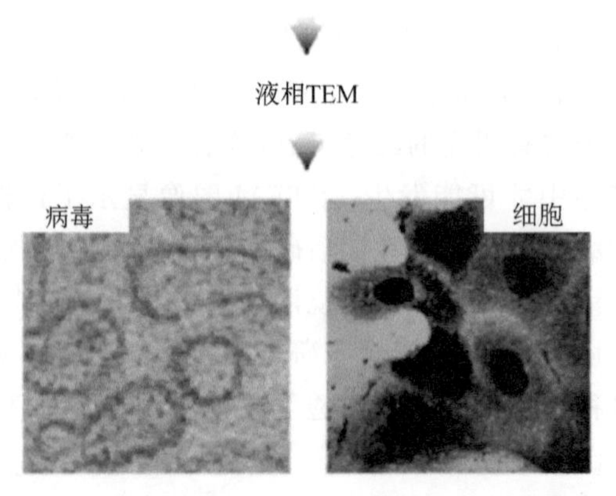

图 5-29　在石墨烯液体池中观察的生物样品[42]

5.5 小　结

原位液体透射电镜技术作为现代材料科学与纳米技术领域的一项前沿技术，极大地推动了我们对液体环境下纳米尺度动态过程的理解与探索。这项技术通过使用特殊的液体池设计，使得研究人员能够在接近真实工作条件的液体环境中，实时观察并记录纳米颗粒、生物分子、化学反应等动态变化过程。它不仅能够提供高空间分辨率下的实时观察，还能够在不同环境条件下模拟材料的实际工作环境，揭示材料的性能与响应机制。原位液体透射电镜技术以其独特的优势，在多个学科领域展现出巨大的应用潜力和价值。诚然，当前的原位液体透射电镜技术仍受限于液体池窗口材质、厚度等因素，导致空间分辨率受限。但是，相信随着半导体加工工艺等技术的进步和完善，未来有望开发出质量更加可靠、窗口更薄、结构更稳定以及空间分辨率更优的液体池，以进一步拓展原位液体技术的应用范围和场景。

参考文献

[1] Nielsen M H, Li D S, Zhang H Z, et al. Investigating processes of nanocrystal formation and transformation via liquid cell TEM[J]. Microscopy and Microanalysis, 2014, 20(2): 425-436.

[2] Ross F M. Opportunities and challenges in liquid cell electron microscopy[J]. Science, 2015, 350(6267): aaa9886(1-9).

[3] Marton L L. Electron microscopy of biological objects[J]. Nature, 1934, 133:911.

[4] Hansen T W, Wagner J B, Dunin-Borkowski R E. Aberration corrected and monochromated environmental transmission electron microscopy: challenges and prospects for materials science[J]. Materials Science and Technology, 2010, 26(11): 1338-1344.

[5] Williamson M J, Tromp R M, Vereecken P M, et al. Dynamic microscopy of nanoscale cluster growth at the solid-liquid interface[J]. Nature Materials, 2003, 2(8): 532-536.

[6] Zheng H M, Smith R K, Jun Y W, et al. Observation of single colloidal platinum nanocrystal growth trajectories [J]. Science, 2009, 324(5932): 1309-1312.

[7] Chen X, Noh K W, Wen J G, et al. In situ electrochemical wet cell transmission electron microscopy characterization of solid-liquid interactions between Ni and aqueous $NiCl_2$[J]. Acta Materialia, 2012, 60(1): 192-198.

[8] Yuk J M, Park J, Ercius P, et al. High-resolution EM of colloidal nanocrystal growth using graphene liquid cells[J]. Science, 2012, 336(6077): 61-64.

[9] Huang J Y, Zhong L, Wang C M, et al. In situ observation of the electrochemical lithiation of a single SnO_2 nanowire electrode[J]. Science, 2010, 330(6010): 1515-1520.

[10] Grogan J M, Schneider N M, Ross F M. et al. Bubble and pattern formation in liquid induced by an electron beam[J]. Nano Letters, 2014, 14(1): 359-364.

[11] Milliron D J, Hughes S M, Cui Y, et al. Colloidal nanocrystal heterostructures with linear and branched topology[J]. Nature, 2004, 430(6996): 190-195.

[12] Yin Y D, Rioux R M, Erdonmez C K, et al. Formation of hollow nanocrystals through the nanoscale Kirkendall Effect[J]. Science, 2004, 304(5671): 711-714.

[13] Hong J, Bae J H, Jo H, et al. Metastable hexagonal close-packed palladium hydride in liquid cell TEM[J]. Nature, 2022, 603(7902): 631-636.

[14] Liao H G, Cui L K, Whitelam S, et al. Real-time imaging of Pt_3Fe nanorod growth in solution[J]. Science, 2012, 336(6084): 1011-1014.

[15] Zhang Q B, Peng X X, Nie Y F, et al. Defect-mediated ripening of core-shell nanostructures[J]. Nature Communications, 2022, 13(1): 2211(1-9).

[16] Wei W, Zhang H T, Wang W, et al. Observing the growth of Pb_3O_4 nanocrystals by in situ liquid cell transmission electron microscopy[J]. ACS Applied Materials & Interfaces, 2019, 11(27): 24478-24484.

[17] Liao H G, Zherebetskyy D, Xin H L, et al. Facet development during platinum nanocube growth[J]. Science, 2014, 345(6199): 916-919.

[18] Jungjohann K L, Bliznakov S, Sutter P W, et al. In situ liquid cell electron microscopy of the solution growth of Au-Pd core-shell nanostructures[J]. Nano Letters, 2013, 13(6): 2964-2970.

[19] Wu J B, Gao W P, Wen J G, et al. Growth of Au on Pt icosahedral nanoparticles revealed by low-dose in situ TEM[J]. Nano Letters, 2015, 15(4): 2711-2715.

[20] Duan H H, Wang D S, Li Y D. Green chemistry for nanoparticle synthesis [J]. Chemical Society Reviews, 2015, 44(16): 5778-5792.

[21] Dong A G, Chen J, Vora P M, et al. Binary nanocrystal superlattice membranes self-assembled at the liquid-air interface[J]. Nature, 2010, 466(7305): 474-477.

[22] Anand U, Lu J Y, Loh D, et al. Hydration layer-mediated pairwise interaction of nanoparticles[J]. Nano Letters, 2016, 16(1): 786-790.

[23] White E R, Mecklenburg M, Shevitski B, et al. Charged nanoparticle dynamics in water induced by scanning transmission electron microscopy[J]. Langmuir, 2012, 28(8): 3695-3698.

[24] Verch A, Pfaff M, de Jonge N. Exceptionally slow movement of gold nanoparticles at a solid/liquid interface investigated by scanning transmission electron microscopy[J]. Langmuir, 2015, 31(25): 6956-6964.

[25] Zheng H M, Claridge S A, Minor A M, et al. Nanocrystal diffusion in a liquid thin film observed by in situ transmission electron microscopy[J]. Nano Letters, 2009, 9(6): 2460-2465.

[26] Park J, Elmlund H, Ercius P, et al. 3D structure of individual nanocrystals in solution by electron microscopy[J]. Science, 2015, 349(6245): 290-295.

[27] Tan S F, Raj S, Bisht G, et al. Nanoparticle interactions guided by shape-dependent hydrophobic forces[J]. Advanced Materials, 2018, 30(16): 1707077 (1-8).

[28] Sreeprasad T S, Samal A K, Pradeep T. Body- or tip-controlled reactivity of gold nanorods and their conversion to particles through other anisotropic structures[J]. Langmuir, 2007, 23(18): 9463-9471.

[29] Zou R X, Guo X, Yang J, et al. Selective etching of gold nanorods by ferric chloride at room temperature[J]. Crystengcomm, 2009, 11(12): 2797-2803.

[30] Sathyamurthy N. Annual review of physical chemistry[J]. Current Science, 2020, 119(5): 865-866.

[31] Holtz M E, Yu Y C, Gao J, et al. In situ electron energy-loss spectroscopy in liquids[J]. Microscopy and Microanalysis, 2013, 19(4): 1027-1035.

[32] Kelly D J, Zhou M W, Clark N, et al. Nanometer resolution elemental mapping in graphene-based TEM liquid cells[J]. Nano Letters, 2018, 18(2): 1168-1174.

[33] Shan H, Gao W P, Xiong Y L, et al. Nanoscale kinetics of asymmetrical corrosion in core-shell nanoparticles [J]. Nature Communications, 2018, 9 (1): 1011.

[34] Wu J B, Gao W P, Yang H, et al. Dissolution kinetics of oxidative etching of cubic and icosahedral platinum nanoparticles revealed by in situ liquid transmission electron microscopy[J]. ACS Nano, 2017, 11(2): 1696-1703.

[35] Jiang Y Y, Zhu G M, Lin F, et al. In situ study of oxidative etching of palladium nanocrystals by liquid cell electron microscopy[J]. Nano Letters, 2014,

14(7): 3761-3765.

[36] Dong G X, Jin C H. Probing the controlled oxidative etching of palladium nanorods by liquid cell transmission electron microscopy[J]. Acta Physico Chimica Sinica, 2019, 35(1): 15-21.

[37] Lu Y, Lin W J, Peng K L, et al. Self-hydrogenated shell promoting photocatalytic H_2 evolution on anatase TiO_2[J]. Nature Communications, 2018, 9(1): 2752.

[38] Yin Z W, Betzler S B, Sheng T, et al. Visualization of facet-dependent pseudo-photocatalytic behavior of TiO_2 nanorods for water splitting using in situ liquid cell TEM[J]. Nano Energy, 2019, 62: 507-512.

[39] Kundu P, Bhattacharya S, Liu S Y, et al. In-situ tem study of highly stable oxygen nanobubbles in quasi-2D liquid system[C]. IEEE International Conference on Micro Electro Mechanical Systems, 2018: 1289-1292.

[40] de Jonge N, Peckys D B, Kremers G J, et al. Electron microscopy of whole cells in liquid with nanometer resolution[J]. Proceedings of the National Academy of Sciences of the United States of America, 2009, 106(7): 2159-2164.

[41] Peckys D B, Mazur P, Gould K L, et al. Fully hydrated yeast cells imaged with electron microscopy[J]. Biophysical Journal, 2011, 100(10): 2522-2529.

[42] Park J, Park H, Ercius P, et al. Direct observation of wet biological samples by graphene liquid cell transmission electron microscopy[J]. Nano Letters, 2015, 15(7): 4737-4744.

第6章　原位电子显微学在材料气相反应研究中的应用

6.1　引　言

先进的电子显微学技术在研究新兴材料的功能起源方面至关重要。材料科学和工业生产中通常会涉及材料在气相环境中的变化。气相环境条件在许多反应过程中均发挥着关键作用，包括材料初始阶段的成核和生长过程、多相界面复杂的相互作用、生物矿化反应以及各类催化反应等，利用相关的原位气相反应电子显微学技术探究"看得见"的材料微观结构和性质的演变过程是进一步理解材料反应机制的重要手段。

为了进一步精确操纵和改进各类气相反应进程，优化反应的各项条件，设计和生产所需的反应材料及制造相关的仪器设备，满足现在人类社会越来越多样化的需求，一个多世纪以来，研究人员一直致力于研究各类气相反应的内在反应机制，探究反应进程中不同条件下材料结构与性能的关联。然而，多数气相反应的研究都不能做到实时原位观测，无法深入理解气相反应的内在机制，具有较大局限性。

原位气相反应电子显微技术就是在透射电镜（TEM）或者扫描电镜（SEM）内通入反应气体，探索材料和工业领域某些重要化学反应的动态过程，通过各类谱学装置，如质谱仪、电子能量损失谱、能量色散 X 射线谱等，原位监测各类气相产物演变过程，探究化学反应中反应物和产物在反应进程中的组成变化，以及结构和行为的动态演化细节，深入理解材料的性能、界面演化及作用机制等的实验技术。随着电子显微学表征技术的进步，原位气相反应电子显微技术能够提供强大的气相反应环境下的原位表征技术支持。透射电镜相较于扫描电镜可以提供更好的分辨能力，甚至可以原位揭示原子尺度下、实时反应进程中的材料组织结构、成分等演化细节，成为当前研究气相反应机制的强有力工具。在本章中，我们将总结原位 TEM、SEM 在气相化学反应中的众多应用案例，针对气相化学反应下的原位 TEM、SEM 技术的最新进展，详细阐述其在这些新兴领域的各种应用并进一步分析讨论其在原位气相反应成像过程中面临的挑战和机遇。

6.2　透射电镜原位气相反应技术

TEM 表征技术通常与气体不兼容，出于对电子枪的保护以及保持有效的电子平均自由程，确保其不被气体散射，透射电镜的腔体内需要保持高真空状态以保证电镜较高的分辨率。在将反应气体引入透射电镜之前，需要解决的主要技术问题是如何在引入气体的同时保持镜筒较高的真空度，尤其是需要保证超高压条件下电子枪处的超高真空度。

目前有两种策略能够实现电镜下的原位气相反应过程：第一种是通过环境透射电镜（Environmental Transmission Electron Microscopy，ETEM）或者环境扫描电镜（Environmental Scanning Electron Microscopy，ESEM）实现，它直接改变了电镜的构造，利用物镜区域的差分泵系统，在电镜镜筒中开辟出具有不同真空度的特定区域，通过压差光阑限制试样附近通入的气体。差分泵的设计保证了腔体其他部位的高真空状态。图 6－1 所示为 ETEM 结构示意图[1]。

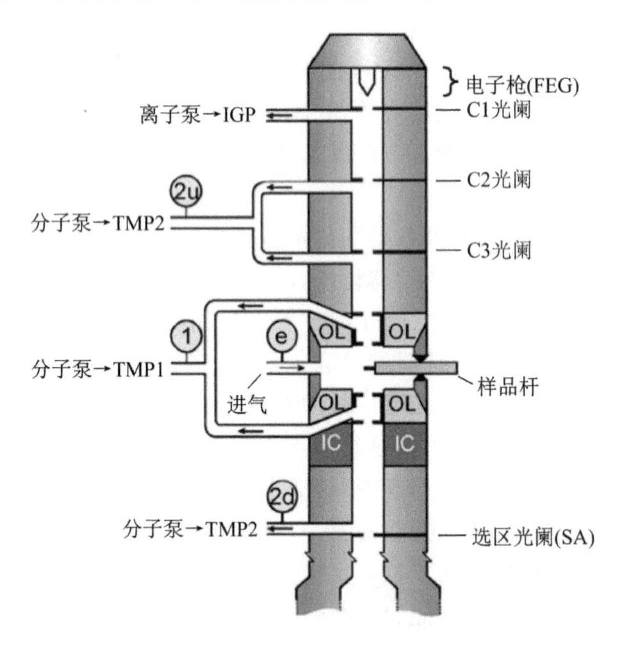

图 6－1　ETEM 结构示意图

美国杜邦中央实验室 Boyes 和 Gai 首次证明了该装置的可行性，并基于该设计成功研究了气相催化反应。在 ETEM 中，各级真空泵用于抽出环境外场进入的气体，设计了多级气体出口确保发射电子枪位置具有稳定的高真空度。目前气体注入位置也有两种：一种是通过物镜光阑位置注入气体，并在极靴位置处形成相对均匀的压力分布；另一种是在样品位置注入气体，并在样品附近建立局部相对高的压力区。两种方式都能实现通入一定量的气体，但整个物镜区域附近的压力相对较低，能够在保持高分辨率成像的同时，实现气相反应的原位观察。受设备成像模式的限制，商用 ETEM 的气体压力一般小于 20 mbar（1 mbar＝100 Pa）。在 ETEM 系统中，成像过程除了需要引入气体环境外，没有其他额外的物体干扰电子束照射过程，因此可以在引入的低气压条件下以高空间分辨率和良好的对比度表征轻元素，例如石墨烯等材料。但是，压差光阑会阻挡样品激发的高角度散射电子，限制低角度环形暗场扫描透射电镜的成像，且难以分析气相反应产物。整体设备的设计是一套开放系统，其中极低百分比的气体流经样品表面并与样品发生各类反应时只能产生很少量气体或液体蒸气产物，这对进一步分析其反应产物具有一定的挑战性。

另一种策略是不改变透射电镜的主体构造，而是采用依托透射电镜并与外界相连通的一整套完整的原位气相样品杆系统来实现电镜下的原位气相反应。气体被限制在两个对电子透明的固体薄膜(如氮化硅膜)之间，在样品区域附近可以施加更高的压力，并且在 TEM 腔体和电子枪附近仍旧保持超高的真空度。通过将气体封闭在两个对电子透明的氮化硅或氧化物薄膜中，气体的压力可以通过外部系统的气体流量计进行精确调控，压力值甚至可以超过大气压力，成像过程中不损失电镜的空间分辨率。

下面以 DENSsolutions 公司研发的原位气相反应样品杆及搭载系统为例进行说明。图 6－2(a)所示为上下两层气相芯片及密封 O 圈示意图，图 6－2(b)所示为原位气相透射样品杆的前端构造，图 6－2(c)所示为整套原位气相系统的组成。实验过程中，在样品杆外部连接气相系统下的一整套完整循环气路，由气瓶经系统软件控制流速及压强，气体通过石英细管流经样品杆入气端，再到观察窗口，再流出样品杆出气端，最后排出反应气体。这是一套与透射电镜内部高真空环境完全隔绝的完整密闭气路系统。这种方案实现了原位气相反应的实验目的，并且能够保证芯片腔体内压强达到稳定的常压环境，密闭的原位气相反应样品杆外接循环气路，与整套气相系统相连接，可以与当前大多数透射电镜兼容。气相芯片的两个氮化硅芯片观察窗口使用微米大小的非晶陶瓷膜，其厚度通常为 10～50 nm，以保证更高的电子透过率，

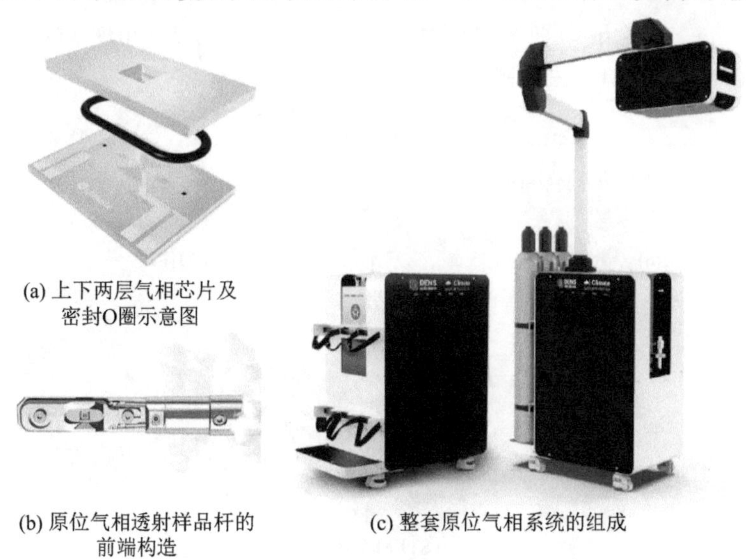

(a) 上下两层气相芯片及密封O圈示意图

(b) 原位气相透射样品杆的前端构造

(c) 整套原位气相系统的组成

图 6－2　芯片式原位气相反应样品杆系统

提高成像分辨率。由于这些陶瓷膜结构具有高断裂强度,芯片设计中观察窗口区域尺寸较小,因此气相芯片单元内可以保持 1 bar 或更大的压强[2]。气相芯片单元中的气体厚度由单元中两个芯片之间的间隔控制,通常小于 200 nm,比压差光阑控制下的 ETEM 的气体厚度小三到五个数量级[3]。

近年来,随着微加工等技术的迅速发展,进一步支持了气体环境在原位实验中的原子级时空分辨率的成像[4]。先进的硅基材料制造技术允许将微电极和微图形集成到带有氮化硅窗口的微芯片上[5],精细设计的微芯片可以将多种外场集成在一起[6]。然而,由于气相芯片单元内外的巨大压差,两个氮化硅窗口之间的实际厚度远大于预期值。芯片上下间隙中的实际流通层会远远高于理想值,其厚度通过电子能量损失谱可以进行较为精准的测量[7]。成像分辨率在很大程度上取决于观察窗口位置处整体的气体腔厚度和样品的原子序数[8]。除了样品本身厚度等因素外,样品在封闭单元内所处的高度位置对于成像分辨率的优劣同样重要。原位气相反应系统与前面介绍的原位液相反应系统类似,限制分辨率的因素也类似。图 6-3 所示为 ETEM 内样品成像模式与常规结构 TEM 内封装芯片样品成像模式示意图。图 6-3(a)是利用差分泵系统,将载网位置的样品区域通入实验气氛或水蒸气进行显微成像,样品区域与镜筒高真空状态分离,气压可以达到 0.2 bar。图 6-3(b)是 TEM 模式下,位于底部窗口的样品可以获得最高的分辨率,位于芯片腔体上中部的样品,由于受到电子的非弹性散射限制,影响色差,分辨率会受到影响。图 6-3(c)是 STEM 模式下,最佳空间分辨率的样品位置位于顶部窗口,因为 STEM 中的环形暗场探测器收集弹性散射电子信号进行成像[8]。

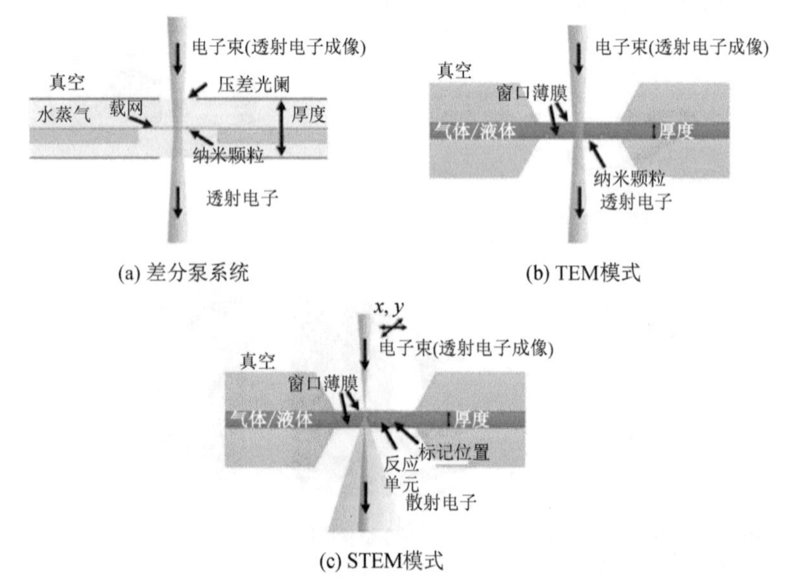

图 6-3 ETEM 内样品成像模式与常规结构 TEM 内封装芯片样品成像模式示意图

从上述介绍的两种可以实现气体原位反应的方式来看，ETEM 通过对电镜进行全新的结构设计，在样品位置引入气体环境，监测材料在气相反应中的结构演变行为，具有在气体作用下不同温度、时间和压强的高分辨成像能力，提供了一条独特而重要的原位研究气体反应的技术路线；缺点是，允许引入的气体压强较小，无法达到大气环境状态，限制了对某些工况环境的有效模拟。另外一种原位芯片式气相反应系统，其芯片单元内的原位气相环境与透射电镜的高真空腔体相隔绝，作为独立的外部系统。通过设计合适的样品杆结构，能够适配各种型号的常规电镜；通过气相控制系统加载实验所需气体种类，对反应气体的可选择性强。但是，芯片观察窗口薄膜会对电子束产生散射作用，因此会降低空间分辨率。上述两种原位气相反应系统都能够很好地结合 TEM/SEM 中集成的其他表征手段来实现材料在气体环境外场下或者多场耦合下的反应过程和结构演化行为的观测，为新材料的设计与研发提供了非常好的理论和实验依据。需要说明的是，上面的介绍主要以透射电镜下的原位反应技术为主，但是在扫描电镜中同样可以实现，只是得益于透射电镜更高的空间分辨率，原位透射电镜气相反应技术更受科研工作者的青睐。

6.3　电子束-气体相互作用

一般来说，在原位气相实验过程中，希望在探究材料本征属性时消除电子束的影响，但是，在实际应用过程中很难完全消除电子束的影响。虽然在大多数实验中会采用低电子束剂量成像来减少电子束的影响，但是电子束辐照效应是不可避免的，高能电子束很容易引起通入气体的电离，这也是原位气相反应实验的一大局限性。

高能电子通过样品会与气体分子相互作用导致气体分子电离，在样品区域产生活性物质，从而影响整个气体化学反应以及反应过程中材料的演化。燕山大学彭秋明等人利用原位气相反应技术，引入电子束辐照剂量作为变量，探究二氧化碳（CO_2）气体环境中，电子束辐照剂量对金属镁（Mg）结构演化的影响。如图 6-4(a)～(c)所示，0.5 mbar CO_2 压力下，5×10^3 e/(nm^2・s)温和电子束剂量下基体表面非晶碳层在反应过程中直接升华，无气泡产生；1×10^5 e/(nm^2・s)中等电子束剂量下非晶碳酸镁（$MgCO_3$）层直接升华并产生气泡，样品表面变化由直接升华主导，内部变化由非晶 $MgCO_3$ 相分解控制；在 7×10^5 e/(nm^2・s)大剂量电子束下气泡覆盖整个样品表面。图 6-4(d)表明在同一电子束剂量下（7×10^5 e/(nm^2・s)），CO_2 压力为 0.5 mbar 和 1.2 mbar 的情况下，结构振荡的振幅和频率差异不大。图 6-4(e)表明在同一 CO_2 压力（1.0 mbar），不同电子束剂量下（1×10^5 e/(nm^2・s)和 1×10^7 e/(nm^2・s)），电子束辐照的增加会导致振荡频率增加和振荡幅度减小。图 6-4(f)表明，在引入 CO_2 气体条件产生气泡膨胀的过程中，关闭 CO_2 气体的引入，气泡尺寸减小。上述原位气相反应实验显示，金属 Mg 在 CO_2 环境下会产生快速振荡升华，升华主要与非晶 $MgCO_3$ 的相变有关。与直接形成气体状态的 $MgCO_3$ 不同，

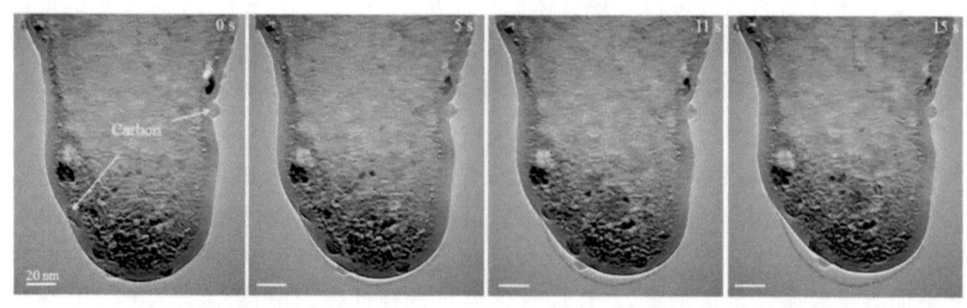

(a) 0.5 mbar的CO_2压力下，5×10^3 e/(nm^2·s)温和电子束剂量下的系列TEM图像

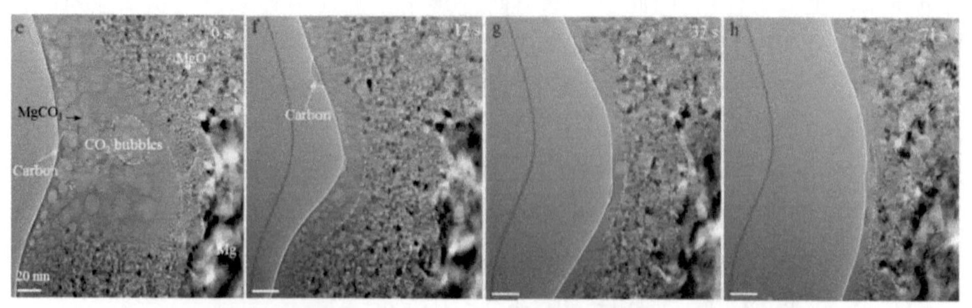

(b) 0.5 mbar的CO_2压力下，1×10^5 e/(nm^2·s)中等电子束剂量下的系列TEM图像

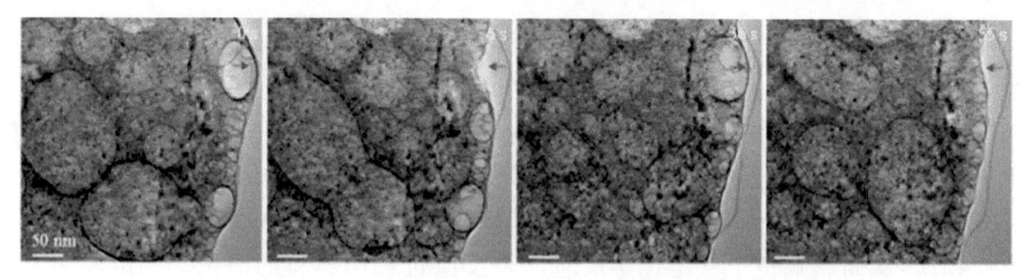

(c) 0.5 mbar的CO_2压力下，在7×10^5 e/(nm^2·s)大剂量电子束下的系列TEM图像

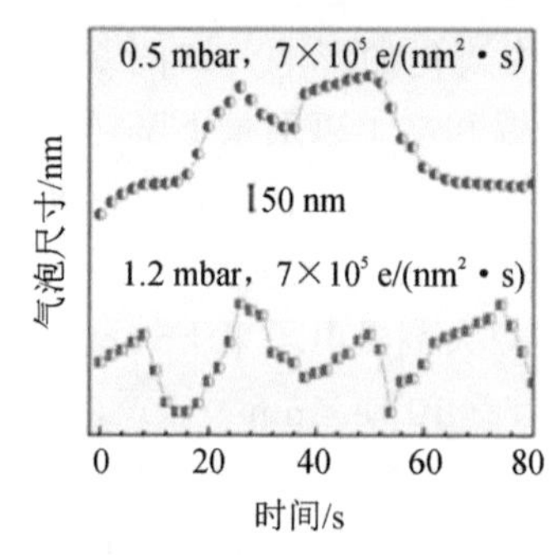

(d) 电子剂量率为7×10^5 e/(nm^2·s)，在CO_2压力为0.5 mbar和1.2 mbar的情况下，气泡尺寸随时间的演化过程

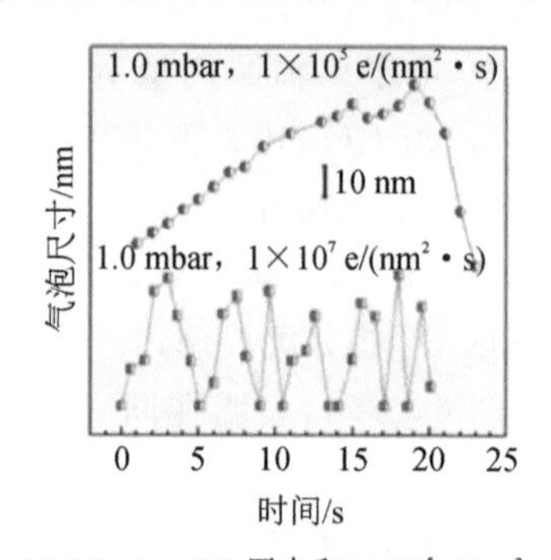

(e) 1.0 mbar CO_2压力和1×10^5 e/(nm^2·s)及1×10^7 e/(nm^2·s)的电子剂量下，气泡尺寸随时间的演变过程

图 6-4 三种不同电子束剂量(由低到高)对 CO_2 环境中 Mg 升华过程的影响机制研究[9]

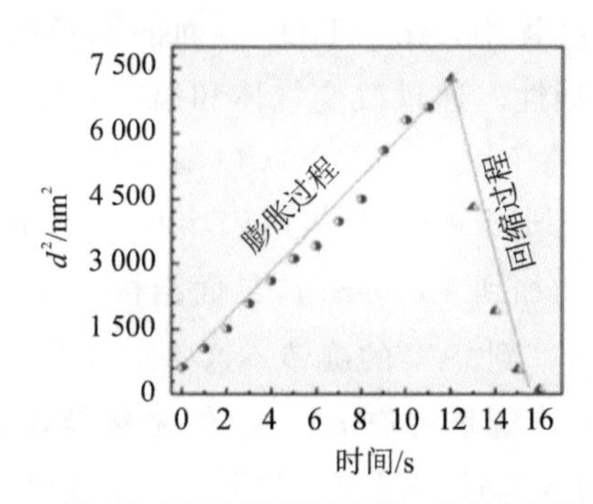

(f) 第一次充气过程(圆圈)和第一次放气过程(三角形)中
d^2与时间的关系(d为气泡直径)

图 6-4　三种不同电子束剂量(由低到高)对 CO_2 环境中 Mg 升华过程的影响机制研究[9](续)

$MgCO_3$ 是纯 Mg 在温和电子束剂量下升华的结果。在过量电子束剂量下,Mg 升华过程中观察到一个独特的振荡过程,主要源于非晶 $MgCO_3$ 的可逆分解[9]。上述工作揭示了电子束辐照下 Mg 和 CO_2 之间的相互作用机理,为设计 CO_2 条件下增强防腐和焊接性能的 Mg 金属材料指明了新途径。

其他研究者的工作同样显示,电子束辐射条件对材料在气相反应过程中的结构演化具有显著的影响作用。例如,在电子束辐照下,铂纳米晶体在氧气环境下会产生收缩现象[10]。此外,在电子束辐照下,金/二氧化钛(Au/TiO_2)界面对周围气体高度敏感[11],随着电子束和氧气的相互作用,沉积在 TiO_2 表面上的金纳米粒子被 TiO_2 基底完成包覆。还有实验表明,在电子束辐照影响下,微量水蒸气可以改变金/氧化镁(Au/MgO)立方体的结构,并引起 MgO 表面金纳米粒子的生长[12]。

6.4　透射电镜原位气相反应技术的应用

现实中的许多化学产品是在催化剂的帮助下通过气相合成方法产生的。因此,在 TEM 中利用原位气相反应技术和方法,研究典型气相反应的催化机制,揭示气体环境下,气-固界面结构演化机理,对深入理解气相反应过程,开发更加高效的催化剂材料具有重要的现实意义。下面将详细介绍近年来在各类催化反应中的原位动态研究结果。

6.4.1　表面重构反应

催化剂的表面重构涉及催化剂表面活性和选择性。利用原位气相反应下的电子显微技术可以实现催化剂在气体反应过程中原子尺度的观测,在多相催化、催化剂结构演化过程中扮演着越来越重要的角色。浙江大学王勇等人利用球差校正环境透射电镜技术原位探究了一氧化碳(CO)气体作用下,金(Au)和二氧化钛(TiO_2)之间的界面演化行为[13]。CO 氧化过程中，Au－TiO_2 界面的原子结构与金纳米粒子在 TiO_2 表面的外延旋转存在依赖性。通过改变气体和温度实现了对 Au－TiO_2 界面的原位操控。如图 6－5 所示，在 500 ℃条件下，CO 氧化反应后，暴露的晶面取向为"$S^{=}$"状态，停止注入 CO 气体，到完全 O_2 环境时（1 mbar），晶格取向从"$S^{=}$"变化为"$S^{//}$"。当 O_2 压力从 1 mbar 增加到 4 mbar 时，界面结构没有明显变化。重新引入 CO，再次观察到晶面取向从"$S^{//}$"到"$S^{=}$"的旋转。这些结果表明，Au－TiO_2(001)界面在高温下对外部环境的动态响应是可逆的。Au 纳米颗粒在 CO 和 O_2 反应环境中的旋转与温度条件同样具有关联性。与 500 ℃下气体条件改变导致的可逆旋转行为不同（见图 6－5(a)），可通过温度降低至 20 ℃，停止由气体环境变化引起的 Au 纳米颗粒旋转。Au 纳米颗粒在 O_2 中从 500 ℃冷却至 20 ℃时，"$S^{//}$"状态得以保持。在 20 ℃下，CO 注入不会引起 Au 纳米颗粒旋转，在通入 CO 和 O_2 反应气体的观察

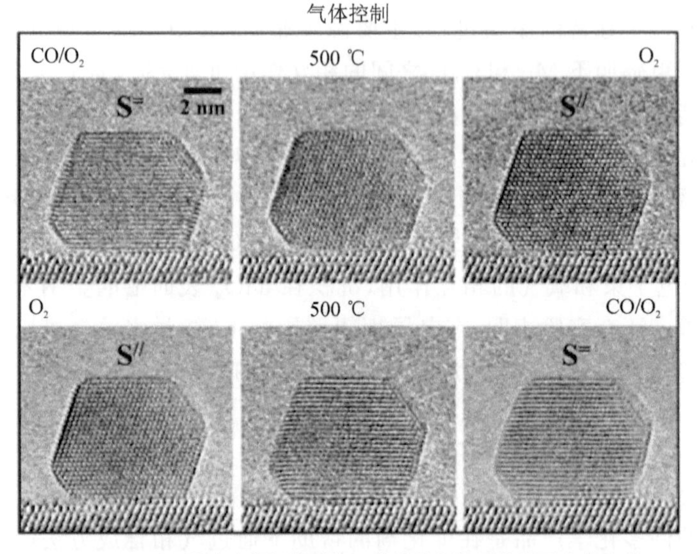

(a) 500 ℃下，通过改变气体环境，使催化剂暴露的晶面产生改变

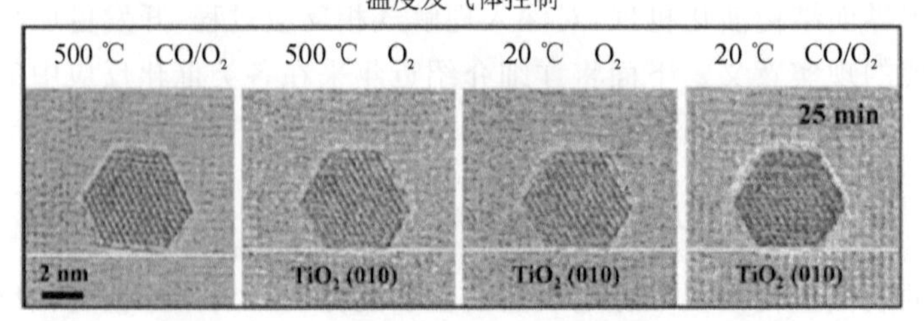

(b) 改变温度及气体环境条件，使催化剂暴露的晶面产生改变

图 6－5　气相-温度外场作用下，Au－TiO_2 界面微观结构演变过程[13]

期间，暴露晶面的“$S^{//}$”状态保持不变，在低温 CO 氧化过程中，“$S^{//}$”构型是固定的。将温度升高至 500 ℃后，再次观察到“$S^{//}$”和“$S^{=}$”之间的动态变化。因此，结合气体控制和温度控制能够在原子水平上实现催化剂暴露的晶面可调节性，使得通过原位手段设计独特的催化剂成为可能[13]。

直接对分子水平上发生的物理化学反应进行成像，可以为理解催化反应过程提供直接信息，揭示其内在反应机制。锐钛矿型纳米二氧化钛催化剂具有(1×4)型重构的(001)表面，提供了高度有序的四配位的 Ti_{4c}“活性表面行”。浙江大学王勇等人使用球差校正环境透射电镜技术原位探究了水分子在其表面解离和反应的实时过程，观察到其表面吸附水的双突起结构[14]。图 6-6(a)所示为由球差校正 ETEM 得到的高角度环形暗场像(High-Angle Annular Dark-Field，HAADF)表征的 TiO_2 (1×4)-(001)表面原子结构，以及对应结构的模拟示意图。TiO_2 沿[100]方向每四个晶胞周期性地用 TiO_2 突起结构替换表面氧原子排列，突起的 Ti_{4c} 周期性地排列

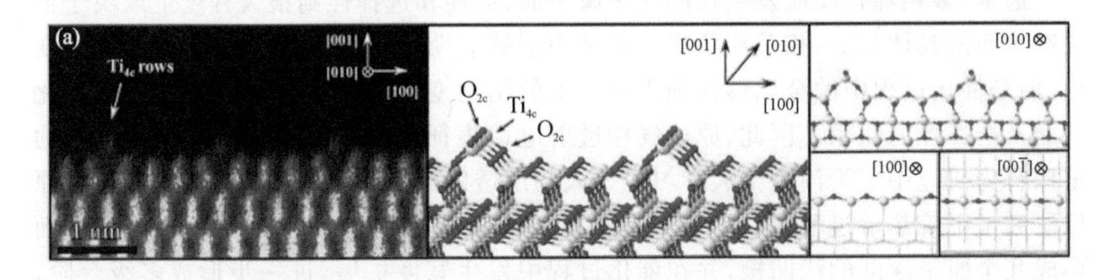

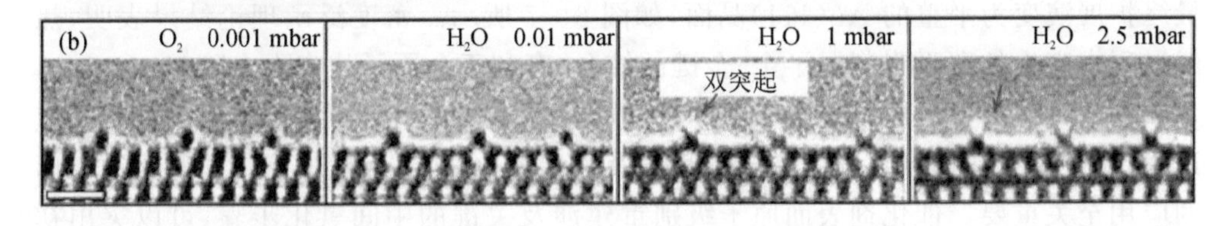

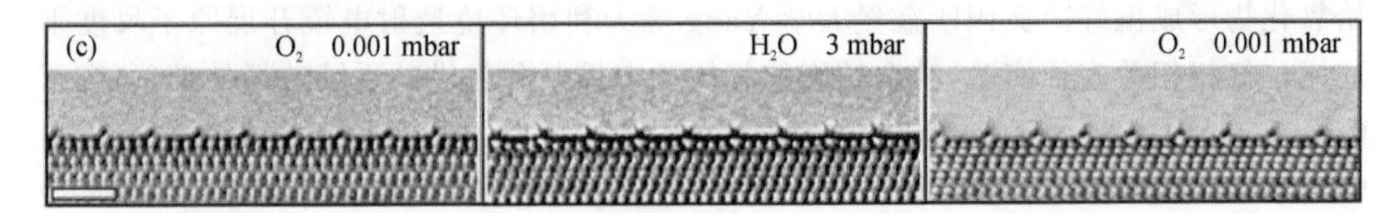

注：(a) 在 700 ℃真空条件下，沿[010]方向观察(1×4)(001)晶体表面的 HAADF-STEM 图像及相关结构模拟示意图：(1×4)-(001)晶体表面、Ti_{4c} 行的原子模型(Ti，灰色；O，红色)。(b) 球差校正 ETEM 原位序列图像显示相同区域的 TiO_2(001)表面在 700 ℃的 O_2(0.001 mbar)和水蒸气(0.01 mbar、1 mbar、2.5 mbar)条件下的演变行为，比例尺：1 nm。(c)显示在 700 ℃时气体环境从 O_2(0.001 mbar)到水蒸气(3 mbar)，然后恢复到 O_2(0.001 mbar)引起的可逆结构转变，比例尺：2 nm。

图 6-6　水蒸气环境中 TiO_2(001)表面重建的原子结构演化过程[14]

在暴露表面上。在 ETEM 实验中，使用<1 A/cm^2 恒定电子束剂量，在 TiO_2 表面上未观察到明显辐照损伤。在 700 ℃下加热约 10 min 后，获得吸附分子构型的重建 TiO_2(1×4)-(001)表面，其中突出的黑点表示 Ti_{4c} 行。图 6-6(b)为抽空腔体内的 O_2，并在相同温度下引入水蒸气，当水蒸气压力升高至 1 mbar 时，在 Ti_{4c} 排列的顶部观察到两个额外的小突起。双突起结构在水蒸气压力为 2.5 mbar 时变得更加清晰。在这两种水蒸气压力下，双突起结构持续可见。图 6-6(c)为气相环境从水蒸气变为 O_2 时，双突起结构消失。在获取图 6-6(c)所示序列中的双突起结构消失图像后，关闭电子束，然后引入水蒸气，约5 min 后获得 3 mbar 下水蒸气条件图像，再次显示了双突起结构，换为 O_2 环境后双突起结构再次消失，排除了电子束在其形成过程中的影响。由于 TiO_2 表面没有发生任何其他结构变化，因此将双突起归因于表面吸附的水分子[14]。这项工作表明，原位 ETEM 能够监测高度有序的活性位点发生的原位催化过程。

通常，多相催化反应发生在固体金属表面，活性和选择性则很大程度上取决于催化剂表面的具体晶面，相关离位实验结果中能够表明金属晶面结构在工况以外的变化，但是催化过程中的金属催化剂表面发生的结构变化能够直观地表明结构与催化性能及选择性的联系。因此，原位气相透射电镜表征技术应用于许多催化剂晶面的重构行为研究中。天津理工大学习卫等人利用透射电镜搭载芯片式气相反应系统原位研究了甲烷热解过程中 Au(111)晶面的动态演化过程[15]。在 Au(111)暴露晶面形成几个原子深度的浅凹槽，并在催化过程中发生宽度扩展，进一步形成多级台阶，最终扩展演变为平整的 Au(111)晶面，如图 6-7 所示。密度泛函理论结果表明，热解过程中产生的碳吸附削弱了金-金键的结合，有利于金原子从表面去除。

利用原位气相反应电子显微技术还能够识别表面台阶等缺陷如何影响氧化反应进程，这对探索初始氧化物的形成过程以及纳米氧化物在催化、电子传输和腐蚀方面的应用至关重要。催化剂表面原子级别重建涉及关键的中间氧化步骤，可以突出初始氧化物形成偏好。美国匹兹堡大学 Yang 等人利用环境透射电镜开展原子尺度下的原位气相相关表征实验，结合精细的气体动态控制和先进的后续数据处理，研究了 Cu(100)晶面的表面台阶诱导不均匀表面氧化过程[16]。图 6-8(a)所示为 300 ℃下 Cu(100)晶面的表面台阶结构的缺失行重建(Missing Row Reconstruction, MRR)过程，0.0 s 时刻，在真空下未重建表面，26.4 s 时，通入 7×10^{-3} Pa 氧气后，原子台阶位置(1—2)保持不变，而标记为 3 的新单层高度原子台阶从样品左侧产生，台阶 1—3 附近的上层原子平台区域显示出明显的晶格间距增加和新的 MRR 区域(红色区域)；40.0 s 时，标记为 4 的表面台阶形成，而 MRR 形核发生在其上层原子平台；66.0 s 时，在上层原子平台上 MRR 成核之后，MRR 结构开始在下层原子平台成核；88.2 s 时，MRR 阶段从上部和下部原子平台扩展，直到整个样品表面被覆盖。结果表明，Cu(100)平面台阶结构对上层原子平台缺失行重建行为有利。

图 6-8(b)所示为 300 ℃下 Cu(001)晶面的表面在不同氧气浓度下的(2×1)结

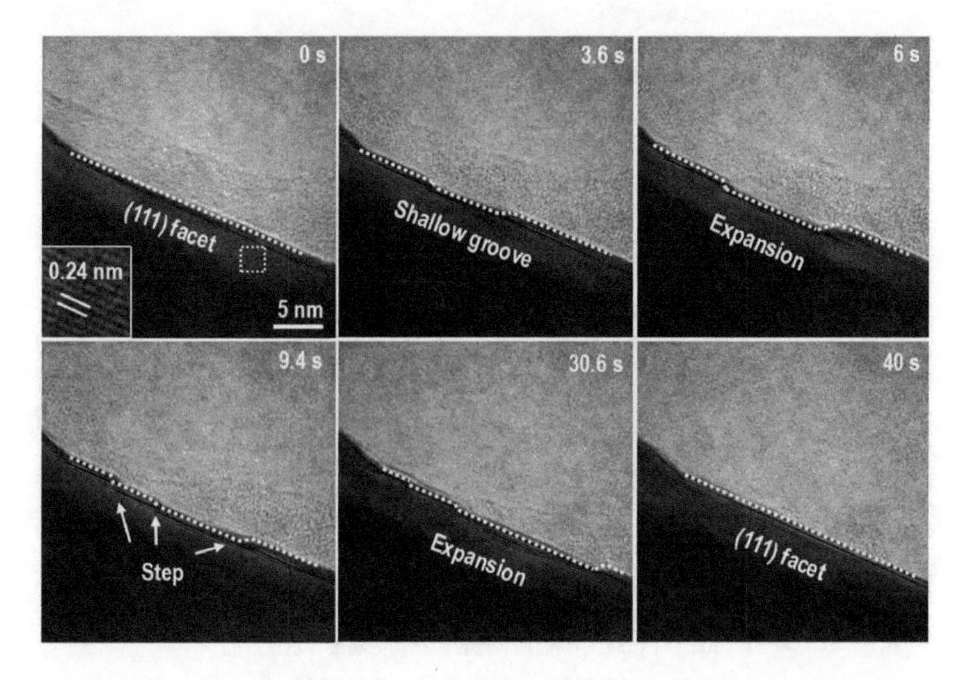

注：暴露的 Au(111)晶面催化过程中由平整晶面形成浅沟槽，沟槽宽度扩展，形成多级原子台阶，最终演变为平整 Au(111)晶面。

图 6-7　Au(111)晶面在热解甲烷过程中的晶面重构过程[15]

构重建过程。通入 2.3×10^{-4} Pa 氧气时，(2×1)结构偏向于在较低的原子平台上发展。通入 7.8×10^{-4} Pa 氧气时，(2×1)结构倾向于上层原子平台形成。通入 4.7×10^{-4} Pa 氧气时，(2×1)结构从台阶边缘附近的上部和下部原子平台形成没有特定倾向，然后扩展到整个表面，这种阶梯平面生长倾向的差异是由氧浓度差异引起的。相关实验结果缩小了表面原子台阶氧化的实验分辨率和理论分辨率之间的差距，增强了对表面氧化过程的理解，为研究表面氧化的内在阶段的动力学提供了一种强大而有前途的方法，该方法可以推广到其他成分、界面缺陷结构和反应过程中。

纳米线在制造各种电子设备和传感器的纳米器件领域中都至关重要[17]。人们对纳米线的多相转化生长过程已经研究了几十年，但由于缺乏原位观察，对纳米线生长过程中结构演化的动态理解仍然模糊，因此针对多相转化生长过程的原位研究十分必要。俄罗斯斯科尔科沃科学技术研究院 Nasibulin 等人利用 TEM 中的原位气相反应技术探究了 CuO 纳米线的生长过程，如图 6-9 所示，在高时空分辨率下，CuO 纳米线生长的动力学成像表明纳米线尖端出现逐层生长情况[18]。图像中表面原子台阶形貌和 0.23 nm 的(111)晶面间距，确定了在具有最低表面能的(111)晶面原子逐层生长，并且原子层在孪晶界顶端边缘成核，沿着孪晶界形成了长程有序结构，且生长具有方向性。

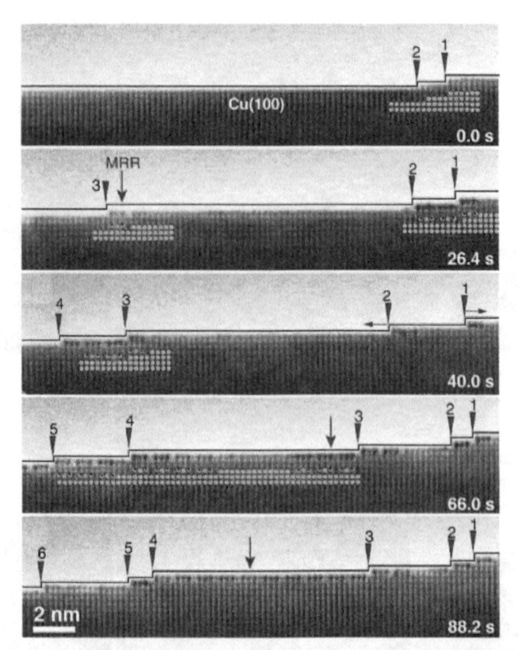

(a) 300 ℃下Cu(100)晶面的表面台阶结构的缺失行重建过程

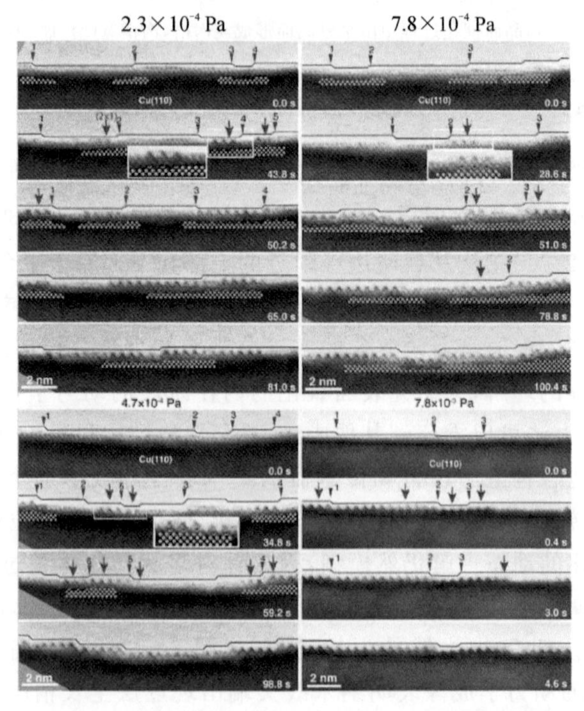

(b) 300 ℃下Cu(110)晶面的表面在不同氧气浓度下的(2×1)结构重建过程

注：图(b)中的插图为具有相应原子结构的框形区域的放大视图。

图 6-8　Cu(100)和(110)晶面的表面重建过程[16]

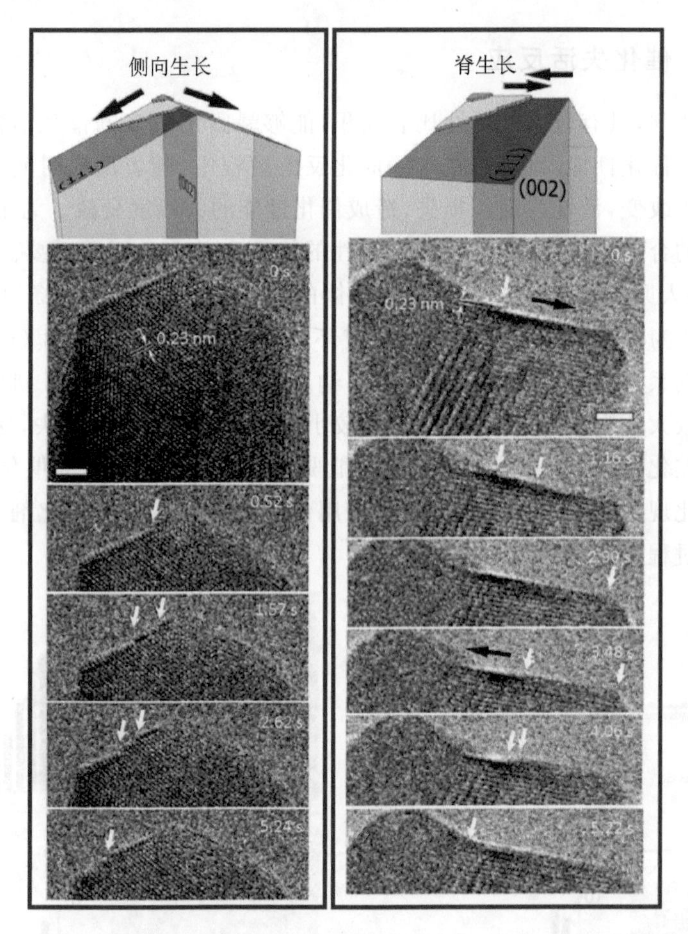

注：左侧图和右侧图分别显示了平行及垂直两个视角方向的晶面横向生长原位过程。左侧过程为0～5.24 s原子台阶从尖端向侧边传播。右侧过程为：0～2.90 s从左向右的台阶生长，3.48～5.22 s从右向左的台阶生长。白色箭头表示原子层边缘，黑色箭头表示原子层生长方向。晶格条纹间距为0.23 nm，确定为CuO(111)晶面。比例尺为2 nm。

图6-9　CuO纳米线沿不同方向生长过程的原位TEM观察[18]

原位气相反应技术也为理解诸如Si纳米线的多相生长过程等提供了可能，包括晶核的沉积、共晶液滴的形成以及纳米线在晶核上的生长过程等[19]。研究人员在ETEM中，以Au为催化剂，以乙硅烷(Si_2H_6)为硅源，在低于10^{-5} torr(1 torr=133.322 368 4 Pa)的压力和大约600 ℃的温度下进行了硅纳米线的多相转化生长[20]。人们还发现，不同直径的单根纳米线的生长情况也不同[21]。此外，有研究表明，氮化镓(GaN)纳米线在金晶核上还表现出双层生长的行为[22]。这些原来只能靠猜测推导出的生长机制现在都可以借助先进的原位气相反应电子显微学技术来实现动态的实验观测，为人们更好地理解纳米线等材料的生长过程提供了强有力的观察工具和方法。

6.4.2 催化失活反应

颗粒催化剂,具有较高的活性比表面积,能够暴露出更多的催化活性位点,通常表现出优越的催化性能。但是,在实际催化反应过程中,随着反应时间的延长,催化剂结构会产生改变,活性表面积损失,造成催化性能的大幅度衰减。为了进一步推动稳定催化剂的合成和应用,详细了解稳定性的机理和动力学至关重要。丹麦技术大学 Helveg 等人原位探究了以 Al_2O_3 为载体的 Pt 纳米粒子在空气条件下的烧结过程。图 6-10 为在 650 ℃及 10 mbar 空气环境条件下拍摄的 Pt/Al_2O_3 催化剂的形貌演变过程的系列图像,右侧为统计的 Pt 纳米颗粒的尺寸分布图。研究发现,初始条件下尺寸较大的颗粒持续变大,而尺寸较小的颗粒溶解并最终消失,这一过程是奥斯特瓦尔德熟化过程,由最小化球形自由能驱动[10]。同时,在其他催化体系中也观察到这种熟化现象,例如,铁纳米颗粒通常用作碳纳米管生长的催化剂,在碳纳米管的催化生长过程中也观察到了该现象[23]。

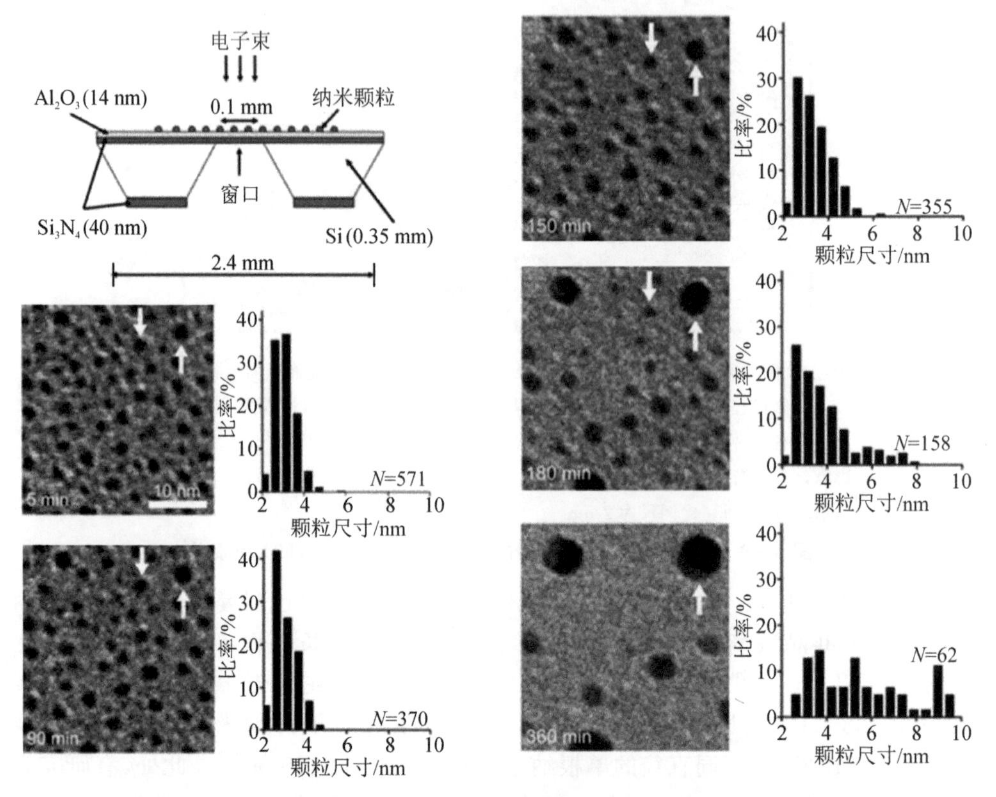

注:左上为 Pt/Al_2O_3 催化模型示意图。左下及右侧为 Pt/Al_2O_3 催化模型暴露在 10 mbar 空气环境中加热至 650 ℃时,同一位置下样品演变过程的 TEM 图像及颗粒尺寸统计柱状图。箭头表示两个分别产生长大和收缩变化的颗粒,N 表示参与统计的颗粒数。

图 6-10 在原位气相反应中 Pt/Al_2O_3 催化剂反应过程[10]

Pd-Ag纳米颗粒的失效机理对于半导体金属氧化物基气体传感器的研发及提高传感性能十分重要。半导体金属氧化物气体传感器面临在空气中高达数百摄氏度高温下的严苛工作条件，极易导致钯基催化剂的失活或劣化。中国科学院大学李昕欣等人原位研究了氢传感器工况下Pd-Ag双金属纳米颗粒催化剂的结构演变过程[24]。图6-11(a)为原位气相密闭腔体内Pd-Ag纳米颗粒聚结烧结的示意图。图6-11(b)显示了Pd-Ag纳米颗粒在300 ℃空气中的烧结过程：$t+0$ s～$t+25$ s，两个纳米颗粒之间质心到质心的距离随着烧结时间的增加而减小，颗粒A和B面积的减小意味着原子从纳米粒子中迁移出来并转移到氮化硅窗口上；$t+25$ s～$t+50$ s，原子通过形成的传质通道从颗粒A迁移到颗粒B，颗粒A的面积迅速减小；$t+50$ s以后，颗粒B逐渐吞噬纳米颗粒A，最终形成一个大的单晶纳米颗粒。图6-11(c)显示了当加热温度达到500 ℃时，Pd-Ag纳米颗粒发生相分离现象。图6-11(d)中的HAADF表明样品存在明显的相分离，其中亮区(A部分)主要由Ag组成，暗区(B部分)富含Pd。相关结果揭示了Pd-Ag纳米颗粒两种失效机制：300 ℃下发生颗粒聚结和500 ℃下产生相分离。利用原位气相反应技术成功揭示了上述气体传感器的失效机理，能够为研制长期稳定的气体传感器提供新的途径[24]。

在工业化生产过程中，CO_2加氢合成甲醇同样是十分重要的化学产业方向，其中氧化铟(In_2O_3)作为当下研究较多的活性和选择性催化剂，具有非常好的工业应用前景，但催化失活问题依然存在。瑞士苏黎世联邦理工学院Müller等人原位研究了电子束照射下In_2O_3纳米颗粒的催化过程，结果显示其转变为晶体和非晶体两相共存并不断相互转化的动态结构。如图6-12所示，In_2O_3纳米颗粒在单纯电子束辐照作用下是稳定的。在300 ℃下，以3∶1的比例同时通入H_2和CO_2至800 mbar时，最初不会引起催化剂的任何明显结构变化。然而，电子束可以触发结构转变。一旦电子束剂量增加到常规高分辨率成像所需的水平，就可以观察到纳米颗粒结构的动态变化。一旦启动，即使在低剂量条件下也可以维持这些动态过程。随着原位实验的进行，一种新的相形成，并从In_2O_3纳米颗粒的表面和边缘生长和扩散。可以在生长和扩散的非晶相(图中黄线标记区域)内观察到具有晶格条纹的区域，这些区域标定为In_2O_3晶体的(222)面。当非晶相尺寸增大时，这些晶畴不断出现和消失，证实了这种动态转变特征。没有被电子束辐照的区域不会出现这种动态变化[25]。

铂基催化剂由于具有非常高的活性，被广泛应用于水煤气转换反应、氧还原反应、醇类及二氧化碳的氧化反应等各类反应中。调控晶体尺寸、暴露表面和晶格应变可以有效提高催化剂的催化效率。南方科技大学谷猛等人选用PtPb@Pt催化剂，利用球差校正环境透射电镜原位探究在CO气体环境中Pb壳层的聚集、Pt单原子的扩散以及Pb岛的结晶过程。实验原位观察到超薄Pb纳米片从PtPb合金核中的剥离过程，并阐明了Pb晶体在原子尺度上的生长机制[26]。图6-13(a)展示了Pb纳米片从室温加热到300 ℃期间的物相和形态演变过程。如图中红色箭头所示，观察到非常薄的纳米片开始从催化剂上剥离。随着加热时间的延长，这些纳米片的尺

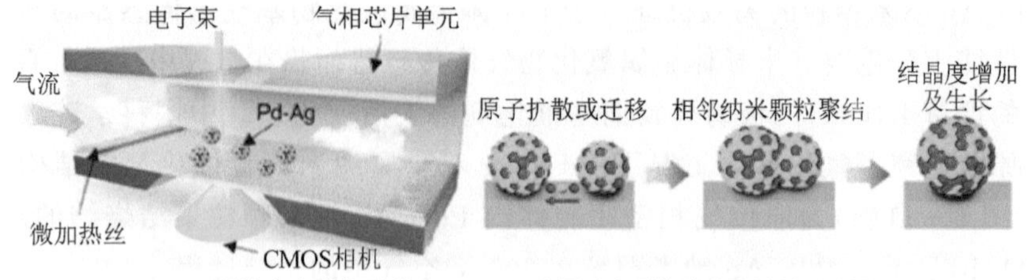

(a) 原位气相密闭腔体内Pd-Ag双金属纳米颗粒聚结烧结的示意图

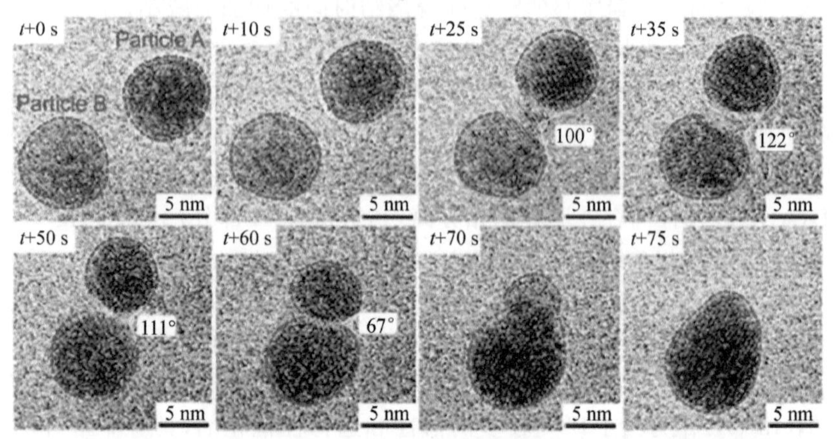

(b) 300 ℃空气中两个相邻的Pd-Ag纳米颗粒的形态演化

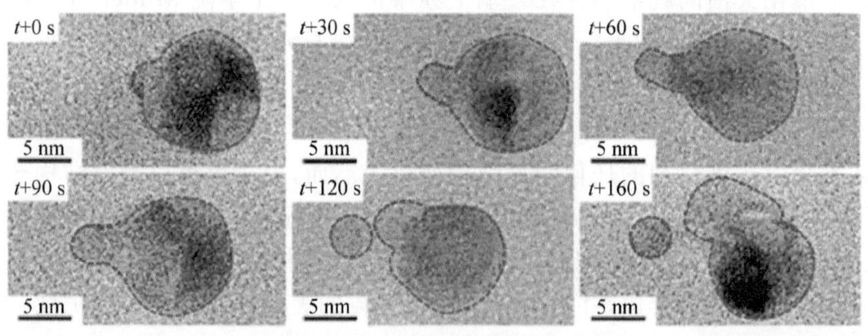

(c) 500 ℃空气中Pd-Ag纳米颗粒相分离

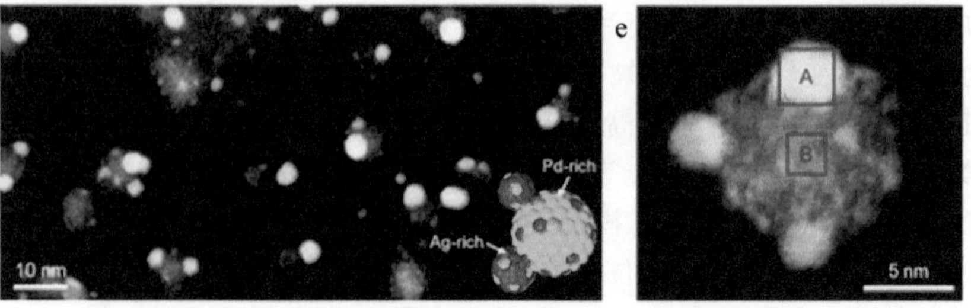

(d) 500 ℃空气中Pd-Ag纳米颗粒的球差校正HAADF-STEM图像

注：图(d)中标记 A 的亮区为 Ag，标记 B 的暗区为 Pd，右下角插图原子模拟说明 Pd－Ag 纳米颗粒的相偏析。

图 6－11　Pd－Ag 纳米颗粒在不同温度下的失效过程[24]

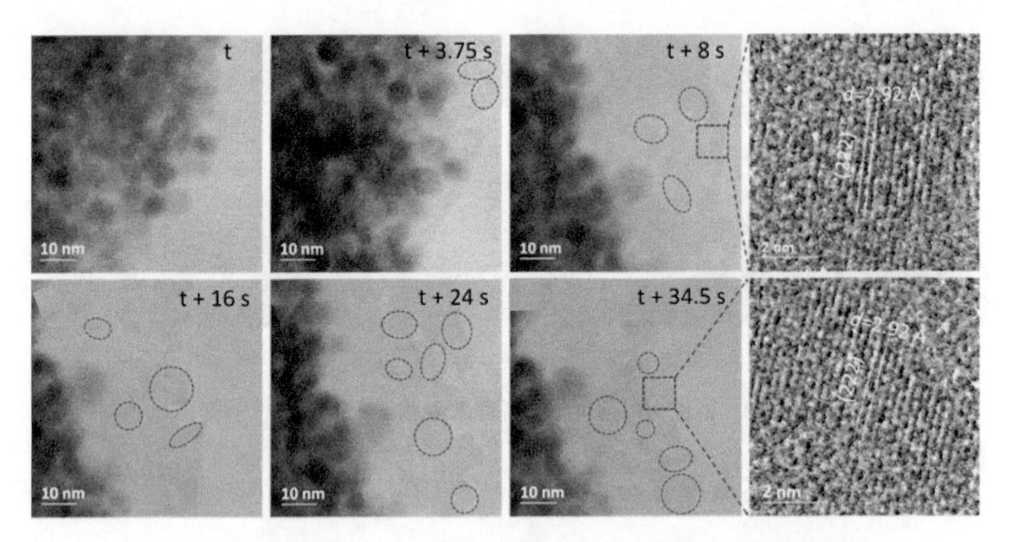

图 6－12　气相外场下，电子束辐照诱导 In_2O_3 纳米颗粒的结构演变过程[25]

寸逐渐增大。300 ℃条件下 720 s 后，这些超薄纳米片快速生长，进一步加热导致这些超薄纳米片聚结，形成更大的纳米片。从图 6－13(b)中可以看出，在相分离的初始阶段，当形成的 Pb 岛非常小(小于 3.5 nm)时，它们呈现出非晶态结构。这些 Pb 岛在达到 3.5 nm 左右时迅速结晶。

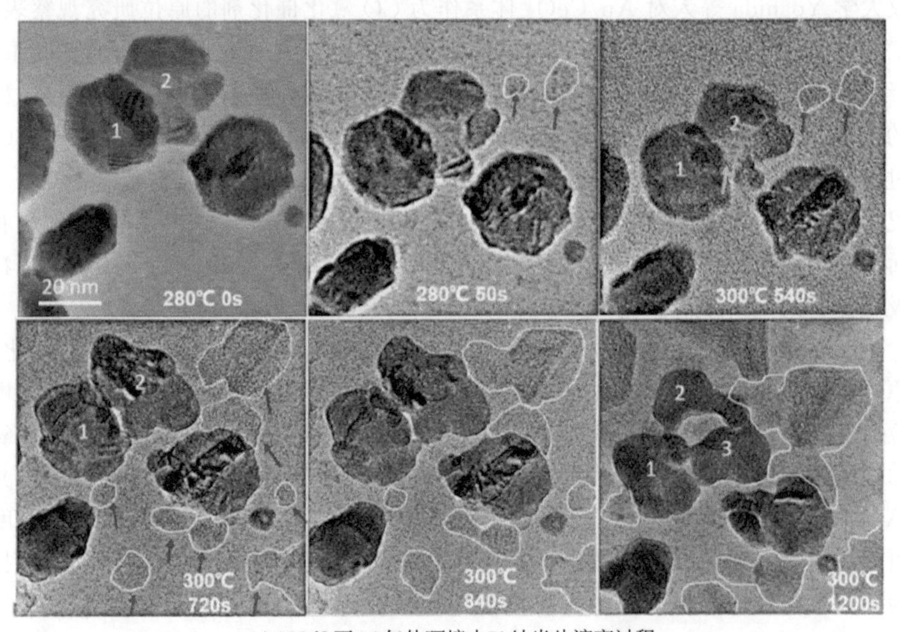

(a) 300 ℃下CO气体环境中Pb纳米片演变过程

注：图(a)中的红色箭头表示形成的超薄 Pb 纳米片，橙色箭头表示粒子 1 和 2 之间形成的间隙。

图 6－13　铅从 PtPb@Pt 纳米片样品中的动态剥离过程[26]

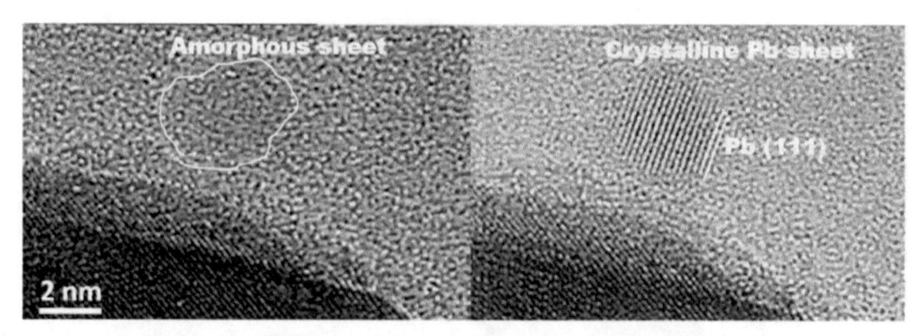

(b) HRTEM显示初始阶段非晶态Pb岛成核到逐渐转化为结晶态的Pb晶体片层

图 6-13 铅从 PtPb@Pt 纳米片样品中的动态剥离过程[26](续)

6.4.3 氧化还原反应

金属/金属氧化物纳米颗粒被广泛用作 CO 氧化反应的催化剂。在 CO 氧化过程中,这些纳米颗粒的表面通常会出现两种情况:① 由于 O_2 扩散到金属中,在金属纳米颗粒的最外层形成一层氧化物层[27];② 由于催化过程中 CO 分子在低指数晶面优先吸附,热力学驱动纳米颗粒表面重构[28]。催化剂周围反应气体变化导致表面结构随吸附气体发生变化,改变催化剂的比表面能,从而推动纳米颗粒表面重构。日本大阪大学 Yoshida 等人对 Au/CeO_2 体系作为 CO 氧化催化剂的原位研究观察表明,在 CO 氧化过程中,吸附的 CO 分子与 Au 颗粒的暴露晶面结合,驱动了表面重构,Au 纳米颗粒正常的(100)晶面演变形成密排六方结构,晶面间距发生改变,这种重构的 Au(100)面可以促进 CO 吸附,从而 CO 在 Au 表面实现大面积覆盖[29]。CO 氧化过程中表面原子的变化如图 6-14 所示,当 Au 纳米颗粒在室温下暴露于 CO 与空气混合气体中时,Au 沿表层垂直方向从 0.20 nm 扩展至 0.25 nm。由于表面层和次表面层之间的这种拉伸键合结构,Au 纳米颗粒的表面重构会比原始 Au 纳米颗粒表面吸收更多的 CO 分子。

为了探索金属催化剂的催化反应机理并设计出性能更加优良的金属基催化剂,从原子尺度明晰催化反应过程是非常重要的。作者团队使用球差校正环境透射电镜原位研究了 Ag 纳米颗粒在多壁碳纳米管氧化过程中的催化机理,揭示了一种氧浓度梯度诱导的新型催化机理。实验数据表明,氧分子在 Ag 纳米颗粒表面解离,并通过 Ag 纳米颗粒扩散到 Ag-C 界面,随后将碳原子氧化。Ag 纳米颗粒中氧浓度梯度引起的晶格畸变为氧的扩散提供了直接的证据。这种对原子尺度动力学的直接观察为研究催化过程提供了一种重要的通用方法。图 6-15(a)显示了 250 ℃下氧气浓度为 2 mbar 时碳纳米管与 Ag 纳米颗粒发生氧化反应所引起的结构变化,展示了与多壁碳纳米管接触的 Ag 纳米颗粒随着氧化反应的进行,位置和形貌的演变过程。红色箭头指示的是反应前沿的位置,其中碳原子与 Ag 纳米颗粒直接接触,之后

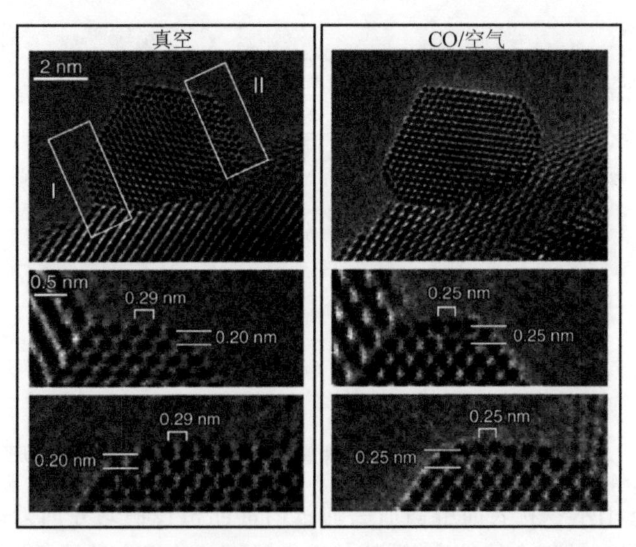

注：在室温条件下，1%体积比的 CO 与空气混合后，当压强为 45 Pa 时，Au 纳米颗粒表面晶面间距发生改变，方框Ⅰ与Ⅱ的暴露表面为 Au(100)晶面。

图 6-14　Au(100)晶面在 CO 氧化条件下的晶格膨胀[29]

AgO_x 外轮廓直接接触的多壁碳纳米管最外壁被氧化，CO/CO_2 分子脱附，接下来各层碳纳米管被逐层氧化，Ag 纳米颗粒最终完全进入纳米管内部。颗粒的不规则形状导致接触面碳原子氧化的程度不同，导致 AgO_x 在碳纳米管的氧化过程中发生了旋转。图 6-15(b)展示了反应过程后颗粒内部晶格间距的变化，由此可以看出，距离 Ag-C 界面较远区域的晶格间距比距离 Ag-C 界面较近区域的晶格间距大，表

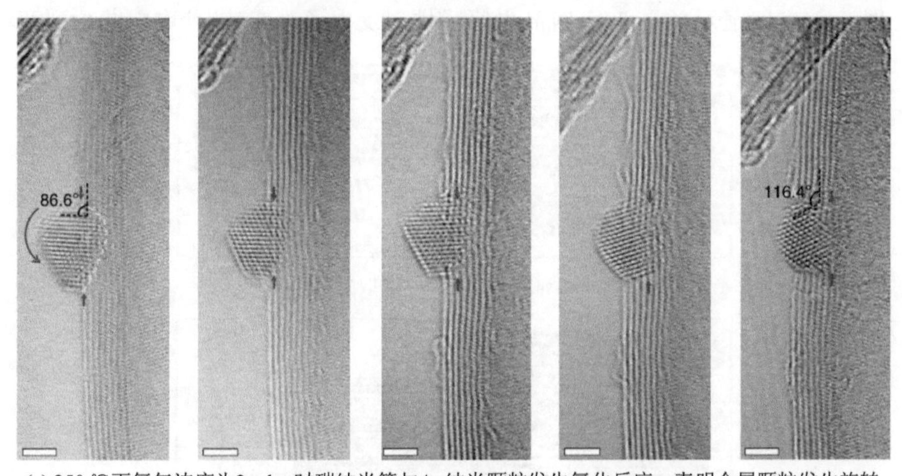

(a) 250 ℃下氧气浓度为2 mbar时碳纳米管与Ag纳米颗粒发生氧化反应，表明金属颗粒发生旋转

注：图(a)中的红色箭头指示反应前沿。

图 6-15　Ag 纳米颗粒在多壁碳纳米管氧化过程中催化机制的原位研究[30]

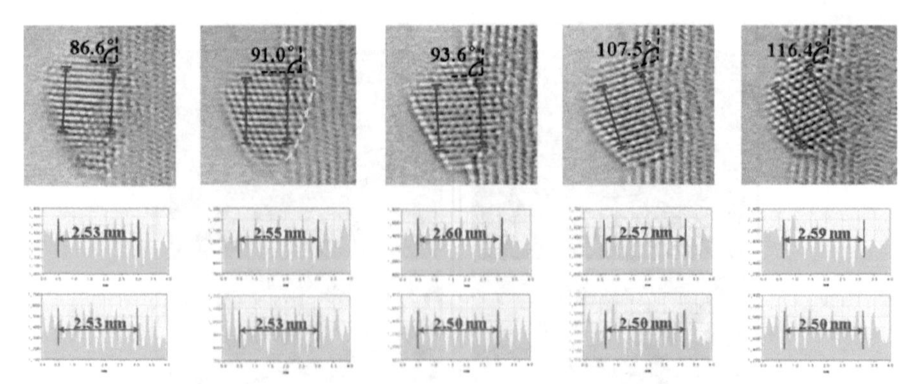

(b) Ag纳米颗粒HRTEM图像，显示在不同时刻下颗粒旋转及晶面间距的变化

图 6-15　Ag 纳米颗粒在多壁碳纳米管氧化过程中催化机制的原位研究[30]（续）

明氧分子在 Ag 纳米颗粒表面解离后会通过内部晶格传输到界面处参与氧化反应，颗粒暴露表面附近的氧含量较高，颗粒与碳管界面处的氧含量较低，导致原子浓度梯度变化[30]。

关于合金氧化问题的深入探究同样可以通过透射电镜下的原位气相反应技术来实现。中国核动力研究设计院 Wang 等人在 500 ℃空气条件下进行锆合金的原位氧化实验，结果表明，大尺寸 ZrO_2 颗粒是小尺寸颗粒合并的结果，而不是颗粒生长的结果，小尺寸晶粒的初始取向和位错运动在晶粒合并过程中起着关键作用[31]。图 6-16 展示了原位气相反应过程中不同晶界处的原子发生重新定向和合并的动态过程。图 6-16(a)为 40 s 时不同晶粒的三种取向关系，在界面处出现两类位错缺陷。图 6-16(b)显示的是 67 s 时晶界原子排列发生了改变，三种取向减少到两种取

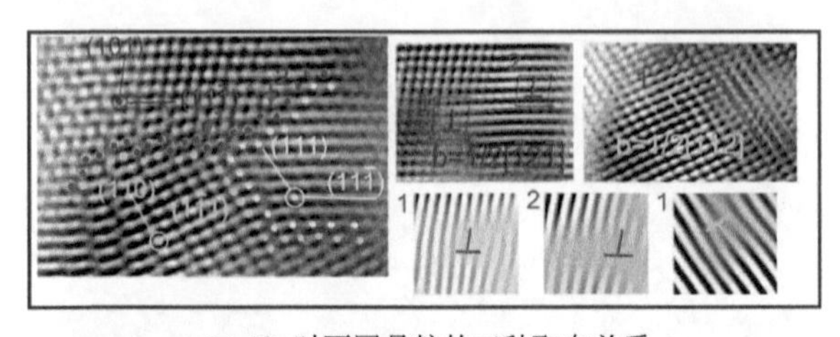

(a) 40 s时不同晶粒的三种取向关系

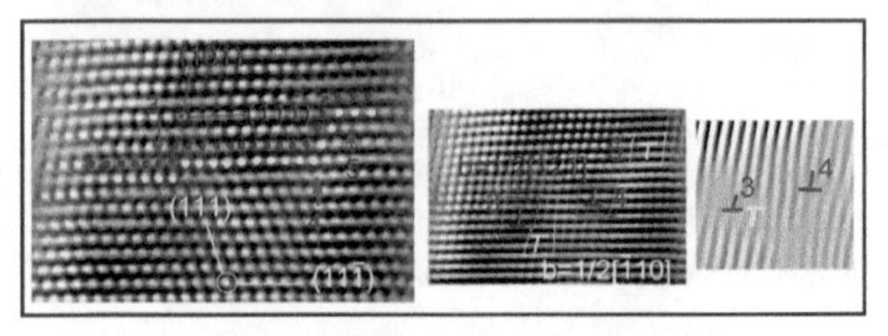

(b) 67 s时晶界原子排列发生改变

图 6-16　原位气相反应过程中不同晶界处的原子发生重新定向和合并的动态过程[31]

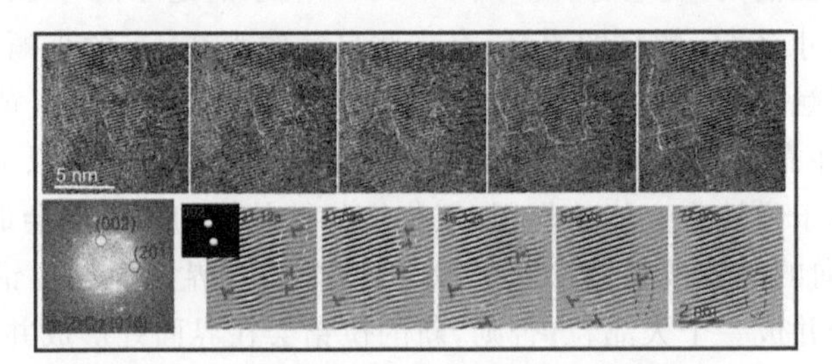

(c) 小尺寸ZrO_2晶粒的动态合并过程

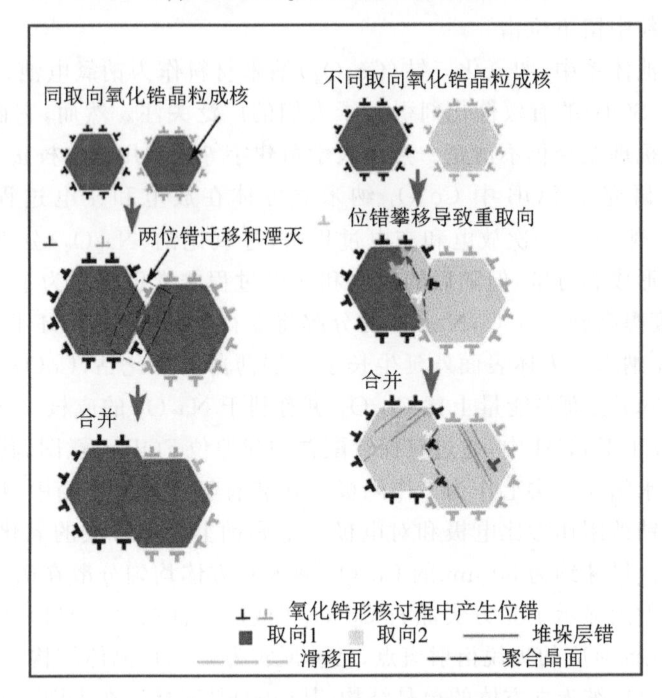

(d) 晶粒合并的模拟示意图

注：图(a)中绿色虚线表示[$\bar{1}$12]原始取向的晶粒B，黄色虚线表示[$\bar{1}$10]重新取向的晶粒B，红色虚线表示[$\bar{1}$21]取向的晶粒A。红色标记显示晶粒A一侧界面处的两个位错，其burgers矢量为1/2⟨$\bar{1}$21⟩，用数字1和2标记。绿色标记显示晶粒B一侧界面处的一个位错，其burgers矢量为1/2⟨$\bar{1}$12⟩。图(b)中三个取向转变为两个取向方向，1/2⟨$\bar{1}$21⟩的位错仍然存在于晶粒界面上，但1/2⟨$\bar{1}$12⟩的位错消失，并产生1/2⟨$\bar{1}$10⟩的新位错。图(c)中绿色虚线显示了生长期间氧化锆颗粒轮廓，其中FFT图像结果为红框区域，显示[002]的生长方向。

图6-16　原位气相反应过程中不同晶界处的原子发生重新定向和合并的动态过程[31](续)

向，一个取向的晶粒消失，发生合并。图 6 - 16(c)展示的是小尺寸 ZrO_2 晶粒的动态合并过程：在大尺寸 ZrO_2 颗粒的边缘，有一些尺寸约为 2 nm 的小颗粒，这些小颗粒逐渐长大，彼此接触，最终合并成大颗粒。图中可以看到三组位错，黄色虚线显示两个位错彼此移动并靠近，最终消失。图 6 - 16(d)为晶粒合并的模拟示意图。当氧化锆晶粒形核后，由于弹性应变能的作用，氧化锆与锆基体的界面上会形成位错。如果两个具有相同取向的晶粒被氧化发生接触，则两个晶粒界面上的位错相互移动并湮灭，两个晶粒将合并成一个大晶粒；否则，新的位错会在界面处形成并发生攀移，使其中一个晶粒重新定向，然后两个晶粒合并成一个大晶粒，在晶粒中留下层错，在相干亚晶界和亚晶粒中留下位错。

在空气电池体系中，四氧化三钴(Co_3O_4)纳米材料作为钠氧电池(Sodium Oxygen Batteries，SOB)的有效催化剂引起了人们的广泛关注。然而，它们的电化学过程和基本催化机理至今仍不清楚。燕山大学黄建宇等人利用球差校正环境透射电镜原位气相技术研究了 SOB 中 Co_3O_4 纳米立方体在放电和充电过程中的催化机理[32]。研究发现，在第一次放电和充电过程中，过氧化钠(Na_2O_2)分别在 Co_3O_4 纳米立方体周围形成和分解，但随后的放电和充电过程非常困难。为了促进充电动力学，将充电温度提高到 500 ℃，Na_2O_2 的分解将变得容易。HAADF 图像表明，首次放电后，Co_3O_4 纳米立方体表面外延生长了一层薄薄的氧化钴(CoO)。密度泛函理论计算表明，CoO 表面在能量上比 Co_3O_4 更有利于 Na_2O_2 的成核。如图 6 - 17(a)所示，在球差校正 ETEM 中，通过双探针配置构建原位 SOB 示意图，其中，Co_3O_4 和碳纳米管用胶水粘在铝尖上作为工作阴极。在装有氩气的手套箱中，钨(W)尖端划过残留的金属钠被用作参比电极和对电极。金属钠上天然形成的氧化钠(Na_2O)作为固体电解质。尺寸约为 50 nm 的 Co_3O_4 纳米立方体均匀分散在碳纳米管的内表面上。电子衍射图显示了立方尖晶石 Co_3O_4 的(111)、(220)、(311)、(400)、(422)、(511)和(440)晶面对应的尖锐衍射斑点，已被证实为 Co_3O_4 晶体结构。HAADF 图像显示了每个 Co_3O_4 纳米立方体的单晶结构，其(400)晶面暴露在表面。如图 6 - 17(b)所示，在−0.5 V 偏压下放电时，碳纳米管管壁变厚，伴随着每个 Co_3O_4 纳米立方体周围放电产物的成核。随着时间的推移，放电产物在 Co_3O_4 纳米立方体周围变大，形成典型的核壳结构。然而，在整个钠化过程中，Co_3O_4 纳米立方体的大小和形状几乎保持不变。钠化 17 min 后，其外壳厚度增加到 16 nm。这项研究不仅为 SOB 的电化学反应机理提供了新的认识，而且为改善固态 SOB 的循环性能提供了策略[32]。

作为另一类空气电池体系的锂-二氧化碳($Li-CO_2$)电池，因其较高的理论能量密度和较强的 CO_2 捕获能力而备受关注。然而，可充电 $Li-CO_2$ 电池的电化学反应机理，尤其是放电产物 Li_2CO_3 的分解机理尚不清楚，从而阻碍了其实际应用。探索 Li_2CO_3 的电化学机制对改善 $Li-CO_2$ 电池的性能至关重要。燕山大学黄建宇等人采用球差校正环境透射电镜原位气相技术研究了 $Li-CO_2$ 电池中 Li_2CO_3 在放电和

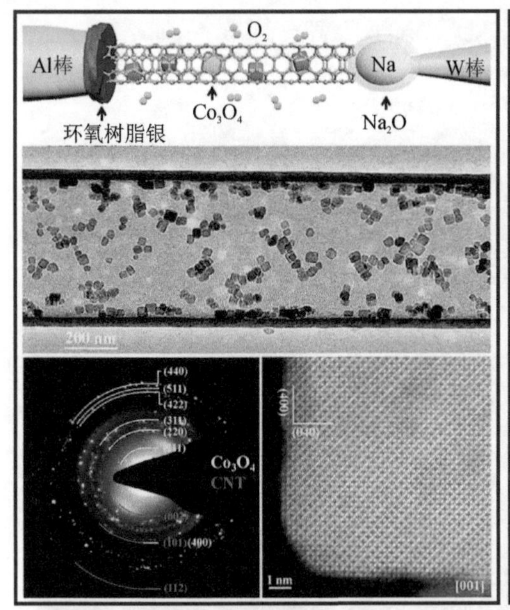

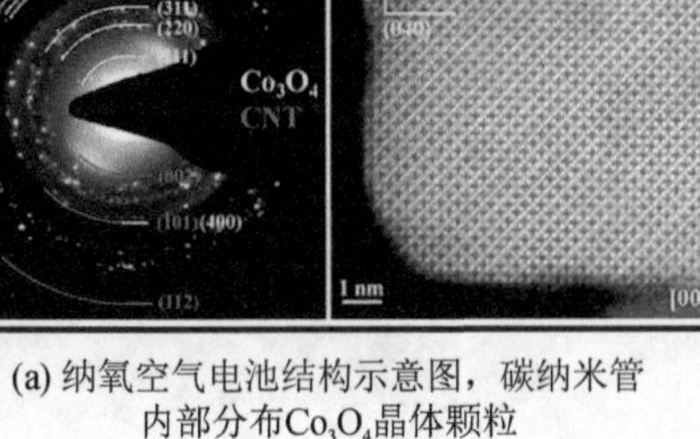

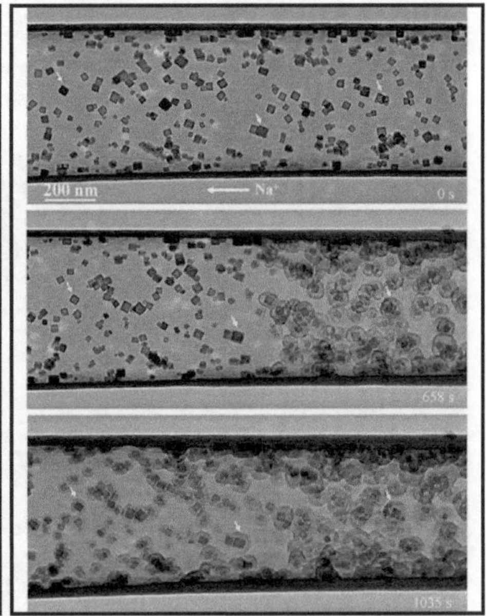

(a) 纳氧空气电池结构示意图，碳纳米管内部分布Co_3O_4晶体颗粒

(b) 氧气环境下通入偏压，Co_3O_4纳米立方体变成核壳结构

图 6-17 在氧气环境下钠氧电池放电过程中 Co_3O_4 结构演变过程

充电过程中的电化学行为。在放电过程中，Li_2CO_3 在碳纳米管(CNT)和银纳米线(AgNWs)等阴极介质表面成核和聚集，但在室温下充电时很难分解。为了促进 Li_2CO_3 的分解，在高温下进行了充电反应，在此过程中，Li_2CO_3 分解为 Li，并释放出气体。密度泛函理论(DFT)计算表明，温度和偏压的协同效应促进了 Li_2CO_3 的分解。如图 6-18 所示，将 1 mbar CO_2 气体通入 ETEM 腔室，右端部分原始 CNT 接触并插入金属锂。在室温下放电 971 s 后，CNT 的表面出现大量灰色物质且 CNT 开始变弯曲。高度石墨化的碳纳米管的分层结构为锂离子插入内部提供了稳定位点，在放电过程中，锂离子会插入到 CNT 的夹层中，使得 CNT 的直径膨胀约 225%，导致总体积膨胀约 914%。电子衍射与电子能量损失谱分析表明，新生成的物质主要是 Li_2CO_3。放电后，通过施加+4 V 的反向偏压对 Li-CO_2 纳米电池进行充电。尽管施加了相当高的电压(+4 V)并充电一段时间(458 s)，但观察到放电产物几乎没有变化，这表明放电产物在充电过程中很难分解。将温度提升至 300 ℃高温，CNT 表面产生大量细小的气泡，表明 Li_2CO_3 开始分解并释放气体，最终 CNT 的尺寸回到初始状态，选区电子衍射图像与电子能量损失谱表明结构最终变为纯碳。这项研究不仅为可充电的 Li-CO_2 电池工作原理提供了一个基本的认识，而且还提供了一种有效的技术，即在高温下进行放电/充电，可改善储能应用中可充电的 Li-CO_2 电池的循环性[33]。

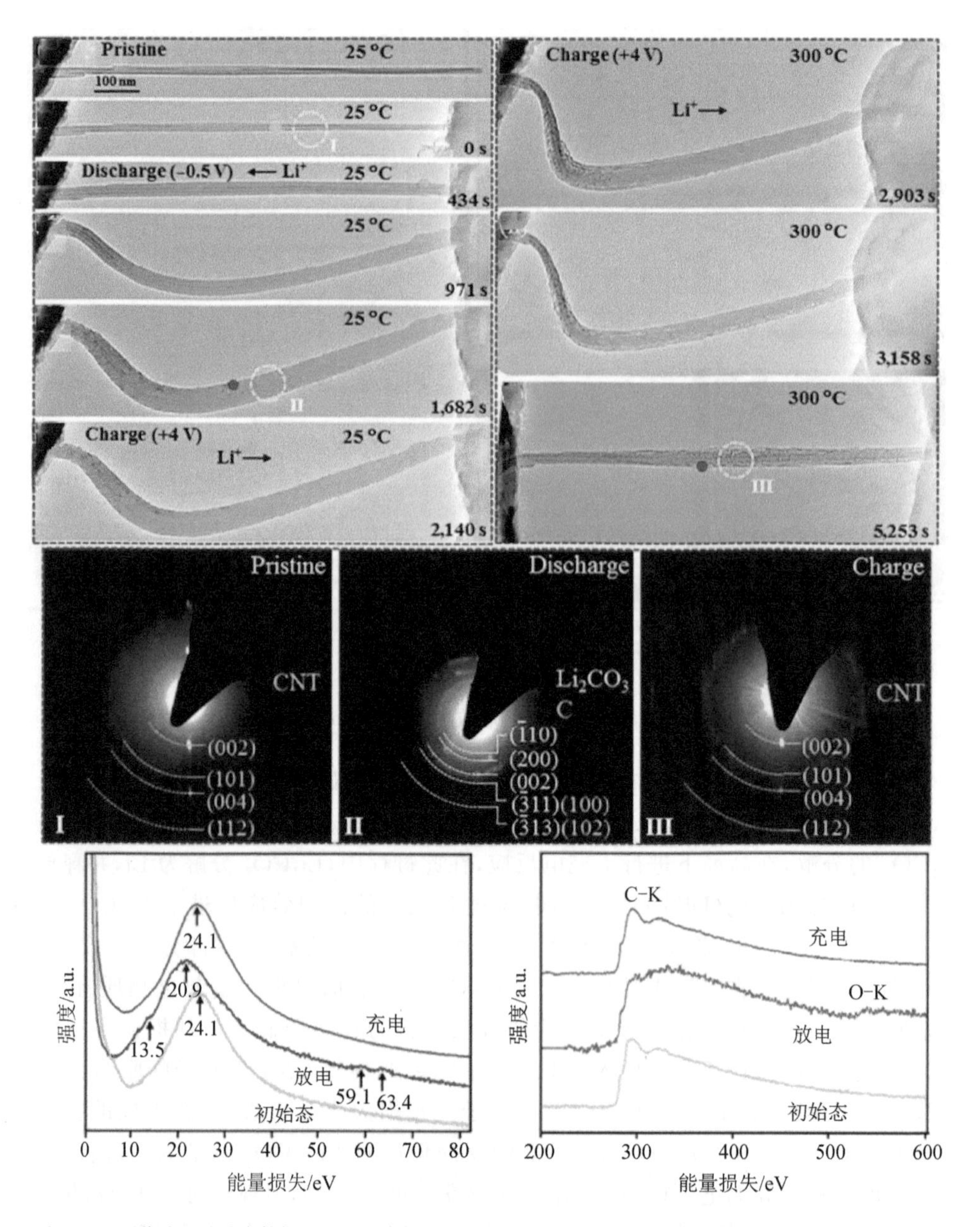

注：TEM 图像为对碳纳米管插入金属锂内部后，在室温及 300 ℃下进行充放电的形貌表征。常温下，室温充电结构无明显改变，温度升至 300 ℃时，放电过程产生的 Li_2CO_3 开始分解。选区电子衍射图及电子能量损失谱图对应初始碳纳米管纯碳结构、放电后碳纳米管内部夹杂 Li_2CO_3 的混合结构及高温充电后 Li_2CO_3 分解变为纯碳结构表征结果。

图 6-18　Li-CO_2 电池充放电过程中碳纳米管阴极的结构演变[33]

6.4.4　结构失效反应

许多具有广泛潜在应用价值的纳米晶体在实际应用过程中会受到所处空气环境的影响，稳定性较差，导致其结构发生改变，使得纳米晶体的电子及光学性质产生不可预期的变化。因此，以纳米晶体作为研究对象，了解其在空气中的结构失效过程对提高其稳定性及性能提升至关重要。美国劳伦斯伯克利国家实验室郑海梅等人对硒化铅(PbSe)材料的辐照损伤过程进行的原位观察表明，当 PbSe 纳米晶体在电子束辐照下暴露于空气(或氧气)中时，形状发生演变，纳米晶体之间聚结，并且通过剧烈的固熔形成 PbSe 薄膜。PbSe 薄膜进一步转变为非晶态的富 Pb 相，或最终转变为纯 Pb，这表明硒与氧发生反应，并可在电子束照射下蒸发。上述实验结果表明，PbSe 纳米晶体在空气中的结构失效是由 PbSe 纳米晶体表面配体的解离和去除引起的。图 6－19 所示为在气相芯片内电子束辐照下部分暴露于空气的 PbSe 纳米晶体的表征中发现的三种类型的产物，即 PbSe 薄膜畴、纯 Pb 纳米晶体和非晶薄膜[34]。

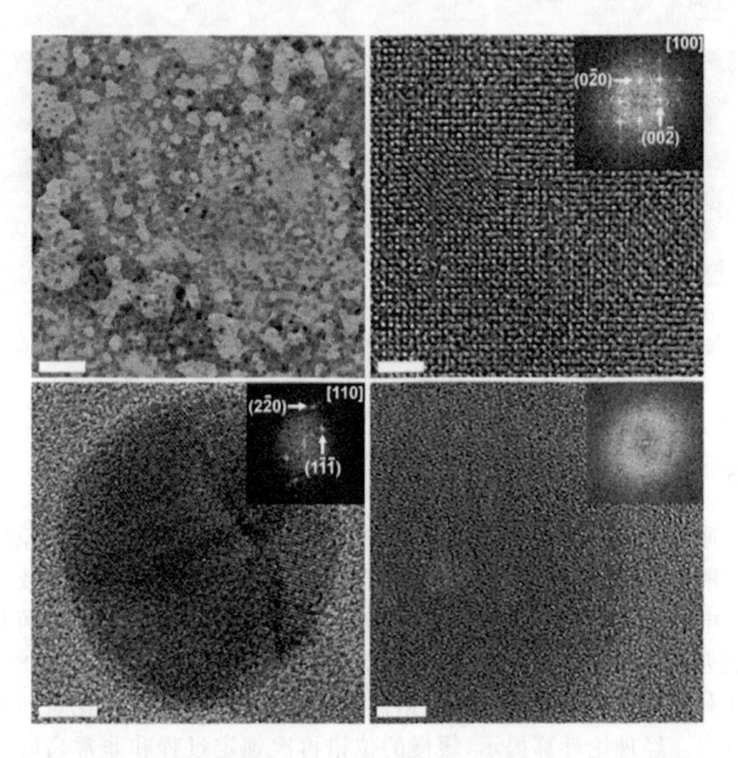

注：具有不同形态变化的 PbSe 纳米晶体的低倍形貌图片，HRTEM 图像显示了 PbSe 薄膜畴、纯 Pb 纳米晶体及非晶薄膜区域，插图是选定区域对应的 FFT 图像。

图 6－19　暴露于空气中的 PbSe 纳米晶体的三种产物表征[34]

在环境透射电镜中还可以引入多种外场进行耦合，例如，除单一气相条件外，还可以引入可见光，美国亚利桑那州立大学 Crozier 等人在气相及光照双外场条件下原位观察了 TiO_2 的表面变化，如图 6－20 所示，初始 TiO_2 颗粒暴露(101)和(002)表面，显示出良好的结晶性。在光照下通入水蒸气处理 1 h 后，TiO_2 颗粒的表面不再光滑平整，外表面出现无序层。反应 7 h 后，最外层的原子无序程度增加，无序结构进一步扩散到亚层。40 h 后，出现非晶层。XPS 光谱分析表明，在非晶态表面层中存在 Ti^{3+}，这表明光催化过程中水分解参与了 TiO_2 的还原[35]。

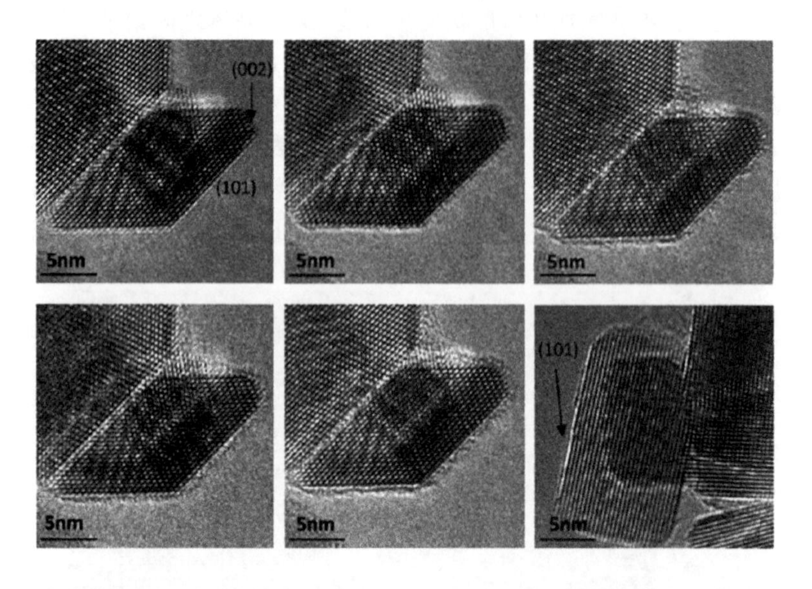

注：初始状态暴露出的晶面结晶度良好且平整，在引入光照及水蒸气条件后变为非晶态。

图 6－20　不同外场条件下，TiO_2 颗粒表面结构演变过程[35]

6.4.5　变形机制研究

西安交通大学单智伟等人利用 ETEM 进行了铝金属氢脆行为的原位研究。由于氢的高扩散性，它通常被认为是金属和合金中位错运动的弱抑制剂或促进剂。通过环境透射电镜中的定量力学测试方法，证明铝暴露于氢后，样品内的可移动位错会失去活动能力，相应的激活应力会增加一倍以上。去除氢气后，样品内被锁定的位错可以在循环载荷下重新被激活。而位错被重新锁定则需约 10^3 s，比氢间隙扩散的预期时间长得多。经理论计算揭示，缓慢的位错再次锁定过程和非常高的位错锁定强度可以归因于过量的氢致空位。图 6－21 所示为在真空中经过 95 次循环加载机械退火后的单晶 Al 样品在以 2 Pa 压强充氢 30 min 前后的位错动态响应原位实验结果。与无氢气时进行对比发现，充氢后，样品中的四个可动位错停止运动。中间图像表示加氢前后四个可动位错的位置，在此期间，由于失去钉扎点，弯曲的位错松弛下来。此外，表面出现的微小气泡（用黑色箭头标记）证明氢气被充入铝柱内部。位错位置以白色虚线叠加在相同位置上作为参考。在充氢气后的 85 次加载循环中，加载条件与加氢前完全相同，但位错位置保持不变，停止了对应力加载的响应。实验结果证明，在氢气环境中，氢致空位可能是塑性流动局部化损伤的关键因素[36]。

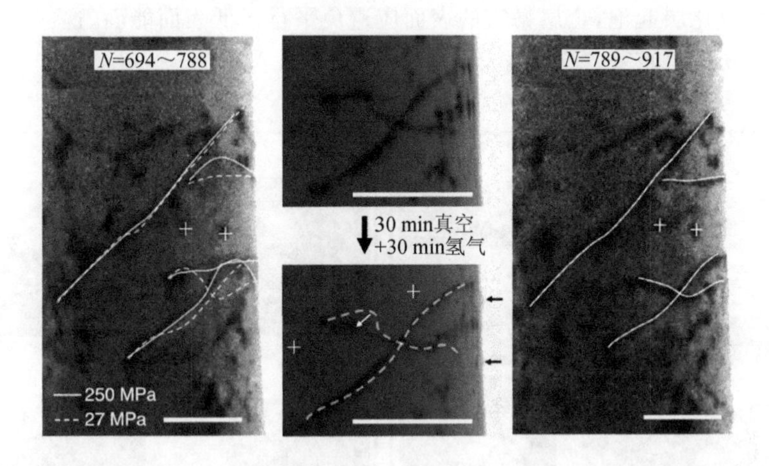

注：充氢前后位错与应力加载之间的动态响应过程。通入氢气后，位错被钉扎，相同应力加载下，位错不产生滑移。比例尺均为 200 nm。

图 6－21　充氢前后位错与应力加载之间的动态响应过程[36]

另外，西安交通大学单智伟等人还深入探究了金属铝样品在通入氢气后，表面生成氢气泡的相关机制。然而，目前尚不清楚纳米级气泡是如何达到临界尺寸的。对氢气暴露下的铝/氧化物界面进行的原位实验发现，一旦界面处的氢偏析削弱，铝原子的表面扩散在 Wulf 重构的驱动下会在金属一侧形成空腔。这些空腔的形态和生长速率对铝基材料的晶体取向高度敏感。一旦空腔增长到临界尺寸，内部的气体压力随之变大并足以使氧化层起泡。如图 6－22(a)所示，空腔在金属/氧化物界面成核，大空腔吞噬小空腔，纳米空腔的演化改变了近界面区域的厚度梯度，形成波浪状的轮廓，且未观察到位错活动，金属表面的扩散变形使得在金属/氧化物界面上形成空腔成为可能。当氢气在界面分离时，由于氢原子的插入，界面原子键被大大削弱，近界面原子扩散的激活能势垒降低，因其不再直接与氧化物结合，从而在热力学驱动下表面扩散变得容易。如图 6－22(b)所示，金属柱体边缘位置形成气泡，当金属原子扩散形成空腔后，新暴露的金属表面形成{111}面，随着{111}面向内消退，空腔变大，但氧化层未变形。持续通入氢气，氧化物在积聚的气体压力下开始发生塑性变形，形成大尺寸气泡。在氧化层开始塑性变形之前，空腔必须达到临界尺寸，因为它对金属氧化物膜起钉扎约束作用。图 6－22(c)中进一步探究了气泡产生程度与表面取向的关联性，{111}晶面上的空腔生长速度最快，最早达到临界尺寸。在柱体的周围，气泡优先在{111}晶面的顶部生长，而在{100}晶面上可以看到非常细小的气泡，在{110}晶面上没有发现气泡。在另一[100]轴向柱状样品中，表面没有{111}晶面暴露，长时间氢气暴露后，气泡在表面随机形成。这些结果表明，表面起泡倾向与晶面取向有关，并遵循以下顺序：{111}＞{100}＞{110}，与表面能的结果一致。这种起泡各向异性源于{111}晶面具有最低的表面能，空腔最容易形核和生长。因此，为了延缓金属氧化层起泡，金属暴露的表面应避免平行于低表面能面，这一发现对理解界面的氢损伤具有重要意义[37]。

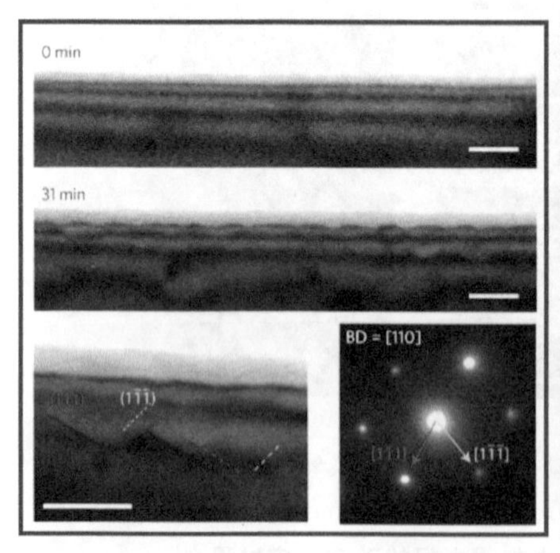

(a) 通入氢气前后铝金属内部的变化

(b) Al基体与氧化层间空腔随氢气暴露时间的增加而增大

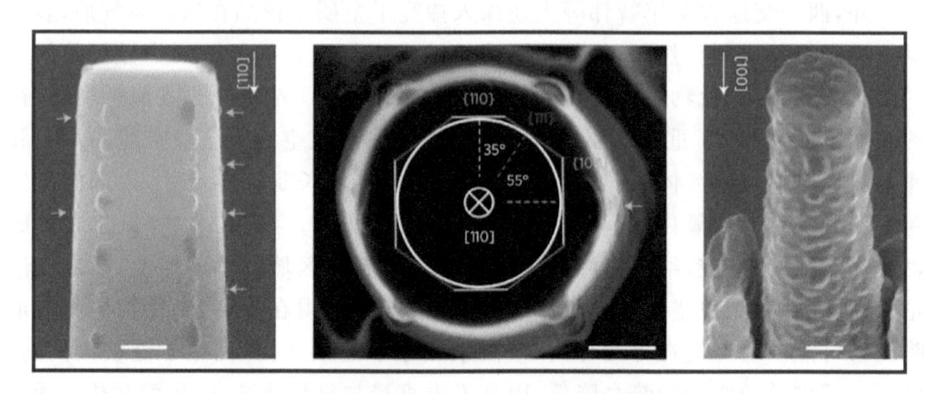

(c) 样品表面待定(111)晶面优先生长氢气泡

注：图(a)，通入氢气后，铝金属表面由真空下的平整形态演变为锯齿状的{111}晶面空腔。图(b)，随着氢暴露时间的增加，空腔尺寸增大，在37 min时，外层氧化物发生塑性变形。图(c)，轴向沿[110]方向的样品侧面的氢气泡沿{111}晶面生成，沿[100]轴向的样品由于未暴露{111}晶面，氢气泡随机生成。

图6-22　金属铝及表面氧化物层在氢气环境中的结构演变过程[37]

6.5 扫描电镜原位气相反应技术的应用

环境扫描电镜的出现是扫描电镜原位气相反应技术领域中的革命性突破。其工作原理与传统扫描电镜仪器有很大不同,极大地减少了对样品的要求及样品种类限制。环境扫描电镜探测器是气体二次电子探头,它的前端相对于样品加有数百伏的正偏压,样品发出的二次电子在偏压下加速并与气体分子(样品室内可充空气、水气或惰性气体)碰撞,使气体分子电离,形成正离子和电子。这种电子称为环境二次电子。环境二次电子也会被偏压加速并再次和气体分子相碰撞,从而使气体分子电离的过程不断重复,形成二次电子信号的串级放大。环境扫描电镜探测器收集的正是这些被串级放大的电子信号,用其调制主扫描光栅即可得到样品的二次电子像。在样品电场和偏压的共同作用下,正离子朝样品方向运动,中和样品表面的负电荷。对于非导体样品,正离子的中和作用使样品表面不会出现充电现象。图 6-23 所示为环境扫描电镜中气体放大原理示意图。

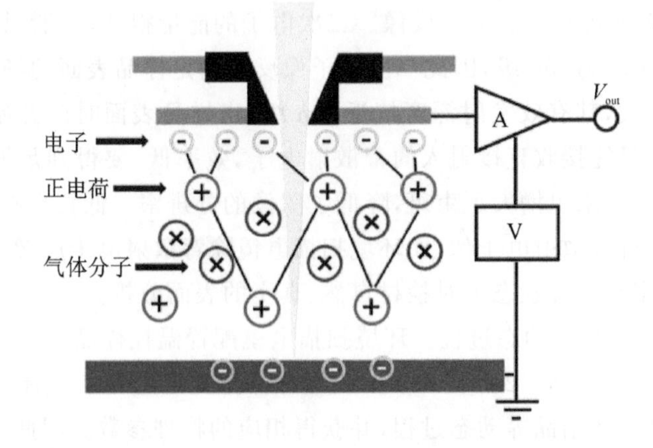

图 6-23　环境扫描电镜中气体放大原理示意图

6.5.1 扫描电镜原位气相反应实验特性

样品室内所充气体的电离特性直接影响成像的效果和质量。气体越容易电离,原始二次电子信号串级放大的增益就越高。改变环境扫描电镜探测器前端的偏压,不但可以改变信号增益,还可以对样品室内充气的种类进行选择。通常选择的样品室充气为水蒸气,因为其容易电离,而且无毒、方便、成本低。

样品室内所充气体的多少(真空度的高低)也影响着成像的质量。对于非导电样品,如果充气过少,样品室内缺少足够的正离子来中和样品表面的电荷积累,就会产生放电现象。但如果充气过多,图像会出现“软化”而使细节丢失。

普通扫描电镜的样品室和镜筒内均为高真空,只能检测耐高真空且导电导热或经导电处理的干燥固体样品。然而,导电处理会引起样品表面形态和化学成分的变化,并且有些样品很难进行导电处理。

低真空扫描电镜(也称为可变压力扫描电镜或压力控制扫描电镜)使用了压差光阑的新技术,可使镜筒部分保持高真空,样品室内为低真空,两部分之间保持动态平衡。这种电镜可直接检验非导电导热样品,无需进行处理,但在低真空状态下只能获得背散射电子像。低真空扫描电镜样品室内的气体压力最大只能达到 4 torr(注:1 torr=133.322 368 4 Pa)。

环境扫描电镜除具有以上两种电镜的所有功能外,还具有以下功能:

① 样品室内的气压可大于水在常温下的饱和蒸气压。水在 0 ℃时的饱和蒸气压为 4.6 torr,真正意义上的环境扫描电镜样品室内的气压必须大于该值。普通扫描电镜和低真空扫描电镜样品室内的气压都在 4 torr 以下,而目前环境扫描电镜样品室内的气压可以高达 50 torr。温度升高时,水的饱和蒸气压也会增大,但常温下仍不超过 50 torr。

② 环境状态下可对二次电子成像。二次电子的能量很低,一般只有几个电子伏特,其有效发射深度为 nm 级,因此二次电子像反映的是样品表面的细微形态。背散射电子的能量较大,其有效发射深度接近 μm 级,出样品表面时已开始发散。另外,背散射电子探头只能接收直接射入的背散射电子,效率低,要得到足够的信号强度,需增加束流,这样一来也增大了束斑,降低了图像的分辨率。低真空扫描电镜在样品室充气后只能获得背散射电子像,而环境扫描电镜除背散射电子成像外,还可对二次电子成像,从而实现环境状态下对检材自然、真实的表面分析。

③ 观察样品的相变动态过程。环境扫描电镜配置温控样品台后,可以控制样品温度,温度变化范围可达−20～1 500 ℃。给样品室充以适当的气体,可以观察样品的溶解、熔化、凝固和结晶等动态过程,并获得相应的物理参数。因此,环境扫描电镜已不再是普通意义上的形态和成分分析仪器,而是可以对微量样品进行多种物理化学性能测试的综合仪器。

另外,扫描电镜同样能够搭载与真空样品舱室隔绝的封闭式原位气相装置台。扫描电镜原位气氛环境测量系统将微机电系统气氛环境微腔和加热模块集成到扫描电镜样品台上,在扫描电镜中制造可控的气氛环境并可对实验样品原位加热。如图 6-24 所示,该系统允许研究者在气氛环境中原位、动态、高分辨地对样品的形貌结构和化学组分进行综合表征,大大拓展了扫描电镜的功能与应用领域;可实现 1 bar 的压强以及 800 ℃的观测条件,使研究者可以在扫描电镜中实时观测催化反应、氧化还原反应、低维材料生长/合成以及各类腐蚀反应。

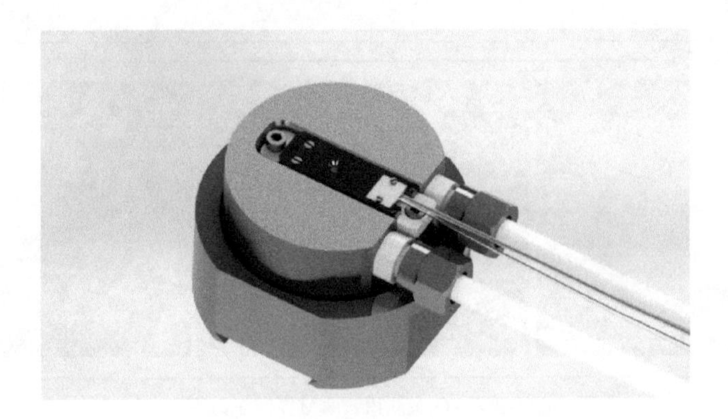

图 6-24　扫描电镜中原位气相装置台

6.5.2　扫描电镜原位气相反应应用

研究催化材料的气相合成、反应和失效过程，利用原位实验捕获“结构-性能”关系的信息要比普通离位实验更丰富。离位实验只能提供脱离实际催化动态行为的离位静态图像信息，具有很大的局限性，所以需要开发能够在工况条件下观察活性催化剂动态行为演变过程的设备技术方法。

采用扫描电镜原位研究金属催化剂表面的反应动力学以及结构-活性关系对揭示宏观尺寸下的催化反应机制具有优势。由于扫描电镜对表面组成变化的高度敏感性，故其能够检测金属表面吸附的单分子层。苏黎世联邦理工学院 Willinger 等人利用扫描电镜原位观察了 Pt 催化剂基底与 NO_2、H_2 等气体的相互作用过程[38]。当 ESEM 腔室内引入 NO_2 或 H_2 与金属 Pt 基底进行反应时，表面吸附物质导致功函数调制可以通过二次电子信号图像衬度的变化来检测，并用于表面气体吸附的可视化动态研究。NO_2 的吸附导致低能二次电子发射减少，图像亮度降低。如图 6-25(a)所示，NO_2 进入 ESEM 腔室会导致在 Pt 箔上形成不均匀的衬度演变。观察到亮度和对比度降低区域的外观和衬度演变表明存在气体吸附过程。如图 6-25(b)所示，引入 H_2 并提高温度，图像亮度和对比度改变，表明吸附层发生反应。吸附过程不是均匀的，反应优先在特定表面和晶界开始，表明检测气体吸附和解吸过程的可能性，从而检测 Pt 表面对 NO_2 氢化的反应。

对不同晶粒表面动力学同时成像并进一步结合背散射电子衍射技术对晶粒取向分析，能够得到关于不同取向晶粒反应的初步结论。如图 6-26 所示，H_2 是用超高真空泄漏阀缓慢地加到 NO_2 中的，最初表面的低亮度表明基底表面被 NO_2 或 O_2 全部覆盖，反应开始后首先观察到一些晶粒或晶界上亮度的变化，这表明吸附层开始反应。通入 NO_2 和 H_2 混合气体后，再重复进行吸附、反应、解吸附过程。最初只有部分晶粒表面发生反应(表现为衬度和外观上像波浪一样的对比度变化，不发生反应的晶粒保持在低亮度状态)，随着反应的进行，晶粒 A 与晶粒 B 相邻晶界处发生气体溢

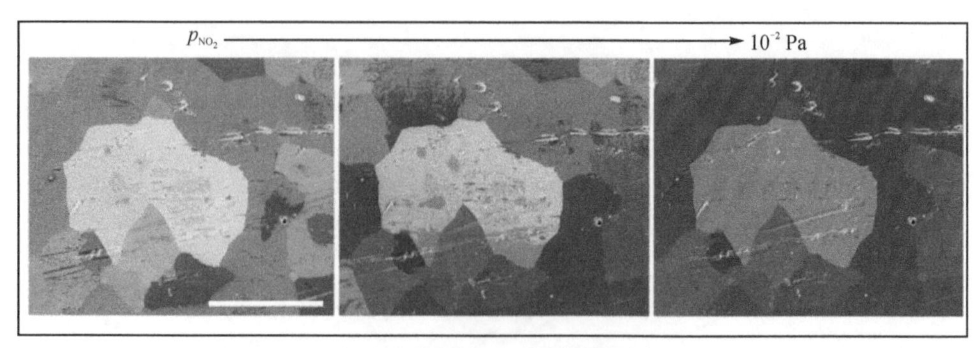

(a) 通入NO_2金属Pt表面衬度发生改变

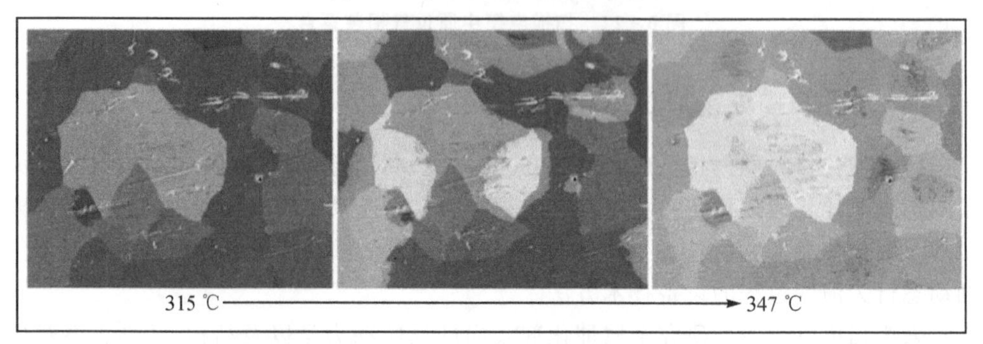

(b) 引入H_2改变温度，金属Pt表面衬度发生改变

图 6-25 气体吸附对样品表面图像衬度的影响[38]

流耦合反应，位置如箭头所示。同样，晶粒 C(以及随后的晶粒 D)的反应通过表面扩散耦合向晶粒 A 转移。图像实时显示了在较大压力范围内气体引发的反应行为和反应前沿的传播以及活化物质的溢出，突出了原位扫描电镜作为探究表面科学的工具在研究气相和温度诱导反应过程的优势。本实验结果证明了 SEM 的高度灵活性，在原位条件下研究气体反应表面动力学演变的能力，使得在宏观催化剂尺度以及从高真空到近环境压力的复杂形状催化剂的原位观察方面取得突破。

6.6 小　结

透射/扫描电镜下的原位气相反应实验揭示了材料气相反应过程中的动态结构演化信息，能够对材料结构-性能关系进行更深入的研究探索。尤其是透射电镜原位实验技术，能够表征原子尺度下的结构演变行为，获得对反应机制更深刻的理解，这将有助于指导新一代材料的设计与合成。虽然目前原位气相实验技术日趋成熟，但是进一步的发展仍然面临挑战，包括提高成像分辨率、成像速度、数据管理以及集成其他表征方法等。我们相信，在材料科学家和电子显微镜技术专家的共同努力下，会突破现有原位实验技术的瓶颈，充分发挥该技术的潜力。

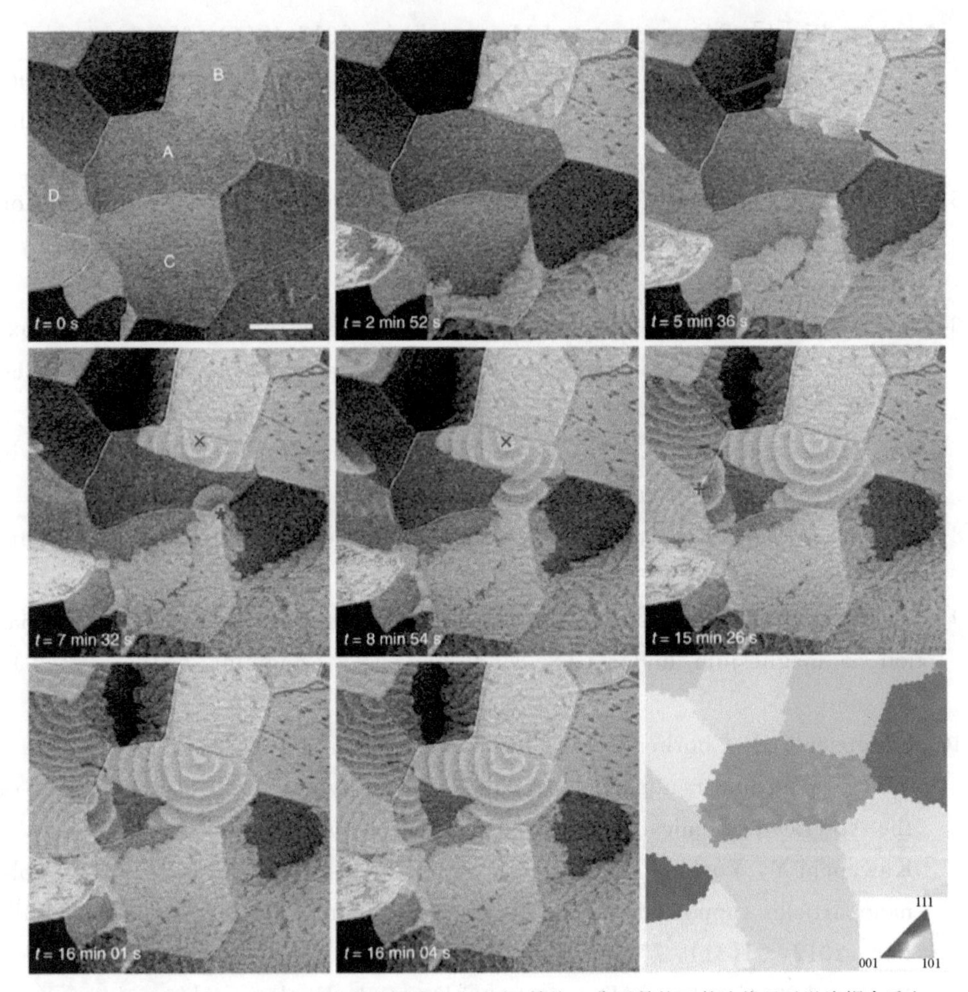

注：在 NO_2 中加入 H_2，不同取向的晶粒衬度发生改变，晶粒 A 靠近晶粒 B 的边缘显示溢流耦合反应，随着时间的延长，晶粒内部波浪形衬度区域扩大，表明吸附反应在不同取向的颗粒间持续进行。

图 6-26　气体环境下，Pt 催化剂基底对催化反应的动态响应过程[38]

参考文献

[1] Jinschek J R, Helveg S. Image resolution and sensitivity in an environmental transmission electron microscope[J]. Micron, 2012,43(11): 1156-1168.

[2] Hatty V, Kahn H, Heuer A H. Fracture toughness, fracture strength, and stress corrosion cracking of silicon dioxide thin films[J]. Journal of Microelectromechanical Systems, 2008,17(4): 943-947.

[3] Allard L F, Overbury S H, Bigelow W C, et al. Novel MEMS-based gas-cell/heating specimen holder provides advanced imaging capabilities for in situ reac-

tion studies[J]. Microscopy and Microanalysis, 2012,18(4): 656-666.

[4] Yue S N, Praveen C S, Klyushin A, et al. Redox dynamics and surface structures of an active palladium catalyst during methane oxidation[J]. Nature Communications, 2024, 15: 4678.

[5] Grogan J M, Bau H H. The nanoaquarium: A platform for in situ transmission electron microscopy in liquid media[J]. Journal of Microelectromechanical Systems, 2010,19(4): 885-894.

[6] Monai M, Jenkinson K, Melcherts A E M, et al. Restructuring of titanium oxide overlayers over nickel nanoparticles during catalysis[J]. Science, 2023,380(6645): 644-651.

[7] Holtz M E, Yu Y C, Gao J, et al. In situ electron energy-loss spectroscopy in liquids[J]. Microscopy and Microanalysis, 2013,19(4): 1027-1035.

[8] De Jonge N, Ross F M. Electron microscopy of specimens in liquid[J]. Nature Nanotechnology, 2011,6(11): 695-704.

[9] Sun Y, Guo J X, Femandez C, et al. In Situ Atomic-scale oscillation sublimation of magnesium under CO_2 conditions[J]. Langmuir, 2018, 35(1): 300-305.

[10] Simonsen S B, Chorkendorff I, Dahl S, et al. Direct observations of oxygen-induced platinum nanoparticle ripening studied by in situ TEM[J]. Journal of the American Chemical Society, 2010,132(23): 7968-7975.

[11] Kuwauchi Y, Yoshida H, Akita T, et al. Intrinsic catalytic structure of gold nanoparticles supported on TiO_2[J]. Angewandte Chemie International Edition, 2012, 51(31): 7729-7733.

[12] Wagner J B, Cavalca F, Damsgaard C D, et al. Exploring the environmental transmission electron microscope[J]. Micron, 2012, 43(11): 1169-1175.

[13] Yuan W, Zhu B, Fang K, et al. In situ manipulation of the active Au-TiO_2 interface with atomic precision during CO oxidation[J]. Science, 2021, 371(6528): 517-521.

[14] Yuan W, Zhu B, Li X Y, et al. Visualizing H_2O molecules reacting at TiO_2 active sites with transmission electron microscopy[J]. Science, 2020, 367(6476): 428-430.

[15] Li X, Sheng Y L, Ge M K, et al. Visualization of shallow-groove expansion of Au(111) facet under methane pyrolysis[J]. Advanced Materials Interfaces, 2020,7(23): 2001245.

[16] Li M, Curnan M T, Saidi W A, et al. Uneven oxidation and surface reconstructions on stepped Cu (100) and Cu (110) [J]. Nano Letters, 2022, 22

(3): 1075-1082.

[17] Huang Y, Duan X F, Cui Y, et al. Logic gates and computation from assembled nanowire building blocks[J]. Science, 2001,294(5545): 1313-1317.

[18] Rackauskas S, Jiang H, Wagner J B, et al. In situ study of noncatalytic metal oxide nanowire growth[J]. Nano Letters, 2014, 14(10): 5810-5813.

[19] Wen C Y, Reuter M C, Fersoff J, et al. Structure, growth kinetics, and ledge flow during vapor - solid - solid growth of copper-catalyzed silicon nanowires[J]. Nano Letters, 2010,10(2): 514-519.

[20] Kodambaka S, Tersoff J, Reuter M C, et al. Diameter-independent kinetics in the vapor-liquid-solid growth of Si nanowires[J]. Physical Review Letters, 2006, 96(9): 096105.

[21] Ross F, Tersoff J, Reuter M. Sawtooth faceting in silicon nanowires[J]. Physical Review Letters, 2005,95(14): 146104.

[22] Gamalski A, Tersoff J, Stach E. Atomic resolution in situ imaging of a double-bilayer multistep growth mode in gallium nitride nanowires[J]. Nano Letters, 2016, 16(4): 2283-2288.

[23] Klinke C, Bonard J M, Kern K. Formation of metallic nanocrystals from gel-like precursor films for CVD nanotube growth: An in situ TEM characterization[J]. The Journal of Physical Chemistry B, 2004,108(31): 11357-11360.

[24] Wang X, Li M, Xu P C, et al. In situ TEM technique revealing the deactivation mechanism of bimetallic Pd-Ag nanoparticles in hydrogen sensors[J]. Nano Letters, 2022, 22: 3157-3164.

[25] Tsoukalou A, Abdala P M, Stoian D, et al. Structural evolution and dynamics of an In_2O_3 Catalyst for CO_2 hydrogenation to methanol: An operando XAS-XRD and in situ TEM study[J]. Journal of the American Chemical Society, 2019,141(34): 13497-13505.

[26] Wang Q, Zhao Z L, Gu M. CO gas induced phase separation in PtPb@ Pt catalyst and formation of ultrathin Pb nanosheets probed by in situ transmission electron microscopy[J]. Small, 2019, 15(42): 1903122.

[27] Somorjai G A, Li Y. Introduction to surface chemistry and catalysis[M]. Montreal: John Wiley & Sons, 2010.

[28] Hansen L P. Atom-resolved imaging of dynamic shape changes in supported copper nanocrystals[J]. Science, 2002,295(5562): 2053-2055.

[29] Yoshida H, et al. Visualizing gas molecules interacting with supported nanoparticulate catalysts at reaction conditions[J]. Science, 2012, 335(6066): 317-319.

[30] Yue Y, Kuwauchi Y, Jinschek J R, et al. Atomic scale observation of oxygen delivery during silver-oxygen nanoparticle catalysed oxidation of carbon nanotubes[J]. Nature Communications, 2016, 7(1): 1-7.

[31] Wang Z, Zhou B X, Pan R J, et al. Stress-driven grain re-orientation and merging behaviour found in oxidation of zirconium alloy using in-situ method and MD simulation[J]. Corrosion Science, 2019, 147: 350-356.

[32] Jia P, Yang T T, Liu Q N, et al. In-situ imaging Co_3O_4 catalyzed oxygen reduction and evolution reactions in a solid state Na-O_2 battery[J]. Nano Energy, 2020, 77: 105289.

[33] Jia P, Yu M Q, Zhang X D, et al. In-situ imaging the electrochemical reactions of Li-CO_2 nanobatteries at high temperatures in an aberration corrected environmental transmission electron microscope[J]. Nano Research, 2022, 15(1): 542-550.

[34] Peng X, Abelson A, Wang Y, et al. In situ TEM study of the degradation of PbSe nanocrystals in air[J]. Chemistry of Materials, 2018, 31(1): 190-199.

[35] Zhang L, Miller B K, Crozier P A. Atomic level in situ observation of surface amorphization in anatase nanocrystals during light irradiation in water vapor [J]. Nano Letters, 2013, 13(2): 679-684.

[36] Xie D, Li S Z, Li M, et al. Hydrogenated vacancies lock dislocations in aluminium[J]. Nature Communications, 2016,7: 13341.

[37] Xie D G, Wang Z J, Sun J, et al. In situ study of the initiation of hydrogen bubbles at the aluminium metal/oxide interface[J]. Nature Materials, 2015, 14(9): 899-903.

[38] Barroo C, Wang Z J, Schlögl R, et al. Imaging the dynamics of catalysed surface reactions by in situ scanning electron microscopy[J]. Nature Catalysis, 2020, 3(1): 30-39.

第 7 章　原位电子显微学在材料热学性能研究中的应用

7.1　引　言

高温材料通常是指工作温度高于 550 ℃，并能承受一定应力且具有抗氧化和抗热腐蚀能力的材料。此类材料常用于制造燃气轮机、航空航天发动机和火箭发动机等的重要承力结构件。这些材料通常包括高温合金、弥散强化合金、难熔合金、金属纤维增强高温复合材料和陶瓷材料等。图 7－1 所示为高温材料的强度与最高工作温度之间的关系[1]，这些结构材料具有从室温至高于 1 000 ℃的工作温度区间。其中，高温合金的服役条件最为苛刻，应用场景最为重要。根据诺思科尔（Roskill）统计的数据，高温合金在航空航天领域的应用占比为 55%；其次是电力领域，应用占比为 20%。目前，全球主要的高温合金材料生产企业主要集中在美国、英国和日本三个国家。在我国市场上，现从事高温合金材料生产的企业整体产能约为 1.74 万吨[2]。未来，随着我国航空航天业的稳定发展，将为国内高温合金材料带来广阔的发展前景。

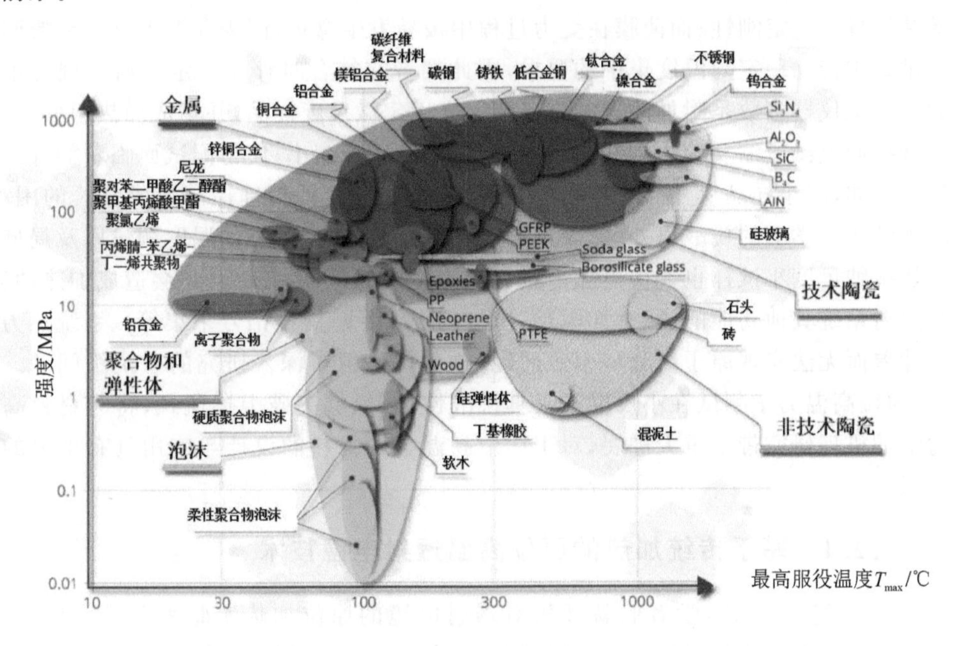

图 7－1　高温材料的强度与最高工作温度之间的关系[1]

随着现代科技水平飞跃式的发展，对现有高温金属材料不断地提出全新的性能需求，大部分金属材料在室温服役时都能够轻易契合“轻质-高强-高韧”这一评价标准，然而这一优势难以在中-高温区间延续。高温金属材料的显微组织结构是影响其耐高温性能的关键因素，研究热场和力场耦合下材料显微结构演变行为及机理是开发具有优异性能的高温材料的关键所在。

近些年来，随着原位透射电镜技术的蓬勃发展，其为研究外场作用下材料显微结构演变行为及机理提供了有力手段，并逐渐成为材料、物理、化学、生物等领域研究中不可或缺的关键技术。针对我国对高温合金等高温结构材料的战略需求，在透射电镜中模拟材料的服役条件，在纳米和原子尺度原位研究材料的高温弹塑性行为，能够为材料显微结构-性能之间关系的建立以及高温材料的开发提供理论指导及实验支持。

7.2 原位高温电镜技术国内外研究现状

近20年来，随着微加工技术的飞速发展，原位电子显微学技术不断地迭代发展，涌现出了原位力学、原位热学、原位电学，以及原位气、液环境等先进研究技术，然而原位力学、热学耦合实验平台却存在长时间难以突破的问题。究其原因，电热耦合平台的加工工艺主体集中在薄膜工艺上，集成整合过程的兼容性问题并不突出。当薄膜结构在较低的功率下加热样品，同时对样品施加载荷时，要求样品加热区与载荷传递结构具有一定刚性；而薄膜在受力过程中极易发生弯折，因为高温力学平台要同时满足结构传动稳定与温度集中的要求，因此两者在结合时存在一定矛盾。现有单轴力学测试仪器多数是附加改进的夹持装置来固定微尺度样品，并集成加热组件，来实现微拉伸或微压缩实验的。然而，样品尺度的进一步缩小，使得测试面临着额外的挑战。例如，减小样品尺寸会对样品的制备、应力和应变的精确控制造成显著的困难。除了结构力学上的挑战以外，随着试样尺寸的减小，实现可靠的温度测量以及局域化加热微纳尺度小试样也变得更加困难。更为重要的是，两者结合还会造成加热功耗、高温对系统其他功能的影响(如驱动、机械固定、引线、能谱信号采集等)、系统热力稳定性差而无法实现原子级分辨率等问题，这些都是值得深入研究的系统级问题。可见，原位高温力学测试在小尺度下极具挑战性，若能够突破上述瓶颈，将为材料高温力学的机理研究带来重大进展，对工程中高温金属材料的设计与应用具有重要的指导意义。

7.2.1 基于传统加热的原位高温透射电镜技术

20世纪60年代，学者们就开始对透射电镜的原位加热实验平台进行研究[3]。这距离第一台商业透射电镜问世仅过去20余年，当时发展的顶部式加热系统便已开始崭露头角，利用其可以开展一些位错运动的原位实验研究[4-5]。20世纪90年代又陆续发展出坩埚与金属螺线加热丝的原位加热技术[6]。这些原位加热技术的出现，不断丰富着关于材料在不同温度下性能与结构演变的实验研究。

早期原位加热主要以坩埚加热[7]与金属丝加热[8]方式为主。作为较早的原位加热研究方式的代表之一是由 Hitachi 公司 Takeo Kamino 等人[9-11]开发的钨丝加热式样品杆，其采用了金属丝加热方式（见图 7-2(a)和(b)），实现了对样品的高分辨成像。其使用缠绕的钨螺线圈作为加热元件（见图 7-2(c)），并在其表面涂覆一层碳作为隔绝层，样品便可搭载在这隔绝层上进行高分辨成像。Takeo Kamino 等人通过观察标准样品相变来测量加热区域的温度分布[12]。这种加热方式的优点是，能够较为容易地达到非常高的加热温度；缺点是，能够观察的样品类型十分有限，并且难以与其他外场共同加载，从而阻碍了高温透射电镜技术的应用。Gatan 公司与 Hitachi 公司作为较早开发坩埚加热的厂商，都对坩埚加热的透射电镜样品杆做了相应研究。坩埚加热方式是使用金属丝缠绕并覆以陶瓷包裹绝缘，形成直径为 3 mm 的样品载台，该样品载台适用于通用透射电镜样品杆，样品制备可采用常规制样方法。其中，Gatan 公司研制了从室温加热至 1 000 ℃的双倾样品杆，随后又开发出加热温度高达 1 300 ℃的钽坩埚样品杆，如图 7-2(d)所示[13]。Hitachi 公司开发的坩埚外框由隔热材料制成，连杆由热导率低的材料制成，以保证温度集中于样品处。其样品的温度分布均匀且温度漂移小，转轴的热膨胀不影响倾斜角，从而可用电镜进行各种高精度的观察和测量，如图 7-2(e)所示[13]。但是，坩埚加热方式在方便使用的同时也带来了加热功率过大等问题，在高温使用过程中甚至需要考虑使用冷却水，否则会

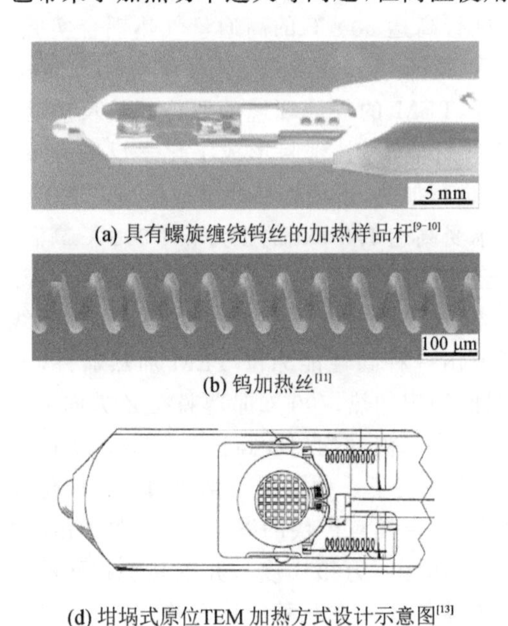

(a) 具有螺旋缠绕钨丝的加热样品杆[9-10]

(b) 钨加热丝[11]

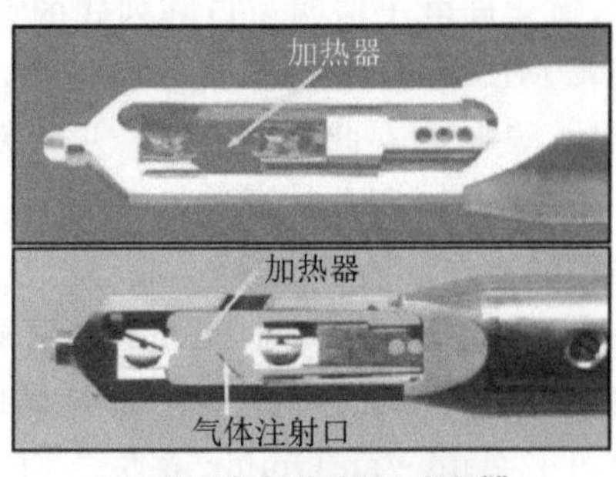

(c) 样品与气体喷射口位置[12]

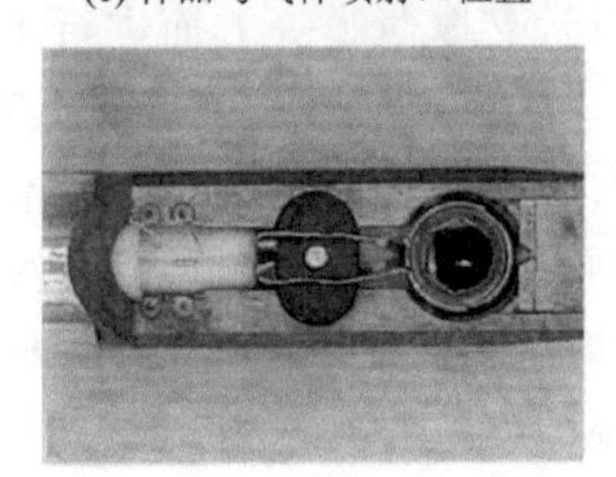

(d) 坩埚式原位TEM 加热方式设计示意图[13]

(e) 坩埚式原位TEM加热方式设计实物图[14]

图 7-2　基于 TEM 的早期原位加热方式

对样品产生漂移与振动的影响，这将造成工艺难度增加，降低了系统的稳定性和安全性。

7.2.2 基于微机电系统的原位加热技术

微机电系统（MEMS）是一种将微电子技术与机械工程融合到一起的工业技术，得益于微加工技术的进步，基于硅或碳化硅等材料的微纳加工可实现诸多较为复杂结构的加工，以实现对功能的需求。MEMS 的设计范围一般在微米或亚微米尺度，内部单元通常由尺寸为 1～100 μm 的部件组成，而一般 MEMS 器件的尺寸在数十微米到几毫米之间。基于 MEMS 技术的微型加热器件可应用于诸多领域，如红外发射器、气体传感器、热执行器、生化反应装置、原位实验装置等[15]。特别是此类器件的尺寸微小能够与 TEM 样品杆前端狭小空间相匹配。基于 MEMS 技术，研究者们根据自身领域的特点，开发出多种适用于 TEM 的原位加热器件。

由 MEMS 技术发展出的加热器件展露出巨大的优势，其利用表面微加工与体微加工技术，能够设计出复杂的结构层。随着低应力氮化硅薄膜工艺的成熟，原位加热器件的功率大幅降低。当样品搭载于氮化硅薄膜表面或在氮化硅薄膜上刻蚀的通孔中时，图像漂移低，温度均匀，温度响应迅速。同时，不少商业产品也纷纷选择了 MEMS 方式的原位加热技术[16-17]。荷兰代尔夫特理工大学 Creemer 等人[16]设计了一种 MEMS 反应腔（见图 7－3(a)），可在 1 atm（1 atm＝101 325 Pa）气氛下实现 0.18 nm 的原子晶格条纹成像。加热线路由嵌入氮化硅膜中的图形化 Pt 制成。同时，氮化硅电子透明窗口阵列式的设计可进行高达 500 ℃的高通量气热耦合实验。随着 MEMS 技术的不断发展优化，荷兰 DENSsolutions B. V. 公司 H. H. Pérez-garza 等人[18]在此基础上进一步开发了用于 TEM 的气体环境的原位加热反应腔，如图 7－3(b)所示。反应腔由一对上下器件组成，将其密封形成了化学反应腔室。底部的器件设计有加热丝，能够对整个环境进行加热，可使样品周围的环境温度达到最高 1 300 ℃；由于 Si_3N_4 制成的薄窗口可承受高达 1.5 bar 的压力和 1 300 ℃高温，电子束透过该窗口最终实现对样品的原子分辨率成像。荷兰 DENSsolutions B. V. 公司 J. Tijn Van Omme 等人[19]对先前工作的器件进行了改进，在加热丝形状、线宽、布局、支撑薄膜等方面进行了优化，开发出一种高性能原位 TEM 加热器件，如图 7－3(c)和(d)所示，实现了 1 300 ℃长时间稳定加热，700 ℃时薄膜在 Z 方向上几乎没有膨胀变化，样品漂移速率低至 0.1 nm/min，温度均匀性高达 99.5%。美国橡树岭国家实验室 Lawrence F. Allard 等人[20]开发了一种基于碳化硅加热的原位加热实验加热台，如图 7－3(e)所示。该原位加热台具有极快的温度响应，在 1 ms 内从室温加热到大于 1 000 ℃（即每秒加热速度达 100 万摄氏度），并以几乎相同的速度冷却。同时，在大幅度的温度变化之后，该器件还会在几秒内恢复稳定工作，具有很高的响应速度及稳定性。

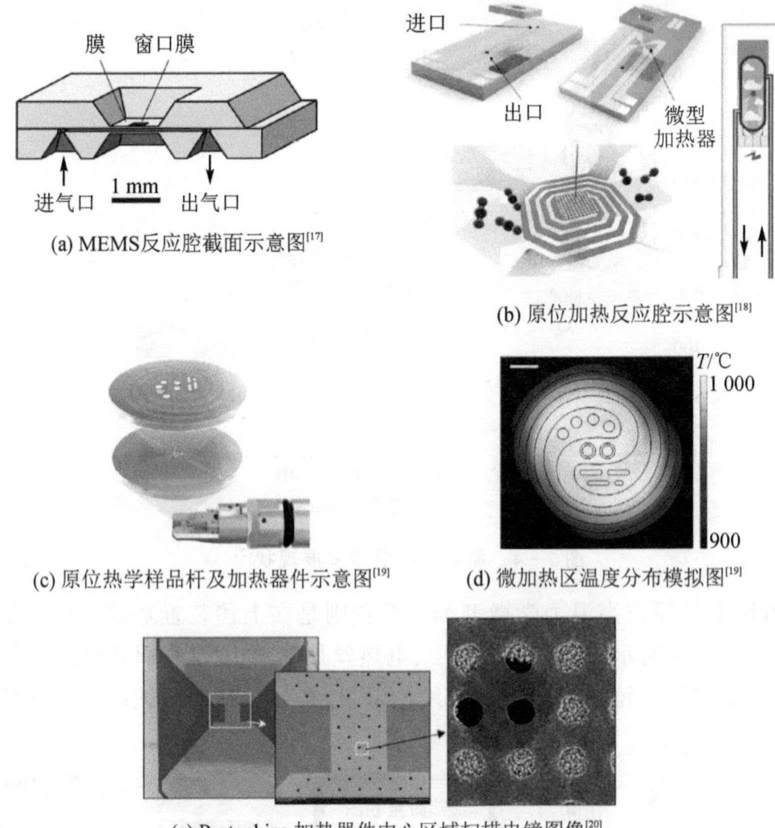

(a) MEMS反应腔截面示意图[17]

(b) 原位加热反应腔示意图[18]

(c) 原位热学样品杆及加热器件示意图[19]

(d) 微加热区温度分布模拟图[19]

(e) Protochips 加热器件中心区域扫描电镜图像[20]

图 7-3　基于 MEMS 的原位加热方式

7.2.3　原位高温扫描电镜技术简介

高温下，材料内部的微观组织结构演变方式决定了材料的宏观高温力学性能，通过对材料微观组织变化的实时观测，可以对材料的高温力学性能进行准确的评估。随着扫描电镜、透射电镜等探测材料表面微观结构以及材料内部结构的检测分析设备的发展，微观力学性能原位测试技术应运而生，特别是基于扫描电镜的原位测试技术发展极为迅速[21]。原位高温力学扫描电镜测试技术是指利用扫描电镜有限腔体空间，对样品施加力学载荷、温度场等测试环境，获取材料的宏观力学、热学等性能参数。同时利用扫描电镜的高分辨率，实时原位观测被测样品在测试过程中的显微结构变化和组织成分演变过程。目前，在材料原位力学测试装置的研发上已经取得丰硕的成果，根据观测尺度的不同，可以分为如下四类(见图 7-4)：第一类是基于传统试验机改造的原位测试装置；第二类是用于扫描电镜下的原位微型测试装置；第三类是用于微区力学性能测量的原位纳米压痕测试装置；第四类则是体积更小、集成度更高的原位 MEMS 测试装置。

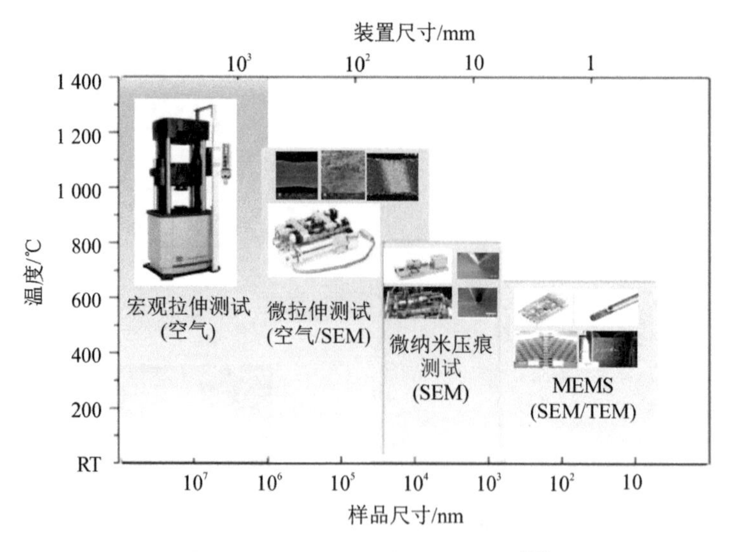

图 7-4 原位测试装置发展现状[21]

扫描电镜下的原位高温力学微型测试装置则是在上述装置基础上加装加热原件实现的。如图 7-5 所示，有辐射加热[22]、电热丝加热[23]以及坩埚接触加热等加热方式。但是，由于扫描电镜腔室和试样的尺寸限制，在力学性能测试以及温度精确控制方面仍有不足。

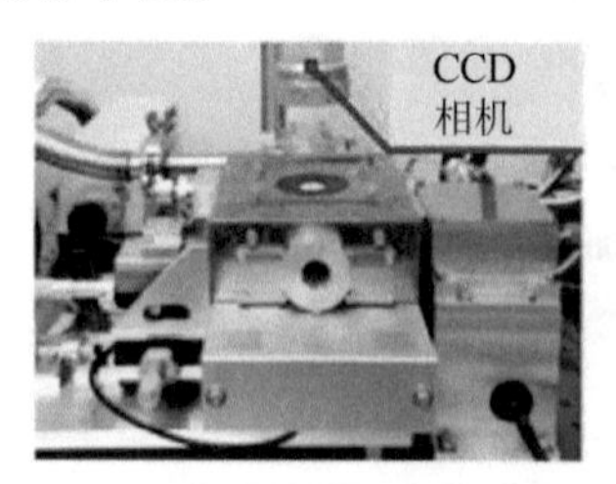

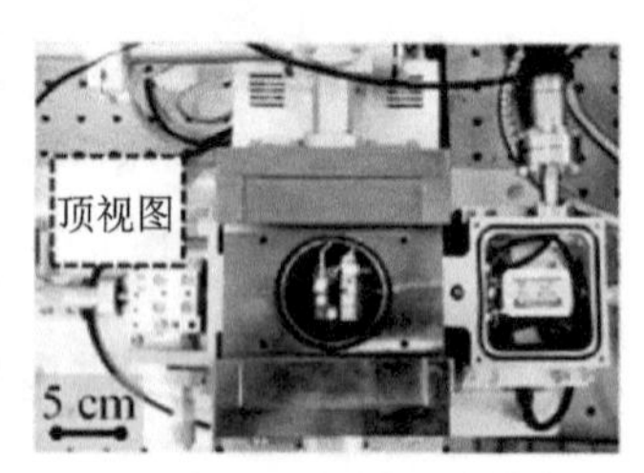

(a) 真空高温拉伸试验机示意图[22]

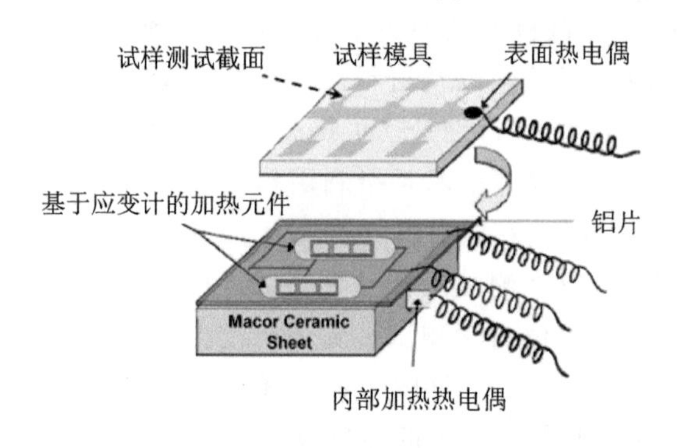

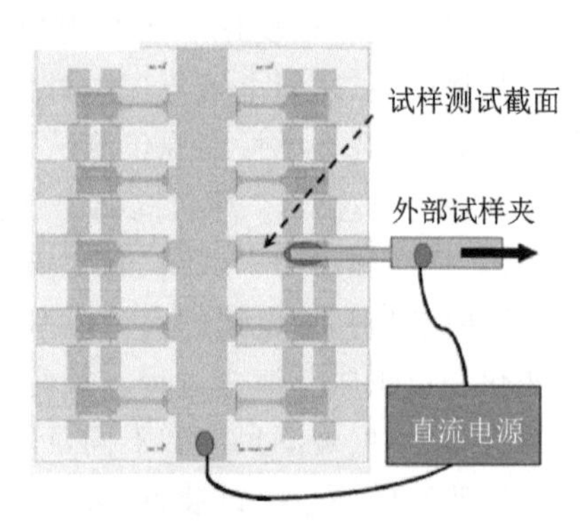

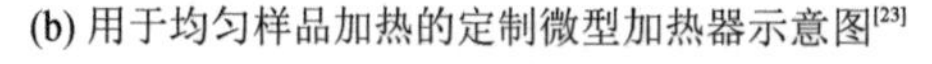
(b) 用于均匀样品加热的定制微型加热器示意图[23]

(c) 图(b)的俯视图[23]

图 7-5 扫描电镜中的原位微型测试装置

目前，国外主要有英国 Kammrath& Weiss 公司、美国 MTI Instrument 公司以及日本岛津公司等可以生产 SEM 原位高温力学测试装置，国内中机试验装备股份有限公司能够生产原位高温拉伸试验机。值得一提的是，前面提到的浙江祺跃科技有限公司现在已经成为国内一流的 SEM 原位高温力学测试设备生产制造商，并且开发了一系列新型高温力学性能测试设备。

7.2.4　基于微机电系统的原位高温扫描电镜技术

厘清金属材料在高温下的机械性能和变形行为对其在特定领域中的应用至关重要。许多高强高韧金属材料，如镍基高温合金、耐热钢，它们在环境温度下具有较好的延展性，但在非常高的温度下其力学性能急剧下降，从而导致人们对这些材料的理解仍存在明显的认知差距，阻碍了对材料的开发和使用。然而，研究高强高韧金属材料在高温下的变形行为，特别是理解这些行为的原子机制是极具挑战性的。近 20 年来，微加工技术的飞速发展[24-25]推动了多样化原位电子显微学方法的出现，诸多研究技术也不断涌现出来[26]，例如，原位力学[27-28]、原位热学[29-30]、原位电学以及原位气、液环境[18,32]等。力场和热场耦合的原位电镜技术将为材料高温力学性能的机理研究带来重大进展，进而指导工程材料的设计与性能的提升。

美国西北大学 Horacio D. Espinosa 等人开发了一系列可以原位测量样品拉伸时应力-应变曲线的 MEMS 器件，利用不同的驱动方式开发了两种用于 SEM 或 X 射线显微镜的原位定量化拉伸 MEMS。其中，一种是利用 V 形梁作为驱动[33]，如图 7 - 6(a)所示，通电后 V 形梁发生膨胀带动样品拉伸，并通过左端的静电梳齿测得此时样品上的力[34]，同时对 V 形梁驱动过程进行详细的模拟与服役分析。随着电流的增加，加热薄膜会不断再结晶，当达到 18 mA 时，其发生了局部熔化并产生了空隙，使得V 形梁逐渐失效。由于热驱动的高温力学 MEMS 热扰动难以控制且稳定时间长，因此其更适合纳米尺度的原位实验，对于原子尺度要求更高的原位实验则难以满足。图 7 - 6(b)所示为采用静电梳齿驱动来拉伸样品，虽然静电驱动要小于热驱动对样品施加的力，但其优势在于拉伸过程中驱动端没有产生热量，没有对样品产生干扰[35]。因此，基于前两种 MEMS 的研发，美国北卡罗来纳州立大学 Tzu-Hsuan Chang 等人[36]研发出了如图 7 - 6(c)所示的基于 SEM 的高温力学 MEMS，其采用静电梳齿作为驱动器，同时作为传感器，可得到样品的原位应力-应变曲线；并且在样品搭载处增加两对 Z 形加热结构，用来稳定加热拉伸样品，实现了最高温度为326 ℃的原位高温力学实验。综上，虽然基于静电梳齿的 MEMS 更为稳定，但静电梳齿要想提供足够的驱动力，就需要大量的梳齿数量，在 TEM 内由于空间狭小而受到限制。

美国加利福尼亚大学 Sandeep Kumar 等人[37]提出了一种基于 MEMS 的纳米晶薄膜高温单轴拉伸的原位 TEM 实验装置，如图 7 - 7 所示。该装置利用通电自加热来对薄膜样品进行升温，同时使用 V 形梁电热驱动器对样品施加单轴拉伸载荷，通过使用高密度直流电通过样品来实现自加热，在 87 ℃下对 75 nm 的铂薄膜进行了

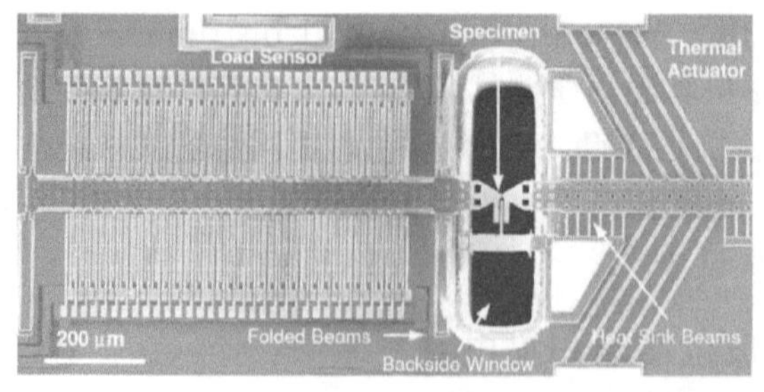

(a) 包括热驱动器、载荷传感器以及样品的原位拉伸装置[34]

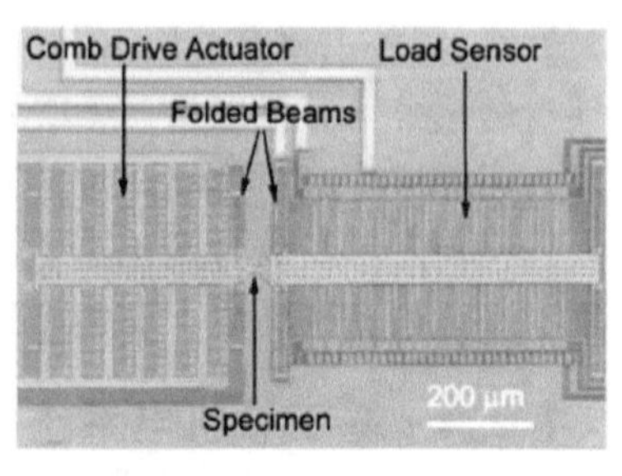

(b) 包括梳齿驱动器、载荷传感器以及样品的装置[35]

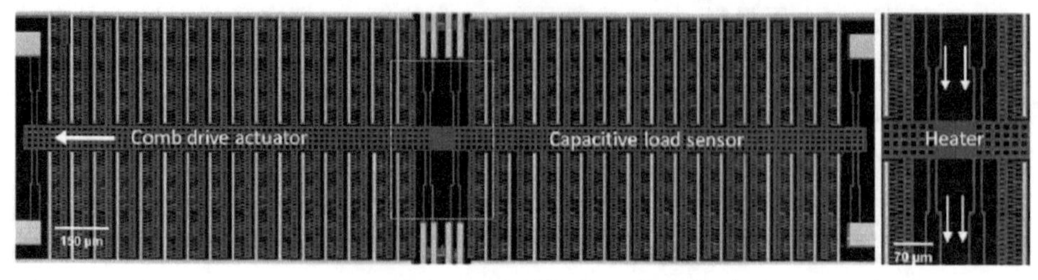

(c) 基于SEM的高温力学MEMS[36]

图 7-6　具有梳齿结构的原位 SEM 高温力学 MEMS 装置

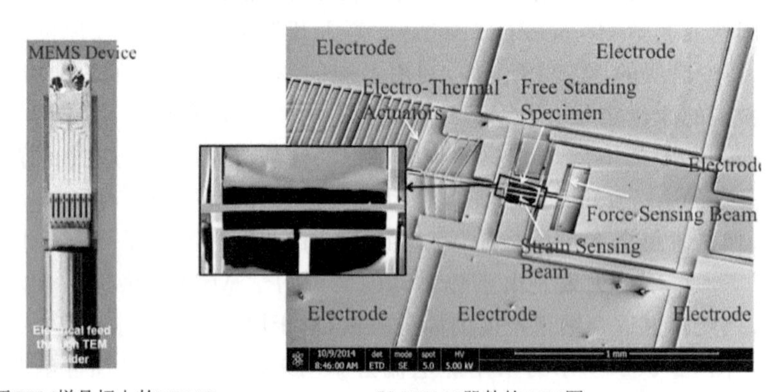

(a) 置于TEM样品杆上的MEMS　　(b) MEMS器件的SEM图

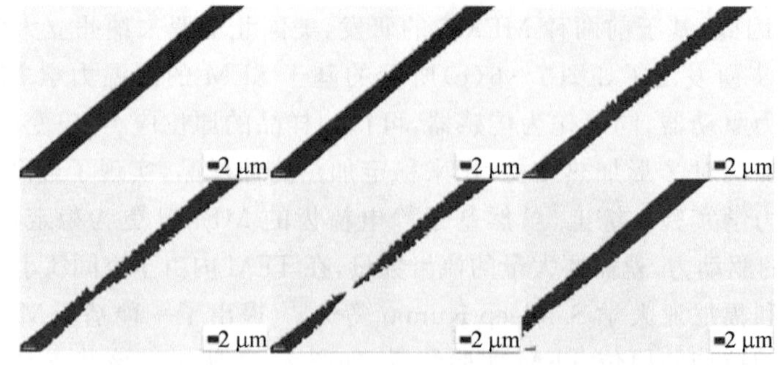

(c) 铂试样中部连续出现锯齿状形成和破坏的TEM图

图 7-7　基于 MEMS 的纳米晶薄膜高温单轴拉伸的原位 TEM 实验装置[37]

定性单轴拉伸实验，并通过仿真模拟估算了样品温度。在此定性实验中，Sandeep Kumar 等人观察到温度升高导致的晶粒长大，随后形成边缘锯齿的现象。

美国宾夕法尼亚州立大学 Wang 等人[38]设计并展示了一个多功能的 MEMS 器件，该器件将驱动器、传感器、加热器和电极与独立的 TEM 样品集成在一起，如图 7-8 所示。该 MEMS 器件除了在高温下可以进行力学测试外，还可以主动控制样品的微观结构(如晶粒生长和相变)。该 MEMS 器件的加热温度能够超过 677 ℃，并通过红外图像进行温度测量标定。虽然该器件在 TEM 原位高温力学平台中的参数指标都达到了比较高的程度，但由于热驱动带来的热扰动与热平衡慢等问题，依旧难以实现原子尺度的分辨率。

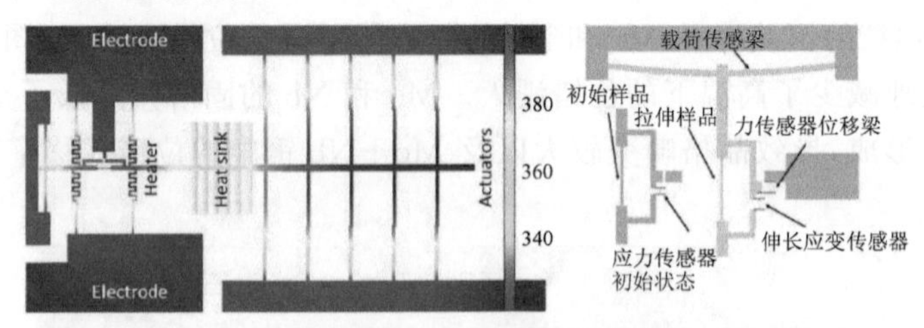

(a) MEMS装置的有限元模拟及模型

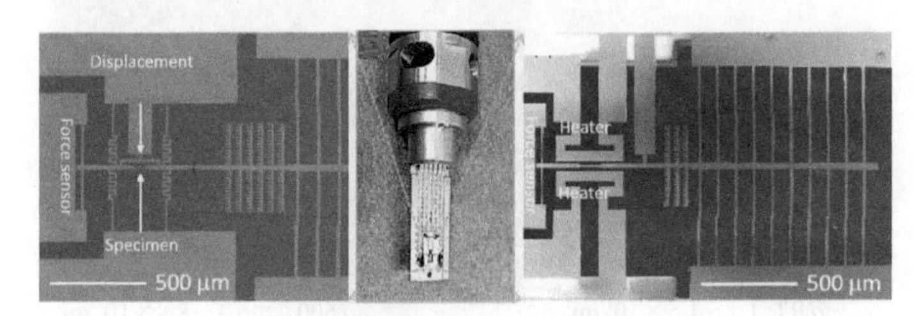

(b) 带有MEMS器件的样品杆

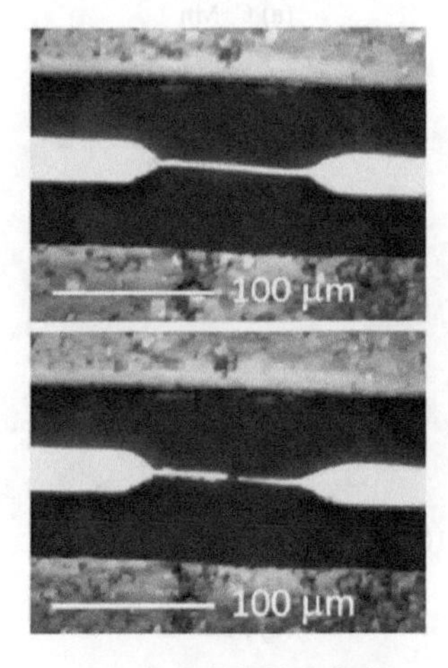

(c) 约925 K的铝熔化实验

图 7-8　原位 TEM 高温力学测试[38]

7.3 原位高温电镜技术在金属材料领域中的应用

建筑物中使用的结构钢的耐火性通常根据钢材 600 ℃时的屈服强度与室温下的屈服强度之比进行评估。耐火钢具有优异的高温强度性能，其在 600 ℃和室温之间的屈服强度比超过 2∶3。韩国材料研究所 Sung-Dae Kim 等人[39]使用 SEM、TEM、原位 TEM、EPMA、3D－APT、正电子湮没寿命谱和第一性原理计算，仔细研究了 Mo 和 Nb 元素的添加对钢耐火性的影响。与普通碳钢(C－Mn)相比，添加 Mo 和 Nb 的钢(Mo＋Nb)的耐火性显著提高。Mo＋Nb 钢的高温强度的提高归因于富含 Nb 的细 MX 颗粒的沉淀以及 Mo 和 Nb 的固溶体阻碍了位错运动，如图 7－9 所示，从而最大限度地减少了高温下的位错湮灭。Mo 和 Nb 的固溶体降低了空位形成能，使空位更容易形成，导致晶格畸变较大以及 Mo＋Nb 钢中的位错迁移率较慢。

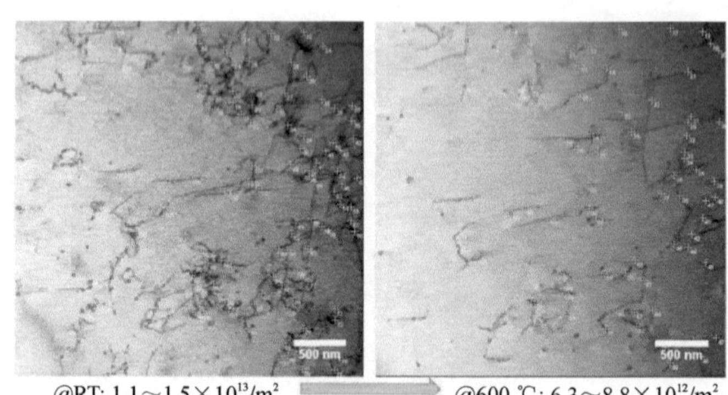

(a) C-Mn

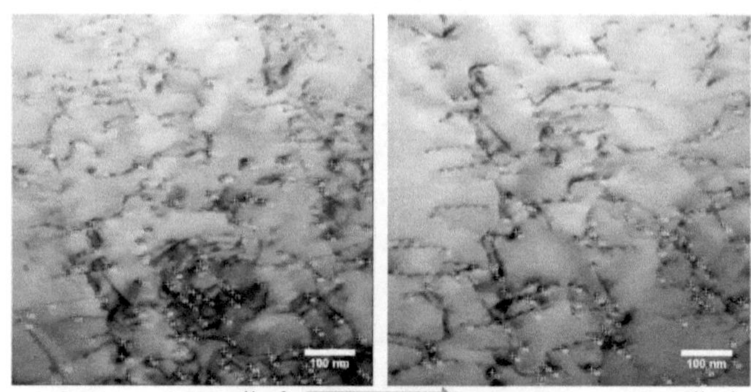

(b) Mo+Nb

图 7－9　钢加热至 600 ℃后位错密度的原位 TEM 观测[39]

高性能航空发动机是国之重器，厘清其服役机理，提高其服役的可靠性是材料研究者的持续目标。镍基单晶高温合金是制备航空发动机涡轮叶片的关键材料，其在服役条件下的组织结构稳定性及演化规律决定了航空发动机服役的可靠性。镍基单晶高温合金常服役于高温-应力耦合场，且易受到氧化的影响。一方面，氧化会降低叶片的有效承载面积，进而降低合金的应力承载能力；另一方面，镍基单晶高温合金内部组织结构的统一性也会受到氧化作用的严重破坏，从而大幅降低合金的蠕变寿命。研究镍基高温合金氧化的微观机理，进而阐明其影响合金高温变形的机理，将为薄壁涡轮叶片的开发和应用提供基础实验数据。

如图 7－10 所示，北京工业大学韩晓东课题组[40]利用 Bestron-ThermalFisher 原位环境透射电镜研究了环境温度为 650 ℃时镍基单晶高温合金在应力下的氧化和断裂行为。研究发现，原位氧化将拉伸断裂模式从塑性断裂的紧密堆积{111}晶面改变为与 γ/γ'相邻的{001}脆性断裂晶面，阐明了高温氧化影响镍基单晶高温合金裂纹扩展模式的微观机理。

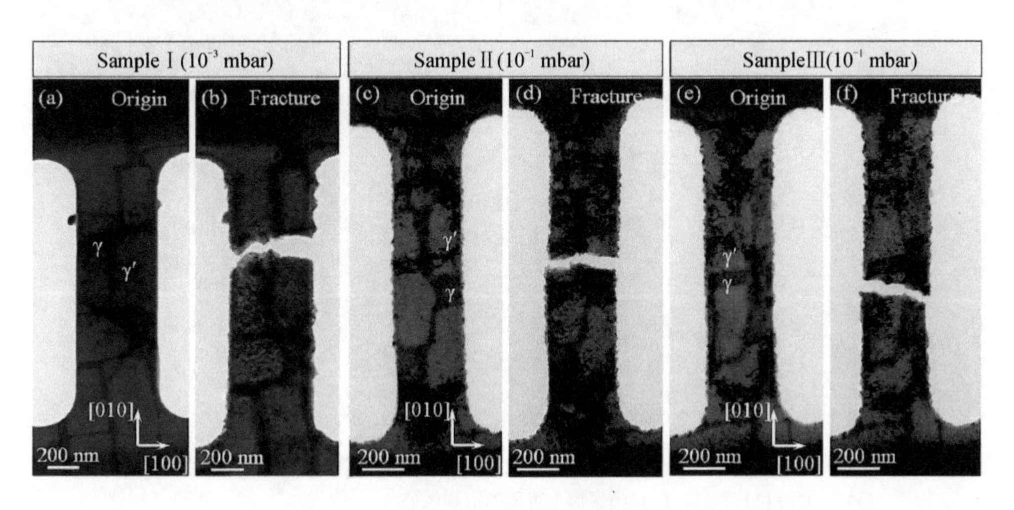

注：样品在变形前在电镜内预氧化 10 min。

图 7－10　镍基单晶高温合金在氧气环境和 650 ℃下变形的原位 TEM 表征[40]

北京工业大学张跃飞等人[41]利用浙江祺跃科技有限公司的原位高温拉伸台对一种二代镍基单晶高温合金在 1 000 ℃下进行了原位 SEM 拉伸测试。如图 7－11 所示，高温合金的屈服强度和拉伸强度分别为 699 MPa 和 826 MPa，确定了由 I 型裂纹和晶体剪切裂纹组成的裂纹扩展过程，可以直接观察和计算共晶影响的裂纹扩展路径和速率。结果表明，在 γ/γ'基体与共晶界面处，主裂纹和第二微裂纹的聚结将使裂纹的扩展速率从 0.3 m/s 增加到 0.4 m/s。这些实验数据直观地展现了合金在服役温度附近微观组织的变形及裂纹扩展行为，为单晶叶片的高质量制备和使用寿命合理评价提供了有价值的科学数据。

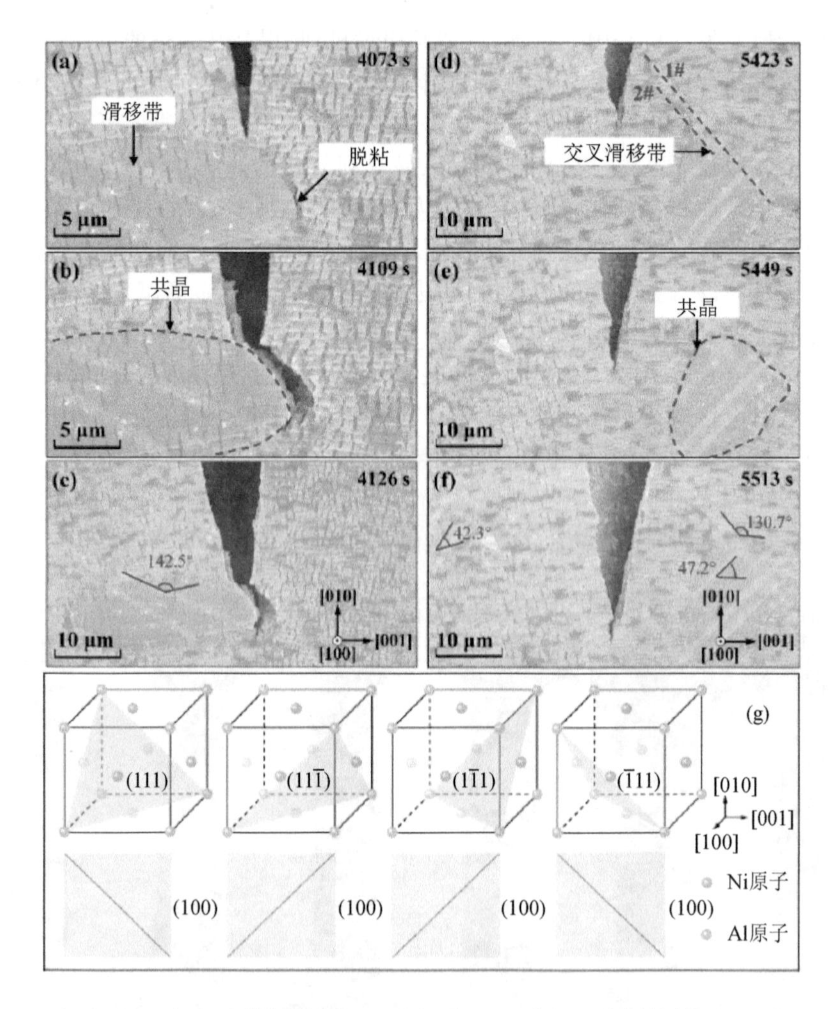

注：(a)～(c)为Ⅰ型裂纹扩展的SEM图，(d)～(f)为Ⅱ型裂纹扩展的SEM图，(g)为〈110〉{111}系统在(110)平面上可能的滑移轨迹。

图7-11 裂纹扩展SEM图[41]

浙江大学张泽等人[42]采用扫描电镜原位高温蠕变实验系统，在780 ℃/720 MPa的蠕变条件下，对镍基单晶高温合金开展蠕变实验，实时观察了孔洞区域显微组织原位演化过程，如图7-12所示。实验结果表明：蠕变开始后孔洞处应力集中，变形集中于孔洞区域，孔洞旁产生45°及135°方向以及垂直于应力轴的裂纹，多个孔洞共同作用可引起颈缩。颈缩发生后真实应力增加，促进颈缩区孔洞处裂纹垂直于应力轴扩展，而非颈缩区裂纹在切应力作用下沿45°及135°方向发生扩展。此外，蠕变第一阶段已经发生颈缩，导致第二以及第三阶段时间较短，缩短蠕变寿命。该研究工作揭示了高温下孔洞缺陷对蠕变行为的影响规律及机制，对蠕变寿命预测及高温合金研发有一定启发意义。

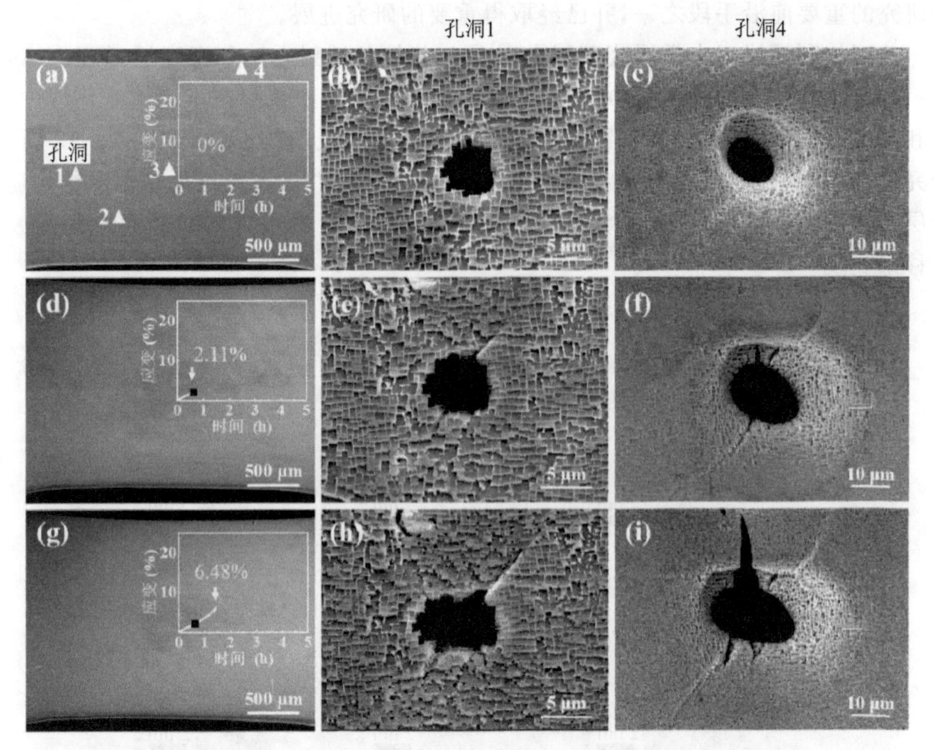

注：(a)为标距段，应变量为 0(蠕变前)；(b)为孔洞 1 区域，应变量为 0(蠕变前)；(c)为孔洞 4 区域，应变量为 0(蠕变前)；(d)为标距段，应变量为 2.11%；(e)为孔洞 1 区域，应变量为 2.11%；(f)为孔洞 4 区域，应变量为 2.11%；(g)为标距段，应变量为 6.48%；(h)为孔洞 1 区域，应变量为 6.48%；(i)为孔洞 4 区域，应变量为 6.48%。

图 7-12　标距段及孔洞区域显微组织原位演化过程[42]

7.4　原位高温电镜技术在其他领域中的应用

7.4.1　原位高温电镜技术在晶核生长领域中的应用

材料的可控制备是新材料研究的基础，在一定特征尺度深刻理解纳米结构的生长过程是实现材料可控制备的基石。通常，人们利用透射电子显微学和其他原子尺度表征方法配合纳米材料制备方法来探究其生长机理，这种表征一般是在生长完成以后进行的，没有实时反映出纳米结构的演化过程，难以提供优化制备条件所必需的综合信息。近年来发展的原位和环境透射电镜，可在电镜中模拟纳米晶体生长的物理化学过程，在原子尺度原位观察晶体生长过程中的动态原子迁移、原子结构、表面结构、界面原子构型和电子态等的演变过程，为研究晶体的生长机制、结构影响性能的微观机理等提供了直接的实验证据。利用原位电镜实时研究晶体生长已成为材料学研究的重要前沿手段之一，并已经取得重要的研究进展。

美国加利福尼亚大学潘晓晴等人[43]通过将原位透射电镜和密度泛函理论（Density Functional Theory，DFT）计算相结合，在原子尺度上观测在不同气体环境中，高压和高温条件下的钯/二氧化钛（Pd/TiO_2）系统上覆盖层的形成，如图 7－13 所示。研究发现，在低温下形成了无定形的还原二氧化钛层，并且该层结晶是单层结构还是双层结构由反应环境决定，形状变化通过 Pd 原子在（111）和（100）晶面之间的表面迁移来实现。

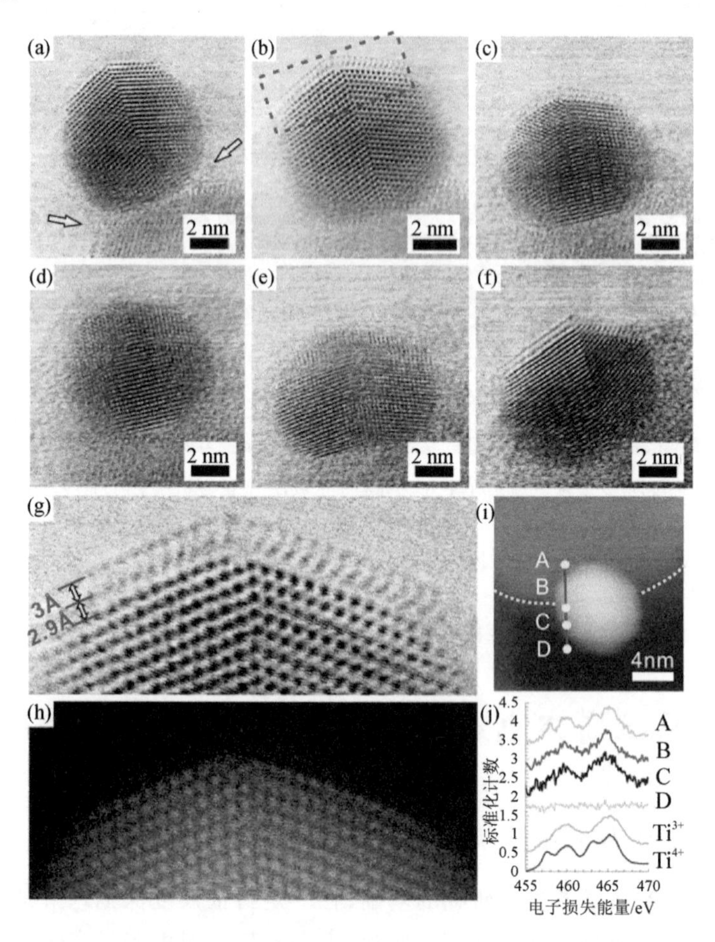

图 7－13　Pd/TiO_2 的 Pd 纳米晶体上可逆形成 TiO_x 覆盖层的原位过程[43]

二氧化硅负载的金属催化剂，由于其高稳定性和可调的反应性在现代化学工业中应用最为广泛。强金属-载体相互作用（Strong Metal-Support Interaction，SMSI）已在金属氧化物负载的催化剂中被广泛观察到，并显著影响催化行为。北京大学李彦等人[44]使用像差校正的环境透射电镜和原位电子能量损失谱，在原子尺度上揭示了在高温还原条件下二氧化硅负载的 Co 和 Pt 催化剂中界面反应诱导的 SMSI，如

图 7－14 所示。研究发现，在 Co/SiO_2 系统中，非晶 SiO_2 迁移到 Co 表面上形成结晶的 SiO_2 覆盖层，同时在其间产生 Si 夹层。由于 SiO_2 的连续解理以及 Si 与下层 Co 的界面合金化，亚稳晶体 SiO_2 覆盖层随后经历了有序到无序的转变。结果发现，Pt－SiO_2 系统中的 SMSI 效应显著促进了氢化过程。这些发现证明 SMSI 在氧化物负载的催化剂中的普遍性，这对设计催化剂和理解催化机理具有重要意义。

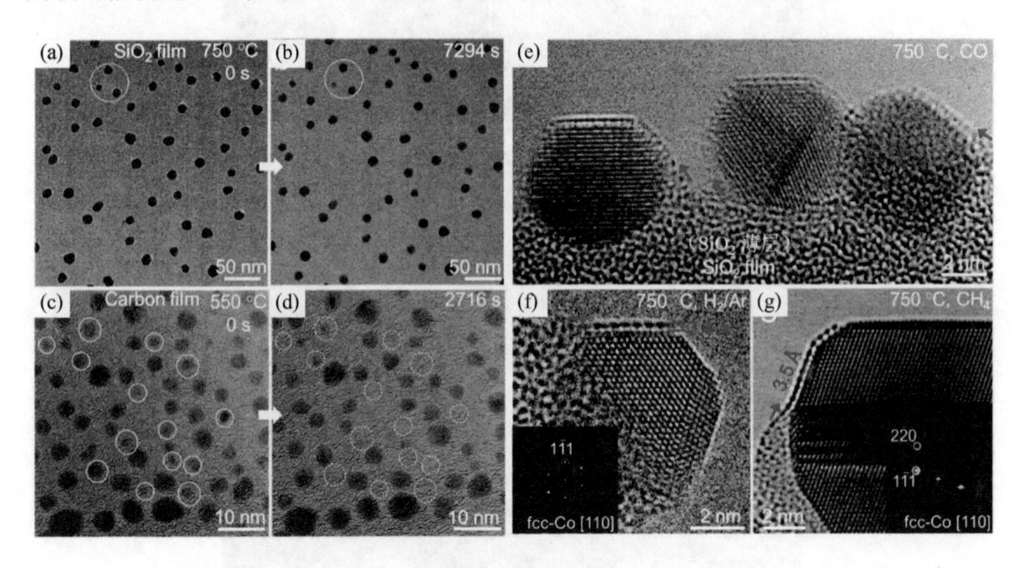

图 7－14　Co 纳米晶体稳定性的原位 ETEM 表征[44]

7.4.2　原位高温电镜技术在能源领域中的应用

锂离子电池已经成为消费电子产品和新能源汽车的主要储能工具。锂金属电池具有高理论比容量和低电化学电位，可提供比锂离子电池更高的能量密度。科研工作者一直致力于研究锂枝晶生长机制和寻找减缓其生长的策略，但目前对锂金属电池中高活性锂负极引起的热失效机制尚不清楚。在固态锂金属电池循环过程中，三元正极材料（如 NCM811）会发生相变或者劣化而释放氧气，并与负极的锂金属发生反应，导致锂金属电池产生热失效甚至引发火灾。因此，深入理解金属锂与氧气之间微观的反应机理对于减缓这种有害的放热反应具有非常重要的意义。

燕山大学黄建宇等人[45]采用超高分辨率的环境透射电镜在纳米尺度对高温下锂枝晶的氧化过程进行实时观察研究，揭示了锂金属负极在固态锂金属电池中的热失效机制。如图 7－15 所示，当温度在 100～140 ℃之间时，氧化产物 Li_2O 致密地生长在锂金属周围，Li^+ 通过已经形成的氧化层向外扩散控制氧化行为，而且锂的氧化速率常数在这个温度范围内符合阿伦尼乌斯公式。当温度在 160 ～ 200 ℃之间时，微量的水对锂的氧化机理有较大的影响。特别是当反应温度达到 200 ℃时，由于水的影响，会生成大量 LiOH 纳米片并稳定存在。当反应温度上升到 300 ℃时，锂的热

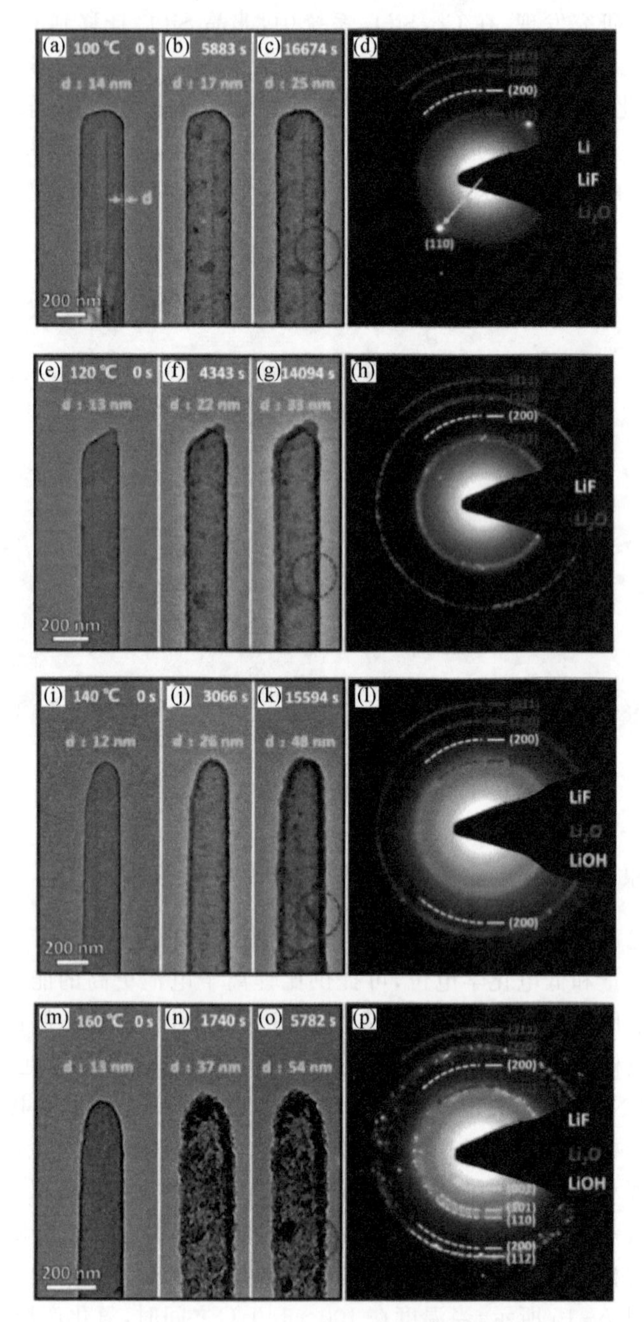

注:(a)～(c)、(e)～(g)、(i)～(k)和(m)～(o)的温度分别为 100 ℃、120 ℃、140 ℃和 160 ℃;(d)、(h)、(l)和(p)分别显示了从(c)、(g)、(k)和(o)中的红色圆圈区域获取的电子衍射图。

图 7-15　锂枝晶在气压为 2 mbar 的氧气条件下高温氧化过程的实时演化 TEM 图像[45]

反应产物为 Li_2O 纳米立方体。研究发现，在锂金属电池中产生的锂枝晶不仅有穿透固态电解质导致短路的风险，而且还很容易与正极热失效时释放的 O_2 和不可避免的微量水发生反应，生成大量的 Li_2O 和 LiOH，当电池内部温度达到 200 ℃以上时，这些锂负极表面生成的化合物会大大增加固态电解质与锂金属负极之间的界面电阻。结果表明，这些锂枝晶的热反应产物可能是导致锂金属电池容量低和循环寿命短，甚至出现热失控等安全问题的主要原因。这为理解锂金属电池热失效的微观机理提供了重要的理论依据。

锂镁二元合金常具有优异的电化学性能，常用作固体电池的负极材料，并且在循环过程中不会形成枝晶。制造过程中通过对锂金属进行热处理来改善锂金属电极与固体电解质之间的界面接触，从而实现了高性能全固态电池的制备。加拿大蒙特利尔麦吉尔大学 Karim Zaghib 等人[46]为了解合金钝化层的性能，首次借助原位扫描电镜对锂镁二元合金在高温(325 ℃)下的微观结构演化进行了直接观察，如图 7－16 所示。结果表明，表面钝化层的形貌在合金熔点以上没有变化，而表面以下的大部分材料在预期熔点下熔化。由此可见，锂基材料的原位热处理是提高电池性能的关键。

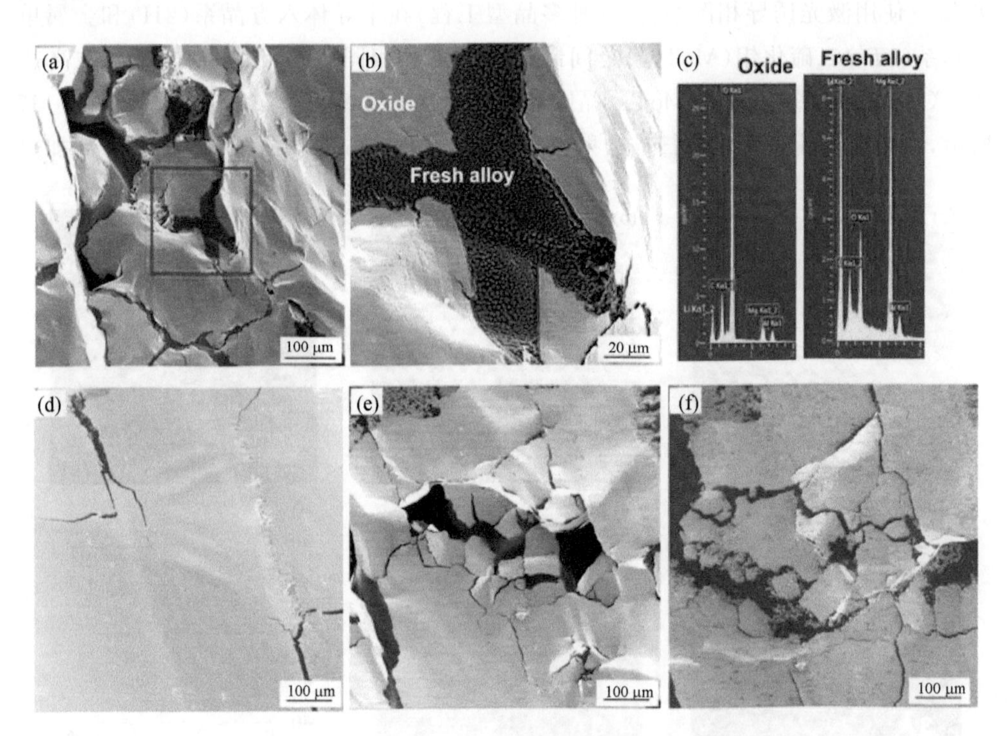

图 7－16　原位扫描加热实验后的微观结构演变过程[46]

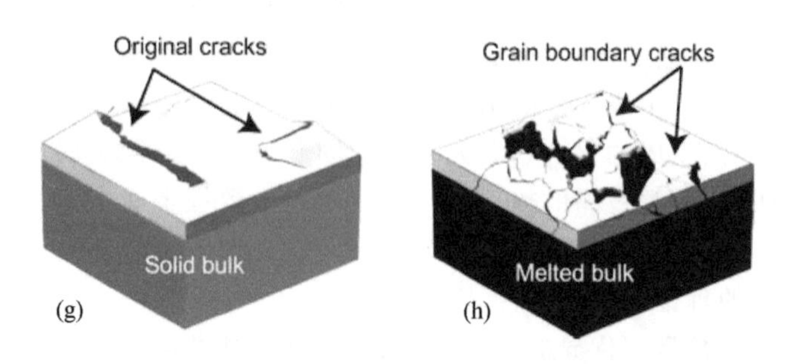

图 7-16　原位扫描加热实验后的微观结构演变过程[46]（续）

7.4.3　原位高温电镜技术在二维材料领域中的应用

具有二维(2D)原子晶体的人工范德华异质结构有望成为下一代器件的有源沟道或缓冲接触层。然而，由于涉及杂质的转移过程以及亚稳态和不均匀异质结构的形成，真正的2D异质结构器件的制备仍然受到限制。韩国成均馆大学 Heejun Yang 等人[47]使用激光诱导相图案化(一种多晶型工程)在半导体六方晶系(2H)和金属单斜晶系($1T'$)二碲化钼($MoTe_2$)之间制备了欧姆异相同质结，该异相同质结在高达300 ℃的温度下稳定，并将 $MoTe_2$ 晶体管的载流子迁移率提高了约50倍。如图7-17所示，结合理论计算和原位扫描透射电镜技术，发现 $MoTe_2$ 在激光辐照的局部加热

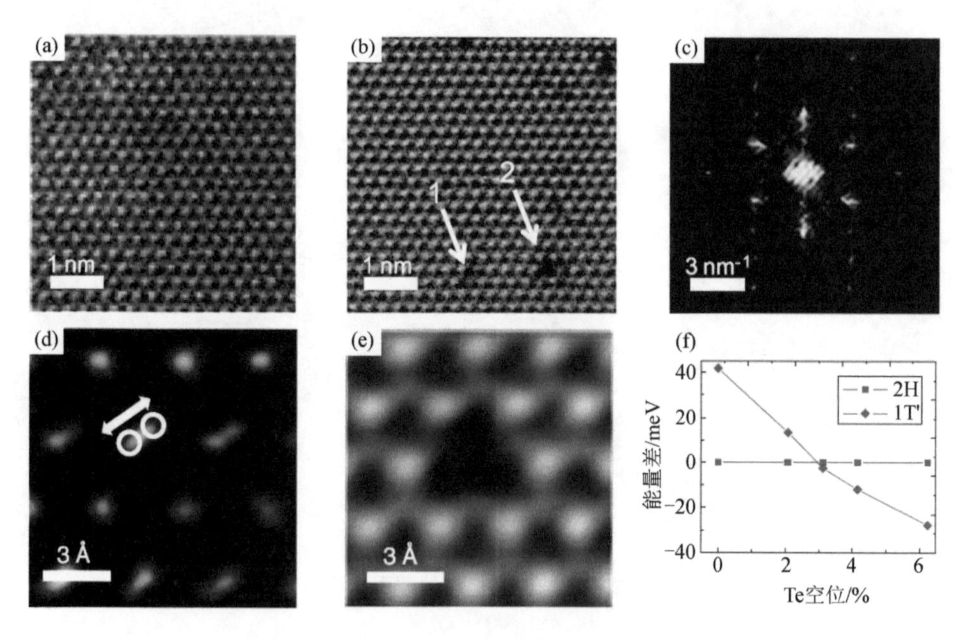

图 7-17　$MoTe_2$ 单层(T=400 ℃)中 Te 缺陷驱动的结构相变的原位 STEM 观察[47]

下表现出 2H 到 1T′的相变。研究发现，2H 相在没有 Te 空位的情况下是稳定的，两个 Te 原子完全重叠，而出现 Te 空位时，Te 原子开始分裂。这表明局部相变是由 Te 空位引发的。DFT 计算还证实，当 Te 空位浓度高于 3%时，1T′相比 2H 相更稳定，实现了具有欧姆接触的真正 2D 器件的制备。

二维材料的热诱导结构转变为通过物理方法生成其他二维材料开辟了独特的途径。荷兰乌得勒支大学 Marijn A. van Huis 等人[48]通过原位透射电镜来跟踪层状 $CoSe_2$ 中热诱导结构转变的过程。如图 7-18 所示，研究观察到三个转变过程：正交 $CoSe_2$（o-$CoSe_2$）到立方（c-$CoSe_2$），立方 $CoSe_2$ 到六方 $CoSe_2$（h-$CoSe_2$），以及最终六方 $CoSe_2$ 到四方 $CoSe_2$ 的转变。特别地，$CoSe_2$ 的正交结构通过晶格原子重排转变为立方 $CoSe_2$。立方 $CoSe_2$ 在高温下通过去除硫族元素转变为六方 $CoSe_2$。所有纳米片都转变为基面取向的六边形二维 $CoSe_2$。最后，$CoSe_2$ 中的六方向四方转变是一个快速过程，其中六方 $CoSe_2$ 的层状形态被破坏，并形成四方 $CoSe_2$ 岛。该研究结果为二维 $CoSe_2$ 的转化过程提供了纳米级的见解，可用于生成这些有趣的二维材料，并通过调控结构来调节其电催化性能。

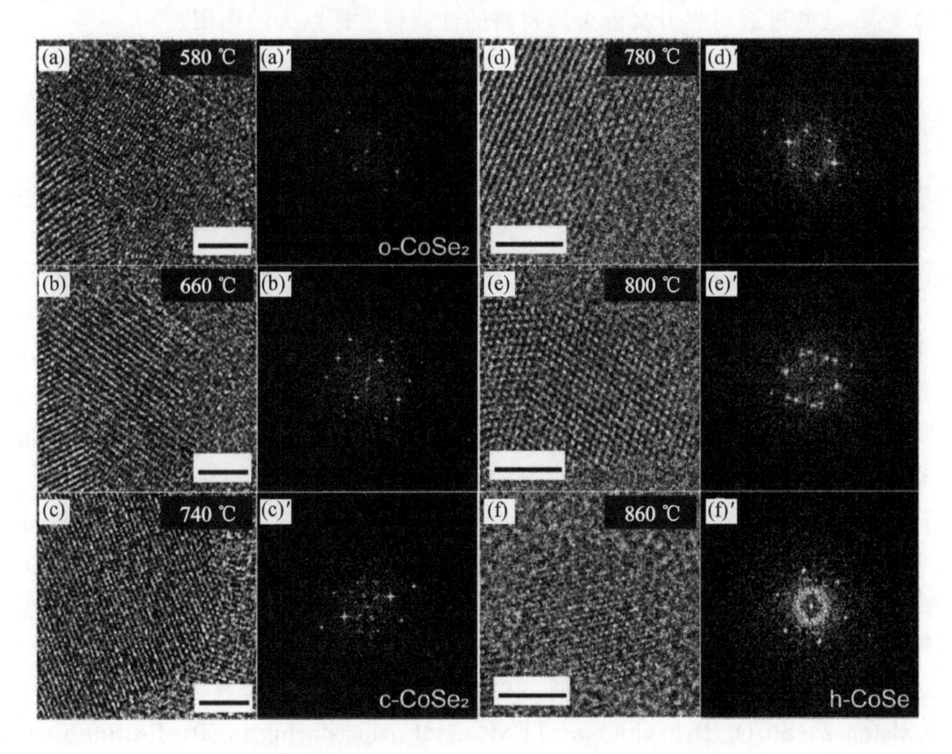

图 7-18　加热时 o-$CoSe_2$ 结构转变的 HR-TEM 图像[48]

7.5 小　结

本章详细介绍了原位电子显微学在热学中的应用，其中热场及应力场是材料制备、加工、服役环境下最普遍的外场载荷。对高温及应力耦合条件下材料的显微结构演化行为及其与材料性能相关性进行研究，有助于理解材料研发及服役过程中所面临的关键科学问题，指导更高性能材料的设计和制备。

尽管在过去的几十年里，原位电镜技术在热场和力场领域已经取得巨大进展，但仍有一些困难需要克服。随着业界对在热-力耦合环境下服役的机械部件日益强烈的轻量化要求的提高，业界对于耐热轻质金属材料的需求逐渐提升。从微观组织设计角度出发，如何在高温-长时间的严酷服役环境下实现微观组织稳定化，将成为开发下一代耐热合金材料，特别是实现能够突破 300～500 ℃服役温度瓶颈的、高性能耐热合金材料规模生产的技术焦点与关键所在。原位电镜技术为研究力-热场耦合下的微观结构变化的原子机制开辟了广阔的前景，促进了高温金属材料相变调控策略的发展，这些进展对提升高温金属材料的性能将发挥巨大的作用。

参考文献

[1] Ashby M. Material and process charts [M]. Cambridge University: Granta Design, 2010.

[2] 前瞻产业研究院. 2021—2026 年中国高温合金行业市场前景预测与投资战略规划分析报告[R]. Forward: Business Information Co Ltd Shenzhen, 2020.

[3] Silcox J, Whelan M J. Direct observations of the annealing of prismatic dislocation loops and of climb of dislocations in quenchedaluminium [J]. The Philosophical Magazine: A Journal of Theoretical Experimental and Applied Physics, 1960, 5(49): 1-23.

[4] Kacher J, Zhu T, Pierron O, et al. Integrating in situ TEM experiments and atomistic simulations for defect mechanics [J]. Current Opinion in Solid State and Materials Science, 2019, 23(3): 117-128.

[5] Butler E. In situ experiments in the transmission electron microscope [M]. Reports on Progress in Physics, 1979.

[6] Zhang Z, Su D. Behaviour of TEM metal grids during in-situ heating experiments [J]. Ultramicroscopy, 2009, 109(6): 766-774.

[7] Cesaria M, Taurino A, Catalano M, et al. Edge-melting: nanoscale key-mechanism to explain nanoparticle formation from heated TEM grids [J]. Applied Surface Science, 2016, 365: 191-201.

[8] Kamino T, Sasaki K, Saka H, et al. High resolution electron microscopy in situ observation of dynamic behavior of grain boundaries and interfaces at very high temperatures [J]. Microscopy and Microanalysis, 1997, 3(5): 393-408.
[9] Kamino T, Saka H. A newly developed high resolution hot stage and its application to materials characterization [J]. Microsc. Microanal. Microstruct., 1993, 4(2-3): 127-135.
[10] Kamino T, Yaguchi T, Sato T, et al. Development of a technique for high resolution electron microscopic observation of nano-materials at elevated temperatures [J]. Journal of Electron Microscopy, 2006, 54(6): 505-508.
[11] Kamino T, Yaguchi T, Saka H. In situ study of chemical reaction between silicon and graphite at 1 400 ℃ in a high resolution analytical electron microscope [J]. Journal of Electron Microscopy, 1994, 43(2): 104-110.
[12] Saka H, Kamino T, Ara S, et al. In situ heating transmission electron microscopy [J]. MRS Bulletin, 2008, 33(2): 93-100.
[13] Jones J S, Swann P R, et al. Specimen heating holder for electron microscopes: US19890431402 [P]. 1991-02-26.
[14] Verheijen M A, Donkers J J T M, Thomassen J F P, et al. Transmission electron microscopy specimen holder for simultaneous in situ heating and electrical resistance measurements [J]. Review of Scientific Instruments, 2004, 75(2): 426-429.
[15] Spruit R G, Omme J T V, Ghatkesar M K, et al. A review on development and optimization of microheaters for high-temperaturein situstudies [J]. Journal of Microelectromechanical Systems, 2017, 26(6): 1165-1182.
[16] Creemer J F, Helveg S, Kooyman P J, et al. A MEMS reactor for atomic-scale microscopy of nanomaterials under industrially relevant conditions [J]. Journal of Microelectromechanical Systems, 2010, 19(2): 254-264.
[17] Rudolf C, Boesl B, Agarwal A. In situ mechanical testing techniques for real-time materials deformation characterization [J]. JOM, 2016, 68(1): 136-142.
[18] Pérez-garza H H, Morsink D, Xu J, et al. The "Climate" system: nano-reactor for in-situ analysis of solid-gas interactions inside the TEM [C]// Proceedings of the 2016 IEEE 11th Annual International Conference on Nano/Micro Engineered and Molecular Systems 12016, 2016.
[19] Omme J T V, Zakhozheva M, Spruit R G, et al. Advanced microheater for in situ transmission electron microscopy; enabling unexplored analytical studies and extreme spatial stability [J]. Ultramicroscopy, 2018, 192: 14-20.

[20] Allard L F, Bigelow W C, Jose-yacaman M, et al. A new MEMS-based system for ultra-high-resolution imaging at elevated temperatures [J]. Microscopy Research and Technique, 2009, 72(3): 208-215.

[21] Liang J, Wang Z, Xie H, et al. In situ scanning electron microscopy-based high-temperature deformation measurement of nickel-based single crystal superalloy up to 800℃[J]. Optics and Lasers in Engineering, 2018, 108: 1-14.

[22] Uesugi A, Yasutomi T, Hirai Y, et al. High-temperature tensile testing machine for investigation of brittle-ductile transition behavior of single crystal silicon microstructure[J]. Japanese Journal of Applied Physics, 2015, 54 (6S1): 06FP04.

[23] Karanjgaokar N J, Oh C S, Chasiotis I. Microscale experiments at elevated temperatures evaluated with digital image correlation[J]. Experimental Mechanics,2011, 51: 609-618.

[24] Bao M. Analysis and design principles of MEMS devices [M]. Amsterdam: Elsevier, 2005.

[25] Tilli M, Paulasto-kröckel M, Petzold M, et al. Handbook of silicon based MEMS materials and technologies [M]. Amsterdam: Elsevier, 2020.

[26] Yu Q, Legros M, Minor A M. In situ TEM nanomechanics [J]. MRS Bulletin, 2015, 40(1): 62-70.

[27] 韩晓东，张泽. 原子点阵分辨率下的原位力学性能实验[J]. 电子显微学报，2010, 29(3):191-212.

[28] Yang F, Li J C M. Micro and nano mechanical testing of materials and devices [M]. Berlin: Springer, 2008.

[29] Omme J T V, Zakhozheva M, Spruit R G, et al. Advanced microheater for in situ transmission electron microscopy; enabling unexplored analytical studies and extreme spatial stability [J]. Ultramicroscopy, 2018, 192: 14-20.

[30] Song B, Yang T T, Yuan Y, et al. Revealing sintering kinetics of MoS_2-supported metal nanocatalysts in atmospheric gas environments via operando transmission electron microscopy [J]. ACS Nano, 2020, 14(4): 4074-4086.

[31] Early J T, Yager K G, Lodge T P. Direct observation of micelle fragmentation via in situ liquid-phase transmission electron microscopy [J]. ACS Macro Letters, 2020, 9(5): 756-761.

[32] Jin B, Chen Y, Pyles H, et al. Formation, chemical evolution and solidification of the dense liquid phase of calcium (bi)carbonate[J]. Nature Materials, 2024:1-8.

[33] Zhu Y, Espinosa H D. An electromechanical material testing system for in si-

tu electron microscopy and applications [J]. Proceedings of the National Academy of Sciences of the United States of America, 2005, 102(41): 14503-14508.

[34] Yong Z, Alaberto C, Horacio D E, et al. A thermal actuator for nanoscale in situ microscopy testing: Design and characterization [J]. Journal of Micromechanics and Microengineering, 2006, 16(2): 242-253.

[35] Zhu Y, Moldovan N, Espinosa H D. A microelectromechanical load sensor for in situ electron and x-ray microscopy tensile testing of nanostructures [J]. Applied Physics Letters, 2005, 86(1): 013506.

[36] Chang T H, Zhu Y. A microelectromechanical system for thermomechanical testing of nanostructures [J]. Applied Physics Letters, 2013, 103(26): 263114.

[37] Garcia D, Leon A, Kumar S. In-situ transmission electron microscope high temperature behavior in nanocrystalline platinum thin films [J]. JOM, 2016, 68(1): 109-115.

[38] Wang B, Haque M A. In situ microstructural control and mechanical testing inside the transmission electron microscope at elevated temperatures [J]. JOM, 2015, 67(8): 1713-1720.

[39] Jo H H, Shin C, Moon J, et al. Mechanisms for improving tensile properties at elevated temperature in fire-resistant steel with Mo and Nb[J]. Materials & Design, 2020, 194: 0264.

[40] Li X, Liu Y, Zhao Y, et al. Oxygen changes crack modes of Ni-based single crystal superalloy[J]. Materials Research Letters, 2021,9(12): 531-539.

[41] Jiang W, Ren X, Zhao J, et al. Crack propagation behavior of a Ni-based single-crystal superalloy during in situ SEM tensile test at 1 000 ℃ [J]. Crystals, 2020, 10:1047.

[42] 何文玲,吕俊霞,程晓鹏,等.镍基单晶高温合金孔洞区域蠕变行为原位 SEM 研究[J].电子显微学报,2022,41(5):507-514.

[43] Zhang S, Plessow P N, Willis J J, et al. Dynamical observation and detailed description of catalysts under strong metal-support interaction [J]. Nano Letters. 2016, 16 (7): 4528-4534.

[44] Yang F, Zhao H, Wang W, et al. Atomic origins of the strong metal-support interaction in silica supported catalysts [J]. Chemical Science, 2021, 12: 12651-12660.

[45] Li Y, Li X, Chen J, et al. In situ TEM studies of the oxidation of Li dendrites at high temperatures[J]. Advanced Functional Materials, 2022, 32: 2203233.

[46] Shirin K, Pierre N, Daniel C, et al. On high-temperature evolution of passivation layer in Li-10 wt % Mg alloy via in situ SEM-EBSD[J]. Science Advances, 2020, 6(50): eabd5708.

[47] Cho S, Kim S, Kim J H, et al. Phase patterning for ohmic homojunction contact in $MoTe_2$[J]. Science, 2015, 349(6248): 625-628.

[48] Gavhane D S, van Gog H, Thombare B, et al. In situ electron microscopy study of structural transformations in 2D $CoSe_2$[J]. npj 2D Materials and Applictions, 2021, 5(1): 24.